Introduction to Programming Next-Generation AI Models

次世代AIモデル
プログラミング入門

掌田津耶乃 著

Rutles

本書に掲載されているソースコードは、サポートサイト（http://www.rutles.net/download/553/index.html）からダウンロードすることができます。

「AIの進化についていけない……」

内心、そう思っている人は多いんじゃないでしょうか。次々とリリースされる新しいLLM、AIチャット、その他諸々のAI関連のサービス。「AIの機能を活用してアプリやサービスを作成したい」と考えていても、このスピードについていけない。何を、どれを使えばいいのかわからない。

そんな人のために、本書は現時点で「次世代AIモデル」と断言できる4つのLLMをピックアップし、それらをプログラミングするための基礎知識を身につけていきます。

現在、OpenAI以外のもので「これは押さえておくべき」と言えるLLMは4つだけです。

- Anthropic/Claude
- Cohere/Command-R
- Google/Gemini
- Meta/Llama

これらの最新版さえ押さえておけば、当面の間、AIの最先端に居続けることができるでしょう。この4つのモデルはOpenAIのGPT-4に匹敵するか、これを超える性能を持つと評価されているものです。今の時代に「最新のAIを活用したい」と思うなら、これらの中からモデルを選定し、使い方をマスターするのが一番です。

これらはいずれも非常に高い性能を持っていますが、その働きや使い方は微妙に違います。本書でこれらのモデルの性格を理解し、自分にとってどのモデルを使うのが最適か判断して下さい。

2024年10月　掌田津耶乃

Contents

次世代 AI モデル プログラミング入門

COLUMN

Chapter 1

次世代AIモデルを理解する

GPT-4以降の高性能化したAIモデル（次世代AIモデル）は、
それ以前と比べてどのような違いがあるのでしょうか。
また、実際の利用はどうするのでしょう。
まずは次世代AIモデルに関する基礎知識を身につけましょう。

Chapter
1

1.1.

大規模言語モデルの進化と現状

AIモデルとは

AI（人工知能）は、私たちの生活やビジネスに大きな影響を与えつつあります。自動運転車や音声認識、スマート家電に至るまでAI技術は急速に発展しており、今や日常生活の一部として当たり前のように使われるようになりました。

AI技術の中でも、とりわけ私たちの生活に大きな影響を与えているのが「生成AIモデル」と呼ばれるものでしょう。これは、入力されたプロンプト（AIモデルへ送るテキスト）からさまざまなコンテンツを生成するAIモデルです。その基本となるものはテキストを生成するモデルですが、今ではそれ以外の分野にも広がり、イメージの生成や音声、音楽、動画などを生成するAIモデルまで登場しています。AIモデルは、今や私たちの暮らしになくてはならないものとなっていると言えるでしょう。

AIモデルとは、データを元にして何らかの予測や判断を行うためのアルゴリズムや数式の集合体のことを指します。これらのモデルは機械学習という技術を使って大量のデータからパターンを学習し、それを元に新しいデータに対して適切な結果を導き出すことができます。

AIモデルにはさまざまな種類がありますが、ここ数年のAIの爆発的進化のベースとなっているのが「大規模言語モデル」と呼ばれるものです。

大規模言語モデル（LLM）について

大規模言語モデル（Large Language Model, LLM）は膨大な量のテキストデータを学習し、人間のような自然言語処理能力を獲得した人工知能モデルです。これらのモデルは文章の生成、翻訳、要約、質問応答など、さまざまな言語タスクを高い精度で実行できます。

LLMの「大規模」という言葉は、モデルのサイズ（パラメータ数）と学習データの量の両方を指します。例えばGPT-3は約1750億個のパラメータを持ち、インターネット上の膨大なテキストデータで学習されています。

LLMの仕組み

LLMの核心技術は、「Transformer（トランスフォーマー）」と呼ばれるニューラルネットワークアーキテクチャです（ただし、これとは違う技術を用いたLLMもあります。現在、広く使われている多くのLLMの核心技術は、ということですね）。

Transformerは「自己注意機構（Self-Attention）」という仕組みを使って、入力されたテキストの各部分の関係性を効率的に学習します。

この技術は、次のような流れで動作します。

- 大量のテキストデータを学習し、言語の統計的パターンを把握する。
- 入力されたテキスト（プロンプト）を解析する。
- 学習したパターンに基づいて、最も適切な続きの文を生成する。

続きの文は一度に作られるわけではなく、次の単語（トークンと呼ばれる）を選んだら、前の文にそのトークンを付けたテキストから次のトークンを生成し、選んだトークンを追加したテキストからまた次のトークンを生成し……といった具合に、次々とトークンを追加しながら文章を生成していきます。

この処理の過程でLLMは単にテキストを生成するだけでなく、ユーザーから入力されたテキストを解析して文法規則、文脈理解、一般的な知識などを暗黙的に学習していきます。こうして、少しずつ人間のような柔軟な言語処理を実現していくのです。このTransformer技術の登場により、生成AIモデルは実用の段階に進むことができたといってよいでしょう。

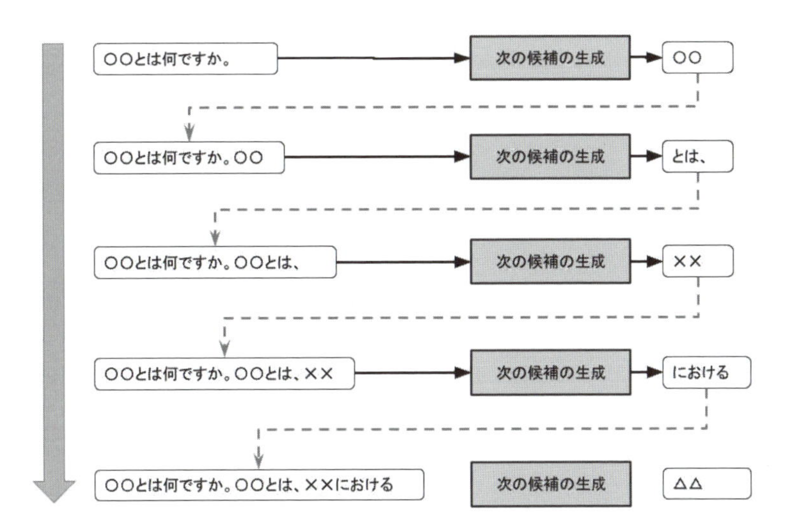

図1-1：Transformerの学習の流れ。次に続くトークンを生成し、それを追加してまた次のトークンを生成する……という作業を繰り返して長いテキストを生成していく。

C O L U M N

「Attention Is All You Need」論文が世界を変えた！

現在の爆発的なAIの進化は、2017年にGoogle Brainのメンバーたちによって書かれた「Attention Is All You Need」という論文により始まりました。これは、自然言語処理の分野に革命をもたらした「Transformer」アーキテクチャを初めて提案した重要な論文です。この論文の発表以降、Transformerモデルは急速に普及し、現在では自然言語処理だけでなく画像処理や音声認識など、さまざまな分野で広く活用されるようになっています。OpenAIのGPTシリーズはもとより、本書で取り上げるLLM（AnthropicのClaude、CohereのCommand-R、MetaのLlama-3、GoogleのGemini）は、すべてTransformerアーキテクチャを元に作られています。たった1つの論文が、AIの世界を変えてしまったんですね！

GPTシリーズの進化とAI時代のスタート

LLMの中でも現在の爆発的なAIの普及のきっかけとなり、AIブームを牽引しているのが「GPTシリーズ」でしょう。GPTとは「Generative Pre-trained Transformer」の略で、自然言語処理を行うためのAIモデルの一種です。このモデルは大量のテキストデータを使って事前に学習(Pre-training)され、新しいテキスト生成や質問応答、翻訳などを行うことができます。

GPTシリーズはOpenAIによって開発されました。2018年に発表されたGPT-1は基本的な自然言語処理タスクにおいて、従来の手法を上回る性能を示しました。その後、2019年に発表されたGPT-2ではより大規模なデータセットとモデルサイズを使用することで、さらに高度な自然言語処理が可能となりました。そして、2020年に登場したGPT-3ではその規模が飛躍的に拡大し、非常に高い精度で文章の生成や質問応答を行えるようになりました。

GPT-3は1750億以上のパラメータ(調整可能なモデル内の要素)を持つ巨大なモデルであり、多様なタスクに対応する汎用性を持っています。このモデルの登場により、AIの持つ可能性が一層注目されるようになりました。そして2022年3月にGPT-3.5がリリースされ、これを基盤とするサービス「ChatGPT」が同年11月よりスタートします。いよいよAI時代の幕が切って落とされたのです。

GPT-4の特徴と革新性

その後もGPTシリーズは進化を続け、2023年3月、最先端モデル「GPT-4」がリリースされます。GPT-4はその前身であるGPT-3.5(ChatGPTの基盤モデル)を大きく上回る性能を示しました。GPT-4の主な特徴と革新性は次表のようになるでしょう。GPT-4は、それ以前の「ぎこちない応答」や「正しいのか間違っているのかよくわからない不安な応答」しか得られなかったAIとは一線を画すものです。GPT-4によって、本当の「AI時代」がスタートしたと言ってよいでしょう。

マルチモーダル入力	テキストだけでなく、画像も入力として受け付けることができます。これにより、画像の説明や画像に基づく質問応答などが可能になりました。
高度な推論能力	複雑な問題解決、論理的思考、創造的タスクにおいて人間に近い、あるいは人間を上回る性能を示します。
より長いコンテキスト理解	一度に処理できる文脈(コンテキストウィンドウ)が拡大し、より長い会話や文書の理解・生成が可能になりました。
多言語対応の向上	数十の言語で高度な理解と生成が可能になり、翻訳や多言語タスクの精度が向上しました。
安全性と制御可能性の向上	バイアスの軽減、有害なコンテンツの生成抑制など、AIの倫理的使用に向けた改善が行われています。

そして、多くのAIを開発する企業にとってGPT-4は1つの基準となるものにもなりました。すなわち、「そのAIは、GPT-4を超えるか否か」です。GPT-4を超えられないなら出す意味がない。本気でAIを開発しリリースするなら、「GPT-4を超えるもの」でなければならない。

AIモデルは「GPT-4以前と以後」で明確に分けられることとなった、と言えるでしょう。GPT-4以降の「GPT-4に匹敵するか、それを上回るモデル」こそが、現在のAI時代に通用する実力を持ったものだ、と言えます。本書では、こうした「GPT-4以降の、これに匹敵する性能を持ったAIモデル」を「次世代AIモデル」と称することにします。これからAIの活用を考えているなら、ターゲットとすべきは、この次世代AIモデルです。それ以前のAIモデルは、(学習や研究目的としては役立ちますが)実用に使う対象から外れ、過去のものとなったと言ってよいでしょう。

次世代AIモデルの進化と比較

GPT-4以降、AIの分野ではさらに高度なモデルが次々と発表されています。中でも「Claude 3.5」「Command-R+」「Gemini 1.5」「Llama 3」といったモデルはGPT-4に匹敵する、もしくはそれを超える可能性を持つとして注目されています。

2024年9月の時点でGPT-4に匹敵する、あるいはこれを上回ると言えるAIモデルは、この4つのみと言ってよいでしょう。GPT-4とこの4つのAIモデルが、今後のAI活用の中心となっていくことは想像に固くありません。ただ、皆さんの中には、これらのモデルを「聞いたことがない、よく知らない」という人もいることでしょう。そこで、これらの次世代モデルについて簡単に説明しておくことにします。

Claude 3.5

Claude 3.5は米Anthropic社が開発したAIモデルです。Anthropicは倫理的なAIの開発を目指しており、Claudeシリーズは安全性と透明性を重視しています。

特徴

倫理と安全性の向上	Claude 3.5はより安全で倫理的な対話を提供するために設計されており、ユーザーの意図に応じて柔軟に応答を調整します。
深層学習による強化	このモデルは深層学習技術を活用して、従来のモデルよりも精度の高い自然言語処理を実現しています。
コンテクストの理解	会話の文脈を理解し、より適切な応答を生成する能力が向上しています。
高度な推論能力	複雑な問題解決や分析タスクにおいて優れた性能を示します。
長いコンテキスト理解	非常に長い文脈（約100,000トークン）を処理できます。
倫理的配慮	バイアスの軽減や有害なコンテンツの生成抑制に重点を置いています。
マルチモーダル機能	テキストだけでなく、画像の理解と分析も可能です。

Claude 3.5は特に会話の安全性や倫理的な配慮に重点を置いており、GPT-4以前のモデルよりもユーザーとのインタラクションで安全かつ信頼性の高い応答を行うことができます。また、応答の文脈をより深く理解する能力が強化されています。

Command-R

Command-RはカナダのCohere社によって開発されたモデルで、特にテキスト生成の分野での高度な応用を目指しています。Command-Rと、性能の強化版であるCommand-R+があります。GPT-4は汎用的な自然言語処理を行いますが、Command-R+は特にテキスト生成に特化しており、より詳細で高度な文章作成に優れています。また、ユーザーが生成過程に関与できる点で、よりインタラクティブな操作が可能です。

特徴

リッチテキスト生成	Command-R+は、非常に詳細で複雑なテキストを生成する能力に優れています。これにより、専門的な文書の作成やクリエイティブなコンテンツ生成に適しています。
インタラクティブな制御	ユーザーは生成プロセス中にモデルに対してインタラクティブに指示を与えることができ、生成されたテキストをリアルタイムで調整できます。
マルチタスク能力	Command-R+は多様なタスクに対応するため、ユーザーが複数のリクエストを同時に処理できる柔軟性を持っています。
効率的な学習	少量のデータでも高精度の結果を出せるよう設計されています。
カスタマイズ性	企業固有のデータや要件に合わせて微調整が可能です。

Gemini 1.5

Gemini 1.5はGoogle社が開発したマルチモーダルAIモデルで、複数のデータ形式を統合的に処理する能力を持っています。

特徴

マルチモーダル統合	テキスト、画像、音声など、異なる形式のデータを統合的に処理し、より豊かな情報を提供します。
高度な推論能力	複雑なデータ間の関連性を理解し、複合的な問題を解決する能力が強化されています。
スケーラブルなアーキテクチャ	巨大なデータセットを効率的に処理するために、スケーラブルなアーキテクチャが採用されています。
マルチモーダル設計	テキスト、画像、音声、動画など、複数の入力形式を同時に処理できます。
長いコンテキスト理解	約100万トークンという非常に長いコンテキストを処理できます。
効率的な推論	大規模なデータセットに対しても高速で効率的な処理が可能です。

GPT-4は主にテキストベースのモデルですが、Gemini 1.5はテキストに加えて画像や音声などの他のデータもテキストと同じように学習データに取り込んでおり、これらのデータを統合的に扱えるようになっています。

Llama 3

Llama 3はMeta（旧Facebook）によって開発されたオープンソースのAIモデルで、特に研究コミュニティや開発者向けに提供されています。

特徴

オープンソース性	Llama 3は誰でもアクセス可能なオープンソースのAIモデルであり、研究者や開発者が自由にモデルをカスタマイズできるよう設計されています。
効率的なモデルサイズ	大規模なモデルでありながらリソース効率を重視した設計が施されており、さまざまな環境での実装が容易です。
カスタマイゼーション	開発者はモデルを自由に調整できるため、特定のニーズに合わせたAIシステムを構築することが可能です。
オープンソース	研究者やデベロッパーが自由に利用、修正できます。
効率的なアーキテクチャ	比較的小さいモデルサイズで高い性能を実現しています。
多言語対応	多数の言語で高い性能を示します。

GPT-4は商業目的で開発された閉鎖的なモデルであるのに対し、Llama 3はオープンソースであり、コミュニティによる自由な利用や改良が可能です。また、Llama 3は特定のタスクに応じて効率的に調整できる柔軟性を持っています。

それぞれのLLMに特徴がある

これらの次世代AIモデルはそれぞれ異なる特徴を持ち、特定の応用分野で非常に有用です。Claude 3.5は安全性と倫理性を重視し、Command-R+はビジネスの特定用途に応じた高度なテキスト生成に特化し、Gemini 1.5はマルチモーダルなデータ処理を可能にし、Llama 3はオープンソースの柔軟性を提供します。

これらのモデルはGPT-4以前のモデルと比較して、より高度で多様なタスクに対応する能力を持っています。いずれもGPT-4と同等以上の性能を持っており、どれを使っても一定品質以上の応答を期待できます。

オープンソースとプロプライエタリ

次世代モデルを利用する場合、まず頭に入れておいてほしいのは「モデル利用の形態には2つのものがある」ということです。それは、「オープンソース」と「プロプライエタリ(商業利用)」です。これらは使用許諾や開発プロセス、利用可能な範囲などで大きく異なります。それぞれの特徴と違いを理解した上でモデルを選定する必要があります。

オープンソースモデル

オープンソースはモデルのコードや重みが公開され、誰でも自由に利用、修正、再配布できるモデルです。オープンソースとして公開されているモデルは、基本的に最先端の性能を持つモデルがあまりありません。オープンソースはコミュニティ主導であるのが一般的で、開発にリソースをあまり割けないため、これまではどうしても商業ベースで公開されているモデルに比較できるほどの性能を持ったモデルはあまりありませんでした。

特徴

透明性	モデルの内部構造や学習プロセスが公開されているため、研究や検証が容易です。
カスタマイズ性	ユーザーが自由にモデルを修正し、特定の用途に合わせてファインチューニングできます。
コミュニティ主導の開発	多くの開発者や研究者が改善に貢献できるため、急速な進化が可能です。
コスト効率	多くの場合、無料で使用でき、独自のインフラでホスティングできます。
教育的価値	学習や実験のために自由に利用できるため、AIの教育や研究に適しています。

Command-Rがオープンソースとして公開されたのは、AI界における2024年最大の「事件」だった、と言ってよいでしょう。GPT-4を時として上回る性能を持つLLMがオープンソースで公開される。それは「高性能なLLMはプロプライエタリモデルだけであり、「開発元がすべての技術と恩恵を独り占めするのが当然」という、それまでの常識をくつがえす出来事だったのです。

オープンソースでGPT-4越えは「無茶」

ただし、「オープンソースだから誰もが自由にGPT-4レベルのLLMを利用できる」とは考えないで下さい。確かにCommand-RやLlama3はオープンソースですが、GPT-4に匹敵する高性能のモデルを動かすためにはそれ相応のハードウェアが必要です。Command-R+の場合、NVIDIAの最高性能のGPUと100GB以上のメモリを搭載したモンスターPCが必要となるでしょう(それでも思うような性能は得られないかもしれません)。

プロプライエタリモデルによるサービスを展開するOpenAIやGoogleなどの企業が、LLM実行のために巨大なデータセンターを建設しているのは、ひとえに「LLMが膨大なリソース食いである」ためです。オープンソースで公開されているLLMを普通のパソコンで動かそうとしても、こうしたプロプライエタリモデルに匹敵する性能が得られることはありません。

こうしたことを考えたなら、商業AIサービスに匹敵する性能を得るためには自前のPCで動かすことを諦め、プロプライエタリモデルとして運用されている商業サービスを利用したほうがよいでしょう。オープンソースで公開されているCommand-RやLlama3も、商業サービスとしてアクセスする手段が提供されています。

プロプライエタリモデル

プロプライエタリモデルは企業や組織が所有し、通常はAPIやライセンス契約を通じてのみアクセス可能なモデルです。

特徴

高性能	多くの場合、最先端の性能を持つモデルがこのカテゴリに含まれます。
管理されたサービス	モデルのホスティングやメンテナンスが提供企業によって行われます。
セキュリティ	企業の機密情報や個人情報の保護に関する厳格な基準を満たすように設計されています。
サポート	技術サポートや専門家のアドバイスが提供されることが多いです。
継続的な改善:	開発企業による定期的な更新や改善が行われます。

プロプライエタリモデルは企業がサービスとして「機能」だけを提供するため、モデルの内部構造や学習プロセスが不透明な場合があります。また、カスタマイズの自由度が制限される場合もあり、完全に自由に利用できるというわけではありません。

しかし、いつでも一定レベル以上の品質が保証されたLLMにアクセスできるというのは、業務や商業目的で開発を行っている人には大きな魅力でしょう。

LLM利用とAPI

では、これらの次世代モデルはどのように利用すればよいのでしょうか。オープンソースをローカル環境で使う場合は別ですが、プロプライエタリモデルをプログラムから利用する場合、ほとんどの開発元は「API」として各種機能を公開しています。

この場合のAPIは「Web API」です。すなわち、LLMの各種機能を実行するアドレスをエンドポイントとして公開し、プログラム内からエンドポイントにアクセスして必要な情報を送受するのです。

もちろん、これは無料でできるわけではなく、各サービスの提供元にアカウント登録し、支払いの設定を行います。この種のサービスでは利用者にAPI利用のためのアクセスキー（APIキー）を割り当てており、APIキーを指定してアクセスすることで、利用者に課金される仕組みになっています。

このAPIは、単純にエンドポイントのURLとアクセスに必要な情報などが公開されているだけの場合もありますし、APIにアクセスするための専用ライブラリなどを提供しているところもあります。専用ライブラリを使えば、エンドポイントにネットワークアクセスして利用するよりもコーディングなどは格段に楽になります。

つまり、プロプライエタリモデルの利用の手順は以下のようになるわけです。

- アカウント登録する。
- APIキーを取得する。
- 必要に応じてライブラリをインストールする。
- APIにアクセスするコードを作成する。

この基本的な手順を頭において各サービスの利用方法を読んでいくと、具体的にどのように作業を進めていけばよいかが明確になるでしょう。では次章より、各次世代モデルごとに利用の手順とプログラミングの方法を説明していくことにしましょう。

Chapter 2

Claude APIを利用する

ClaudeはOpenAIのライバルといわれるAIスタートアップです。
このClaude 3.5はGPT-4を上回るパフォーマンスを実現しています。
ここではClaudeが提供するAPIを利用して、
AIモデルを利用する方法について説明をしましょう。

Chapter
2

2.1.
Claude API利用の準備

Claudeとは?

Claudeは米Anthropic社が開発する次世代AIモデルです。このCaudeをベースにしたAIチャットサービスを既に展開しており、高い評価を得ています。GPT-4のライバルである次世代AIモデルの中でも、おそらく最も高い評価を得ているAIモデルと言ってよいでしょう。

このClaudeの最新バージョンは3.5であり、既にチャットサービスでも最新のClaude 3.5が使われています。

Claude 3.5とGPT-4の比較

では、このClaude 3.5の性能はどの程度のものなのでしょうか。GPT-4と比べて、どのぐらい優れていると言えるのでしょう。

Claude 3.5とGPT-4を比較したレポートは多数存在しますが、それらの中にはClaude 3.5をGPT-4より優れているとする見解がいくつも見られます。メジャーなAI性能テストのレポートを簡単にまとめてみましょう。

1 redditの技術者を中心としたフォーラムでは、Claude 3.5 Sonnetは以下の点でGPT-4を上回っていることが報告されています。

コーディング	ほぼバグのないコードを一度で生成する能力が高い。
テキスト要約	より正確で人間らしい文体で要約を行う。
全体的な使用感	GPT-4に戻ると後退したように感じる。

2 別の比較サイト（www.glbgpt.com）では、Claude 3.5が以下の分野でGPT-4を上回っていると評価されています。

創造性	より人間らしく、一般的でない文章スタイル。
校正と事実確認	間違いの指摘と修正がより明確。
コーディング	より優れたコーディング支援機能と、結果をすぐに確認できるArtifacts機能。

3 また、AIのベンチマークデータを検証したサイト(cryptoslate.com、www.techtarget.com等)によると、Claude 3.5 Sonnetは以下の分野でGPT-4を上回る性能を示しています。

- 大学院レベルの推論
- 学部レベルの知識
- コーディング
- 多言語数学

これらの比較結果は限定的なテストや個人の経験に基づくものもあり、すべての状況で必ずしもClaude 3.5がGPT-4より優れているわけではありません。「分野によってはGPT-4を上回っている」ということであり、全体的な評価としては「GPT-4とほぼ同程度の性能」と考えてよいでしょう。

※参考文献
[1] https://www.reddit.com/r/ClaudeAI/comments/1dqj1lg/claude_35_sonnet_vs_gpt4_a_programmers/
[2] https://www.glbgpt.com/blog/claude-3-5-vs-gpt-4-a-performance-comparison/
[3] https://zapier.com/blog/claude-vs-chatgpt/
[4] https://www.vellum.ai/blog/claude-3-5-sonnet-vs-gpt4o
[5] https://arxiv.org/html/2406.16772v1
[6] https://www.vellum.ai/blog/gpt-4o-mini-v-s-claude-3-haiku-v-s-gpt-3-5-turbo-a-comparison
[7] https://cryptoslate.com/claude-3-5-sets-new-ai-benchmarks-beating-gpt-4o-in-coding-and-reasoning/
[8] https://www.techtarget.com/searchenterpriseai/tip/GPT-35-vs-GPT-4-Biggest-differences-to-consider

3種類のモデル

Claudeシリーズには3つの異なるモデルバージョンが用意されています。「Haiku」「Sonnet」「Opus」と呼ばれるもので、それぞれ異なるサイズや能力を持つモデルのバージョンを表しています。

Haiku	これは最も軽量なバージョンです。リソースの少ない環境や、リアルタイムの応答が求められる場合に使用されます。処理速度が速く、消費する計算リソースが少ないためコストも低く抑えられますが、その分、生成されるテキストの質やコンテキスト理解能力がやや制限されることがあります。
Sonnet	これは中間のバージョンで、Haikuよりも強力ですが、Opusほどの計算リソースを必要としません。バランスの取れた性能と品質を提供し、さまざまな用途で幅広く使用されています。現在、Claudeのチャットサービスで使われているのはこのバージョンです。
Opus	これは最も強力なバージョンで、計算資源を多く使用しますが、その分、テキストの生成品質やコンテキストの理解力が非常に高いです。高度な自然言語処理タスクや複雑な質問への対応に適しています。ただし高性能な分、利用コストも最も高くなっています。

これらのモデルの違いは性能とリソース消費のバランスにあり、用途や環境に応じて最適なモデルを選ぶことが重要です。またAPIからこれらを利用する場合、Haikuが最も低コストとなり、Opusが最も高コストとなります。性能だけでなく、スピードや対費用効果なども併せて考えながら使用モデルを選定するようにして下さい。

Claudeの2つのアカウント

Claudeを利用するにはアカウントの登録が必要です。ただし、このアカウントには2つの種類があるので注意が必要です。

Claudeチャットサービスのアカウント	一般のユーザーとしてClaudeチャットサービスを利用するためのアカウントです。チャットサービスのサイト（https://claude.ai）にアクセスしてカウント登録を行います。
開発者向けアカウント	Claudeをプログラム内から利用するためのアカウントです。APIを利用したプログラムの開発を行う場合に登録します。

これらは「一般ユーザー向け」と「開発者向け」だと考えるとよいでしょう。開発を行うだけなら一般ユーザー向けのアカウント登録は不要ですが、やはり実際に使ってみて「このAIモデルを利用したい」と思えるか判断したいですね。登録自体に費用はかからないので、一般ユーザー用のアカウントも登録を行っておきましょう。

Claudeチャットサービスを利用する

では、一般ユーザー向けのチャットサービスから利用してみましょう。Webブラウザから以下のURLにアクセスをして下さい。

https://claude.ai

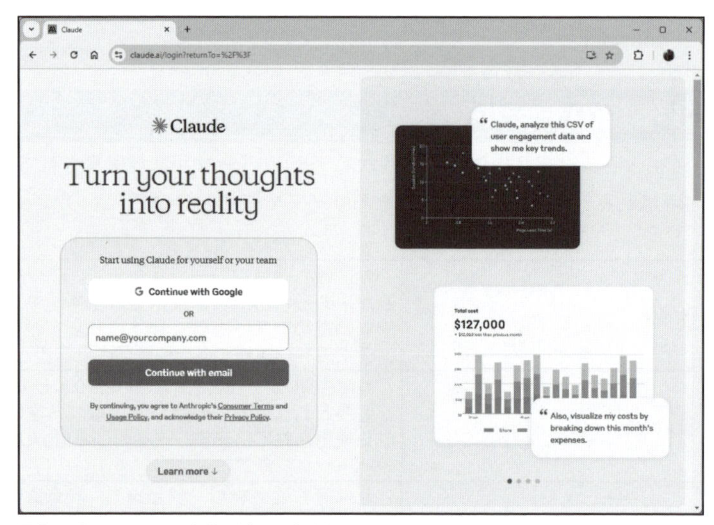

図2-1：Claudeチャットサービスのサイト。

まだアカウント登録がされていない場合、サインインのためのボタン類が表示されます。Claudeではメールアドレスで登録を行う他、Googleアカウントを利用してサインインすることもできます。

ここでは、Googleアカウントで登録する形で説明しましょう。画面に見える「Continue with Google」ボタンをクリックして下さい。画面に、Googleアカウントでログインするためのウィンドウが開かれます。

ここでClaudeで利用するGoogleアカウントを選択し、Googleアカウントの使用に必要な入力を行っていきます。

図2-2：Googleアカウントを選択し、必要な入力を行う。

アカウントの作成

Googleアカウントでログインすると、アカウント登録のための入力画面が現れます。まず最初に、携帯電話による認証を行います。国旗アイコンをクリックして「Japan」を選択し、使用している携帯電話番号を入力して下さい。

そして、下にある「I confirm ～」のチェックをONにし、「Send Verification Code」ボタンをクリックします。

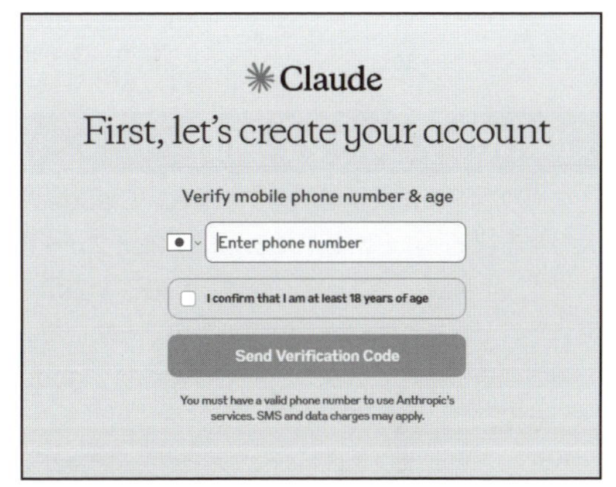

図2-3：携帯電話番号を入力し、ボタンをクリックする。

これで、入力した電話番号にSMSで認証コードが届きます。このコードをフィールドに入力し、「Verify & Create Account」ボタンをクリックすれば、本人確認がされアカウントが作成されます。

図2-4：認証コードを入力し、ボタンをクリックする。

アカウントが作成されると、引き続き必要な情報を入力するための表示が現れます。まず、フルネームの入力を行い、ユーザーポリシーや各種の確認事項を確認するとアカウント作成が完了します。

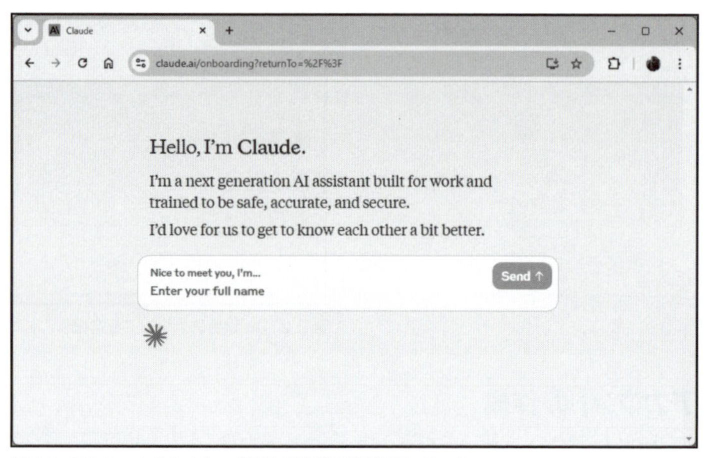

図2-5：フルネームを入力し、必要な確認事項を確認していく。

Claudeのチャット画面

アカウントの作成作業が完了すると、Claudeのチャット画面が現れます。画面の中央付近にテキストを入力するフィールドがあり、ここにプロンプトを書いて送信（フィールドに「↑」アイコンのボタンが表示されます）すれば、プロンプトが送られ応答が表示されます。このあたりの使い勝手は、ChatGPTなどを利用したことがあれば改めて説明するまでもないでしょう。

画面の表示を見て気がついたでしょうがClaudeのチャットは英語表記のみで、日本語表示には対応していません。

ただし、入力は日本語も対応しており、問題なくやりとりできます。実際にいろいろと質問して、どのような応答が得られるか確かめて下さい。ChatGPTに引けを取らない滑らかな日本語で答えてくれるのがわかります。

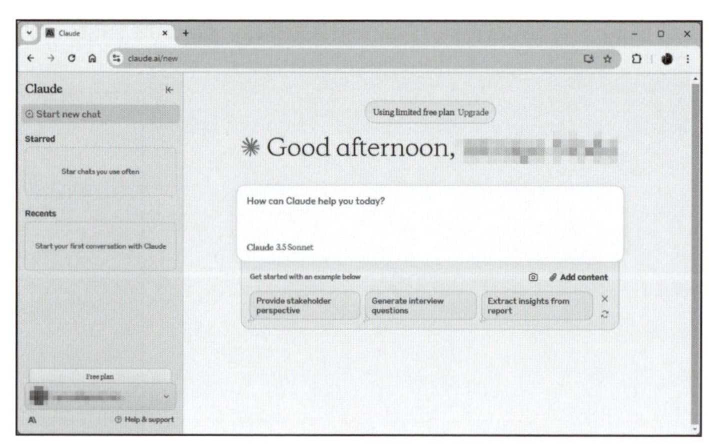

図2-6：Claudeのチャット画面。

Claude最大の特徴「Artifacts」

いくつか質問をしてClaudeとやり取りをしていくと、時々、不思議な画面が現れることがあります。プロンプトを送信すると右側に四角いエリアが現れ、その中でコンテンツが生成されていくのです。

これは、Claudeに搭載されている「Artifacts」と呼ばれる機能です。簡単な質疑などでなく、独立したコンテンツの生成を行うような場合、Claudeは別枠で表示エリアを開き、その中でコンテンツの生成を行います。生成されたコンテンツは、「Publish」ボタンをクリックすることで公開することができます。公開されたコンテンツには、割り当てられたURLにアクセスすることでいつでもアクセスできます。

このArtifactsの機能は非常に強力で、複雑なコンテンツも繰り返しプロンプトをやり取りしていくことで、次第に完成度の高いものに仕上げていくことができます。また、作成されたコンテンツをそのまま公開しURLなどで共有できるため、プログラムのプロトタイプ作成やプロジェクトの概要、レポートの梗概など、たたき台となるコンテンツを即席で作成するようなときに威力を発揮します。

Claudeが「用途によってはGPT-4を凌駕する」と評価される理由がわかるのではないでしょうか。開発に入る前に、まずはClaudeでいろいろとプロンプトを試して、その挙動を確認しておきましょう。

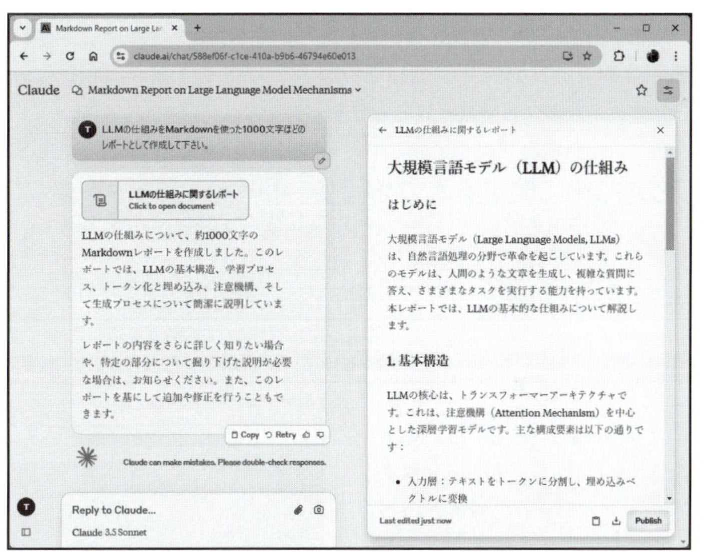

図2-7：Artifactsの画面。コンテンツ生成では右側に専用のエリアが現れ、そこにコンテンツが作成されていく。

開発者用アカウントの登録

Claudeのチャットサービスのアカウントが作成できたら、続いて開発者用のアカウント登録を行いましょう。以下のURLにアクセスして行います。

https://console.anthropic.com

これは、「Anthropicコンソール」と呼ばれるWebサイトのURLです。AnthropicコンソールはAnthropicのAIモデルを利用する開発者のためのWebサービスです。

Claudeなどのモデルを利用するには、まずこのAnthropicコンソールにアカウント登録する必要があります。

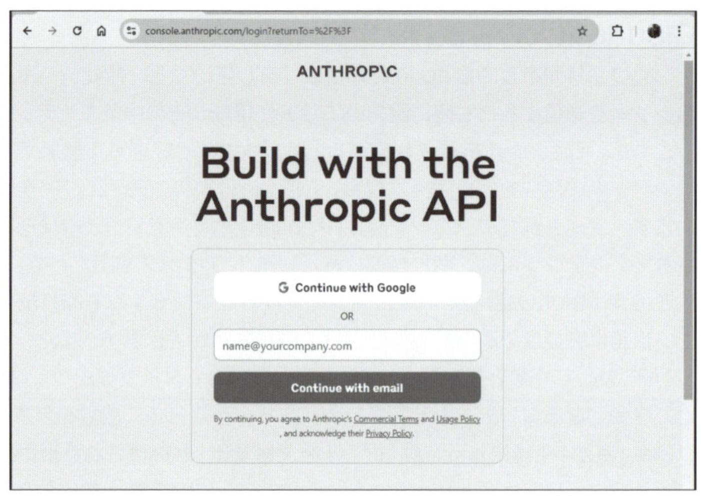

図2-8：Anthropicコンソールの画面。まずはアカウント登録をする。

では、アカウント登録を行いましょう。Claudeチャットと同様に、ここではメールアドレスとGoogleアカウントでアカウント登録を行うことができます。「Continue with Google」ボタンをクリックし、Googleアカウントを選択して必要な入力を行って下さい。

アカウントに関する入力を行う

Googleアカウントでサインインできたら、作成するアカウントに関する情報を入力する表示が現れます。

Organization name	所属する組織(学校・企業名)
Industry	業種。プルダウンして現れる選択肢から選択
Website	WebサイトのURL（なければ不要）

これらを入力し、「Create Account」ボタンをクリックすると、アカウントの作成が行われます。

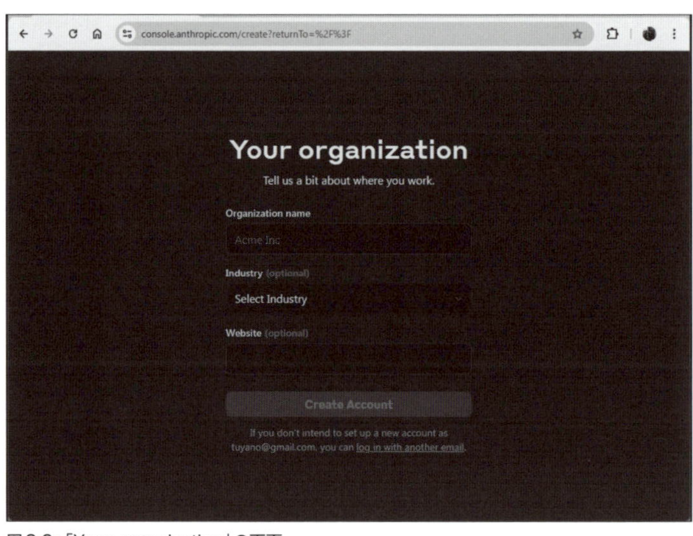

図2-9：「Your organization」の画面。

ダッシュボードについて

アカウントの登録がされると、Anthropicコンソールが使えるようになります。デフォルトで表示されるのは、「ダッシュボード」と呼ばれる画面です。これは、コンソールの主な機能のリンクがまとめられたページです。ここから利用したい機能のボタンをクリックして移動します。

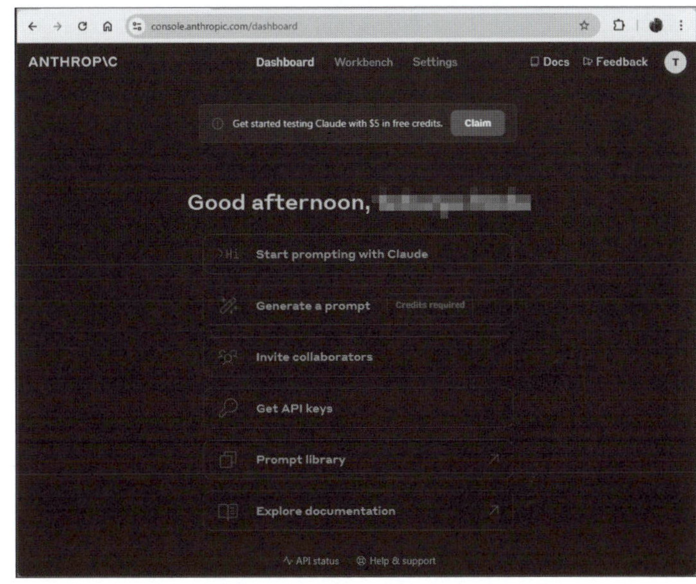

図2-10：ダッシュボードの画面。主な機能への移動ボタンがまとめてある。

無料クレジットを取得する

ClaudeのAPI利用は無料ではなく、アクセスごとに費用がかかります。これは通常、クレジットカードで月ごとに使用料を支払う形になっています。

ただし2024年9月の時点では、無料で使える枠が用意されています。ダッシュボードの一番上に「Get started testing Claude with $5 in free credits.」という表示がされているのが確認できるでしょう。これにより、5ドル分の無料クレジットが提供されます。5ドルというと大した金額ではないように思うでしょうが、おそらく本書に掲載されているすべてのサンプルコードを実行しても1ドルに満たないアクセスしかされないでしょう。5ドルあれば、相当な回数、APIを試すことができるのです。

では、表示の右にある「Claim」ボタンをクリックして下さい。画面に「Claim free credits」と表示されたパネルが現れます。これが無料クレジットを申請するための画面です。

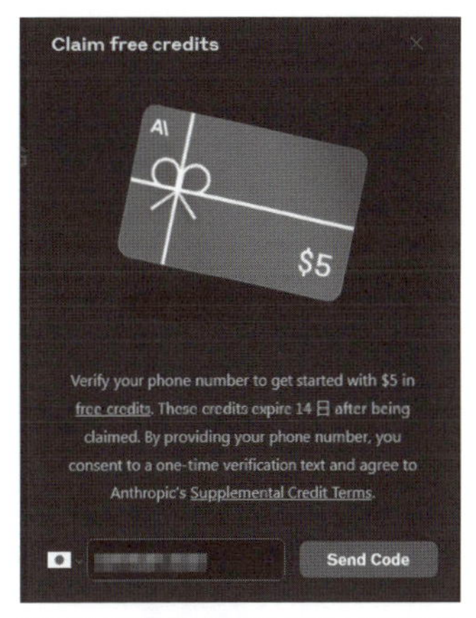

図2-11：携帯電話番号を入力してボタンをクリックすると、認証コードが送られてくる。

このパネルの下部に、携帯電話の番号を入力するフィールドがあります。国旗アイコンをクリックして「Japan」を選択し、自分の携帯電話番号を入力して「Send Code」ボタンをクリックして下さい。入力した番号にSMSで認証コードが送られます。この番号を入力し、「Confirm」ボタンをクリックすると電話番号が認証され、5ドル分の無料クレジットが追加されます。

ワークベンチを利用する

Anthropicコンソールにも、プロンプトを実行するためのツールが用意されています。Claudeチャットサービスと働きは同じですが、用意されている機能やインターフェースが微妙に違います。

プロンプトの実行は「ワークベンチ」というツールとして用意されています。ダッシュボードにある「Start prompting with Claude」ボタンをクリックするか、上部にある「Workbench」リンクをクリックして下さい。

このワークベンチはただプロンプトを送信するだけでなく、細かな設定を行って実行することができます。画面の左側にプロンプトを送信するためのエリアがありますが、ここにはデフォルトで以下の2つの入力フィールドがあります。

SYSTEM:	システムプロンプト。プロンプトのベースとなるもの。
USER:	ユーザーが送信するプロンプト。

一般ユーザー向けに提供されているAIチャットサービスしか使っていない場合、プロンプトに種類があるということはほとんど知らないかもしれません。Claudeだけでなく多くのAIモデルでは、プロンプトには「システムプロンプト」と「ユーザープロンプト」があります。システムプロンプトはプロンプトのベースとなるもので、AIモデルの基本的な設定などが用意されます。そしてシステムプロンプトを踏まえた上で、ユーザーの送信したプロンプトが実行されるのです。

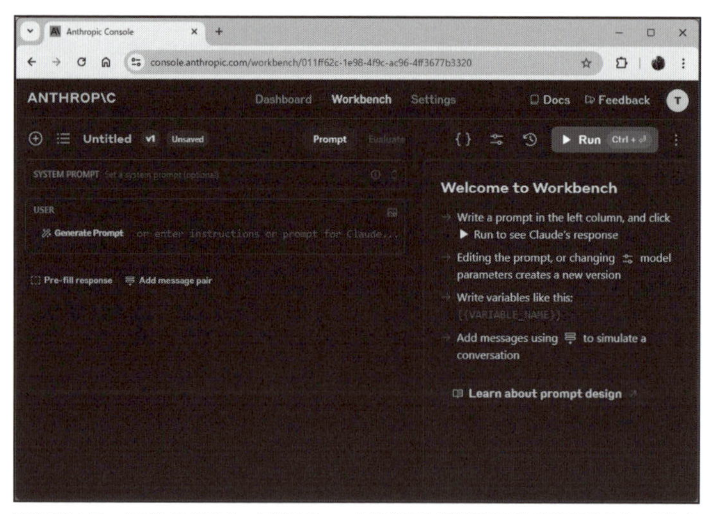

図2-12：ワークベンチの画面。左側のチャット部分には「SYSTEM」「USER」の2つの入力フィールドがある。

モデル設定

プロンプトを入力するエリアの上部には横に細長いバーが用意されています。この右端には「Run」というオレンジ色のボタンがあり、これをクリックすることで入力したプロンプトが実行されます。

このバーにはさまざまな機能が用意されています。プロンプトの実行に直接影響を与えるものとしては「Model settings」というアイコンがあります。これをクリックすると、右側からサイドパネルが現れます。このサイドパネルには以下の項目が用意されています。

●Models:

使用するモデルを選択します。クリックするとモデルのリストがプルダウンで現れるので、その中から使いたいものを選択します。用意されているモデルはClaude 2.0 ～ 3.5まで多数あります。3.0以降は各バージョンごとにHaiku、Sonnet、Opusといったモデルが用意されています。

バージョンが新しいもの、また上位モデルのものほど高い性能となりますが、それだけコストも掛かります。下位モデルや多少古いバージョンでも十分な性能を持っていますし、コストを抑えることができます。

●Temperature:

日本語では「温度」と訳されることが多いでしょう。これは、モデルが次の単語を予測する際に用いられる確率分布の形状を指定するものです。0 ～ 1の実数で指定されます。

値が小さいほど確率分布はより狭い範囲の正規分布となり、最も確率の高い選択肢を選ぶ傾向が強まります。値が大きくなると確率分布は平坦となり、最も確率の高い選択肢以外のものが選ばれる確率が上がります。より正確な応答が必要なときには値を小さく、より創造的な応答を得たい場合には大きく設定します。

●Max tokens to sample:

生成される応答の最大トークン数を指定するものです。値は1 ～ 8192の間の整数で指定されます。

トークンとは、プロンプトのテキストを処理する際の基本単位となるものです。AIモデルは、テキストを最小言語単位であるトークンに分割して処理をします。これは、単語や単語を構成する部分語、語句、記号などで構成されます。

トークンは言語やモデルによりどの程度の粒度になるかが違うため一概には言えませんが、だいたい「1トークン＝1文字」としてイメージしておくとよいでしょう。

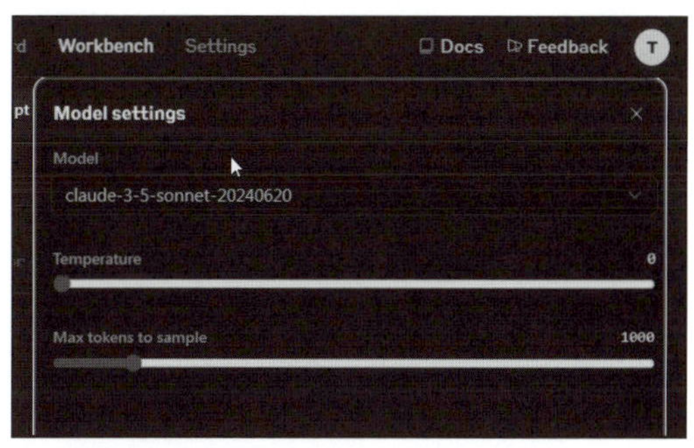

図2-13：Model settingsにはTemperatureとMax tokens to sampleの設定が用意されている。

「Get code」について

バーにある機能でもう1つ覚えておきたいのが「Get code」です。これをクリックすると、入力したプロンプトをAPIで実行するためのコード例が表示されます。用意されているコード例はPythonとTypeScriptの最も基本的なものの他、AWS BedrockやGoogle Vertex AIでClaudeを利用する際のコード例も用意されています。

「ちょっとプロンプトを実行したい」というときには、ここに掲載されたコードをコピーし、PythonやTypeScriptのファイルに記述して実行すれば、簡単にサンプルを作成することができます。

掲載されるのは最も基本的なコードなので、本格的に開発を行う場合はあまり役には立たないでしょう。Claudeを始めたばかりの人に「こう書いて使うんだよ」ということを教えてくれるもの、と考えましょう。

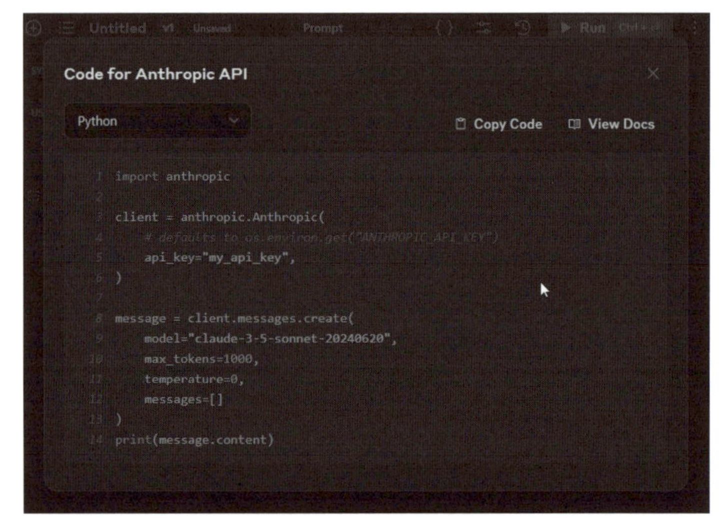

図2-14:「Get code」ではプロンプト実行のコード例が用意されている。

ワークベンチはコストがかかる

Anthropicコンソールにあるワークベンチを使えば、モデルや設定などを調整しながらさまざまなプロンプトを実行できます。これは、Claudeのモデルを利用したプログラムを作成する際に大いに役立つでしょう。

「プロンプトを実行して応答を得る」という点では、Claudeチャットサービスと基本的には同じですが、決定的に違う点があります。それは、「ワークベンチはコストがかかる」という点です。

Claudeのチャットサービスは基本的に無料で使うことができます。しかしワークベンチは、プロンプトを送信するごとに決まったコストがかかります。

とりあえず5ドルのクレジットがあるので、ある程度まではそのまま使い続けられますが、クレジットを使い果たした後は、支払いの設定を行って費用を負担して利用する必要があります。この点を忘れないようにしましょう。

利用料金の確認

Anthropicコンソールの基本部分（ダッシュボードとワークベンチ）が使えるようになったところで、次にAPI利用に必要となる設定を行っていきましょう。

最初に行うべきは、「利用状況と料金の確認」でしょう。一応、5ドルの無料クレジットがあるとはいえ、これからAPIを利用した開発を行っていこうというのであれば、利用状況の確認と支払いの設定は理解しておくべきです。こうした細かな設定は、Anthropicコンソールの「Settings」というところにまとめられています。画面上部に見える「Settings」リンクをクリックして下さい。設定関係のページに移動します。

デフォルトでは、「Your organization」という項目が表示されているでしょう。これは、自身の所属に関するものです。画面の左側には各種設定の項目が並んでいて、ここから項目のリンクをクリックして表示を切り替えるようになっています。

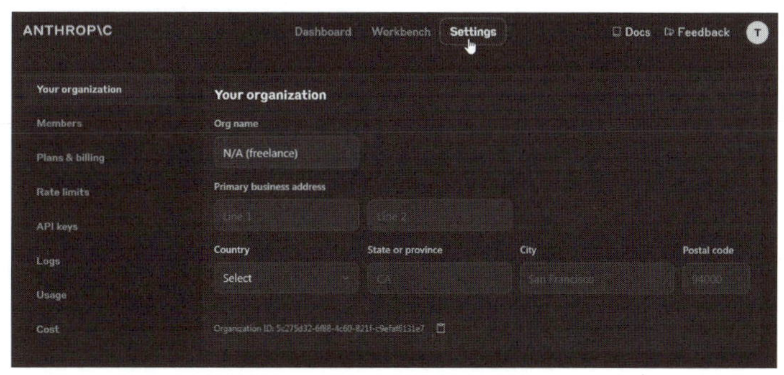

図2-15：「Settings」をクリックすると設定のページに移動する。

利用料金を確認する

では、利用料金の確認から行いましょう。これは左側にあるリンクから「Cost」をクリックして表示します。

ここでは、今月の利用料金の合計と利用状況のグラフが表示されます。これで、どのくらいクレジットを消費しているか把握できます。上部右側には「Models」と年月を表示したボタンがあり、これで特定のモデルや別の月の利用料金を表示することもできます。

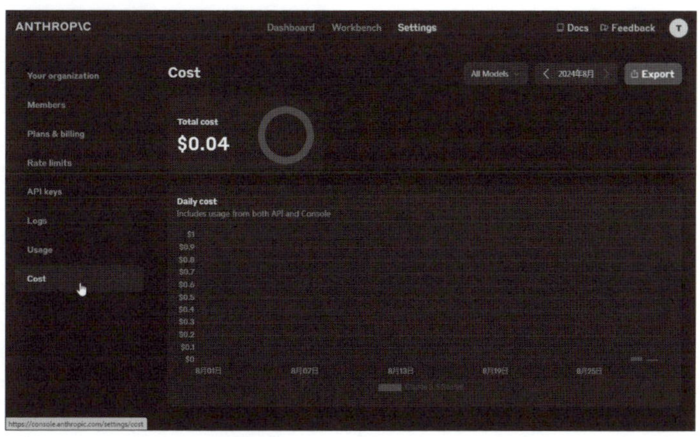

図2-16：「Cost」では料金を表示する。

生成トークン数の確認

利用料金とは少し違うもので、「生成トークン数」を確認するページも用意されています。左側の「Usage」がそれで、その月にAPIやコンソール（ワークベンチ）によって生成されたトークン数をグラフ化するものです。

AIモデルのコストは、「どれだけトークンを生成したか」で決まります。このページではAPIキー（APIを利用するために発行される値）ごとに生成トークン数を表示したりすることもでき、複数のサービスなどを運営している場合には、「どのサービスでコストがかかるか」などを分析できます。

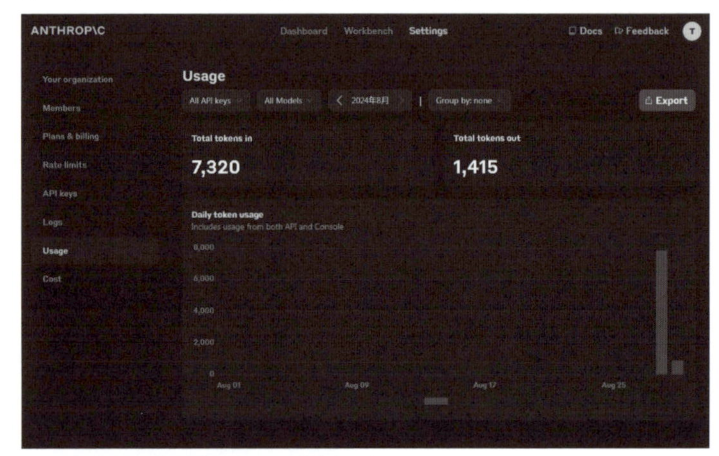

図2-17：「Usage」では生成トークン数を表示する。

プランと支払い設定

では、肝心の支払いに関する設定を見てみましょう。これは、左側にある「Plans & billing」というリンクをクリックすると表示されます。

このページは、プランと支払いの設定を行うものです。Claudeコンソールには、2種類のプランがあります。「Build」と「Scale」です。

Build	あらかじめ指定金額のクレジットを購入して利用する。
Scale	毎月、利用料をまとめて請求し支払う。

デフォルトでは無料クレジットが割り当てられていますので、プランは未選択の状態（まだ契約していない状態）となっています。ただし無料クレジットは使えるので、下部にはクレジットによる支払いのインボイス情報がまとめて表示されます。

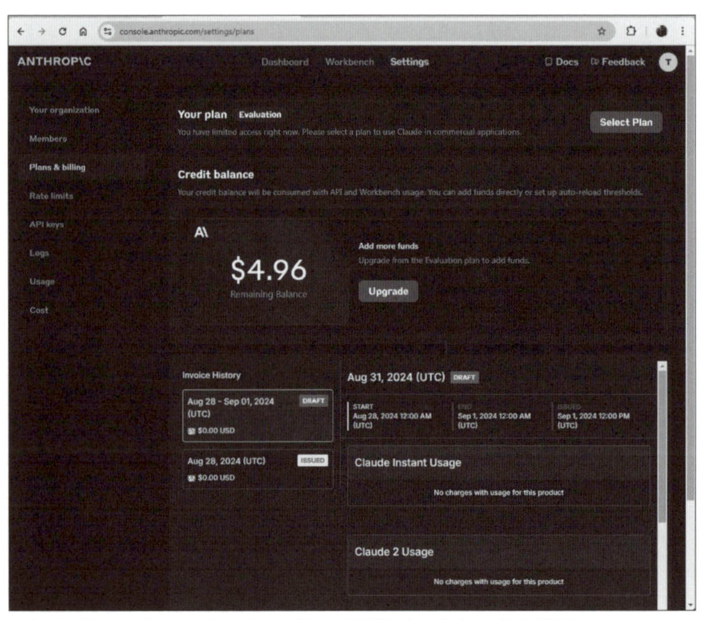

図2-18：「Plans & billing」の画面。プランの選択とインボイスの管理が行える。

プランを設定する

5ドルの無料枠を使い切ったら、プランを選択する必要があります。この手順だけ説明しておきましょう。上部の「Your plan」のところにある「Select Plan」ボタンをクリックして下さい。

1. Account Plans

プランを選択するパネルが開かれます。ここで「Build」プランと「Scale」プランのいずれかを選択します。

とりあえず、最初は「Build」プランを選択するのがよいでしょう。これは、指定した額だけクレジットを購入するもので、例えばいきなり大量のアクセスがあった場合も、購入したクレジットがなくなった時点でアクセスが停止するため、「知らないうちに莫大な費用がかかっていた」などということがありません。

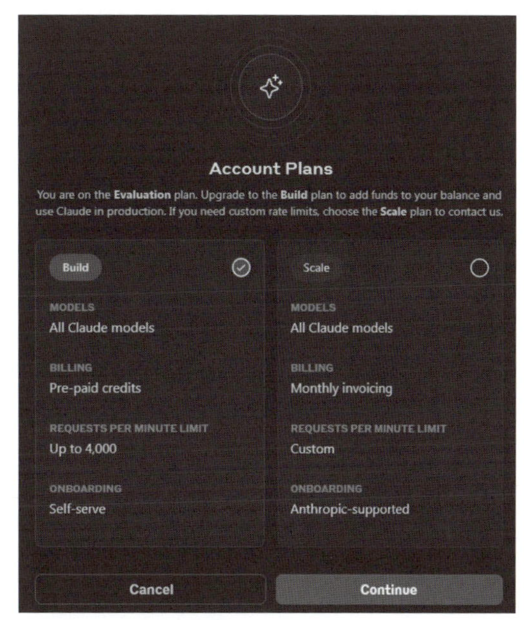

図2-19：プランを選択する。

2. Upgrade to Build

「Build」プラン登録のための必要条項を入力していきます。業種、国、社内利用か社外利用か、利用用途、法律および医療用途か、18歳未満の利用を対象としているか、といったことを入力していきます。

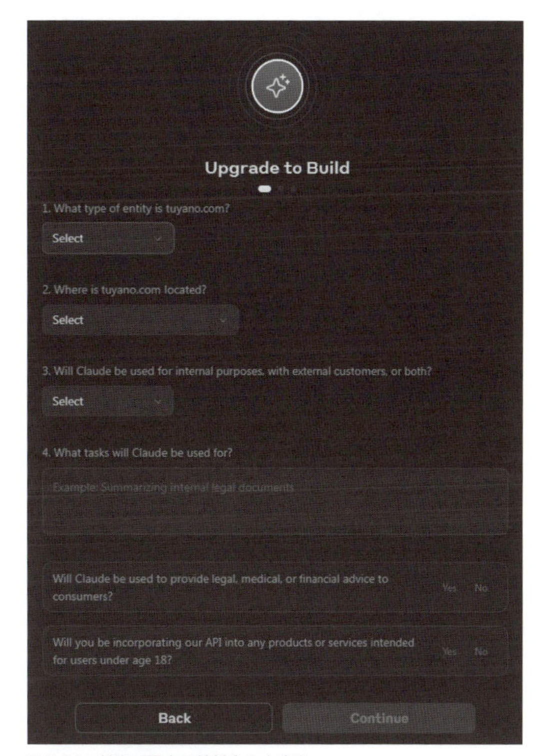

図2-20：利用に関する情報を入力する。

3. Add your billing information

支払い情報を入力します。支払いは基本的にクレジットカードのみです。利用可能なカードは、VISA、UC、JCB、AMEXなどが対応しています。カード番号、有効期限、セキュリティコード、氏名、国、住所といった項目を入力します。

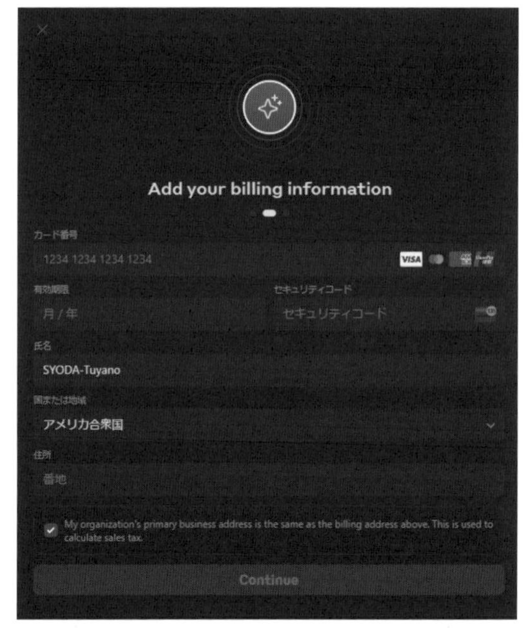

図2-21：クレジットカードの情報を入力する。

4. Set up billing

クレジット購入に関する設定を行います。いくらのクレジットを購入するかを数値で記入します。また、クレジットの残高が一定額を下回ると自動的にクレジットを購入する設定も用意されています。これにより、クレジット残高が足りなくてサービスが停止するといったことを防げます。

ただし、逆に猛烈なアクセスが集中すると次々にクレジットを購入して高額な利用料となる危険もあるので、しばらくは自動購入の機能はOFFで使ったほうがよいでしょう。

これで「Purchase Credits」ボタンをクリックすれば「Build」プランに変更され、クレジットカードによるクレジット購入が実行されます。

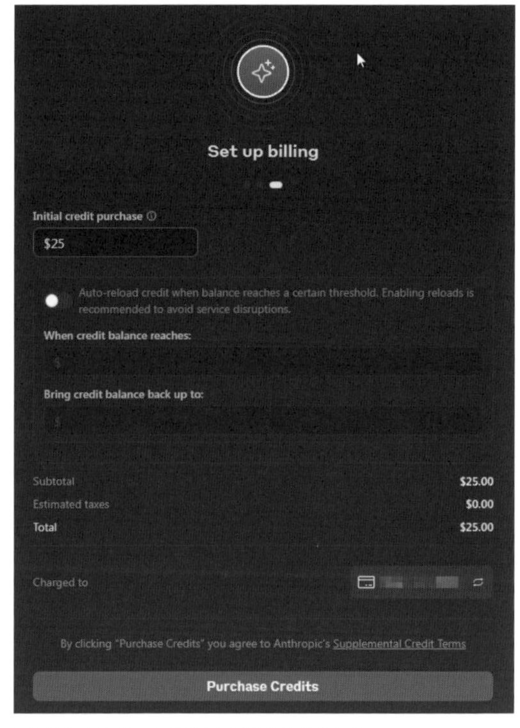

図2-22：クレジットの購入に関する設定を行う。

プランが設定されると、Plans & billingの上部にある「Your plan」のところに「Build Plan」と表示されるようになります。

支払いに使えるカードは、現在のクレジット残高の表示の横に登録カードの番号の一部が表示されます。カードの登録は1つしか行えません。変更する場合は、カード番号の横にある「Reload」アイコンをクリックすると、カード情報の変更が行えます。

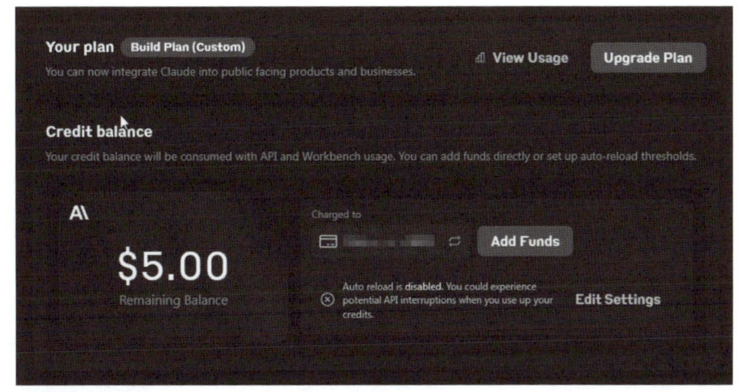

図2-23：プラン登録されたPalns & billingの画面。

APIキーを用意する

プランと支払いの設定ができれば、いつでもAPIを利用できるようになります。APIの利用には、事前に「APIキー」を発行して貰う必要があります。APIキーは、各利用者に割り当てられるユニークな文字列の値です。API利用時にこのコードを付加することで、どのアカウントからアクセスされているかを識別するようになっています。

では、APIキーを用意しましょう。左側に並ぶ項目から「API keys」リンクをクリックして下さい。画面が切り替わり、登録されたAPIキーを管理する表示が現れます。もちろん、現時点ではAPIキーはまだありません。

APIキーの作成は、「Create an API key」という表示にある「Create Key」ボタンをクリックして行います。

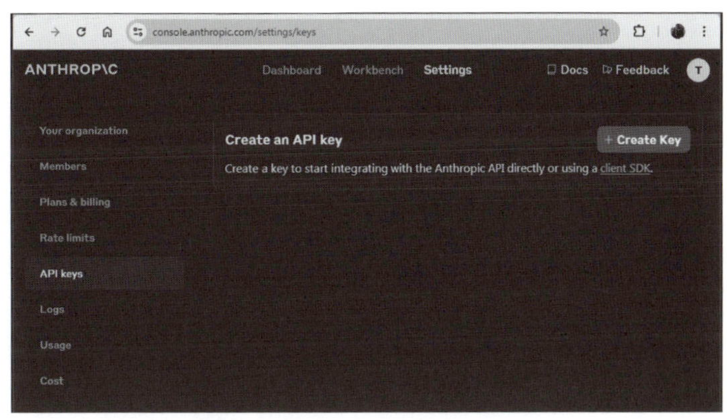

図2-24：「API keys」の画面。

1. Create API key

ボタンをクリックすると、画面にパネルが開かれます。ここで、APIキーに付ける名前を入力します。用途（利用するプログラムの名前など）がわかるような名前にしておくとよいでしょう。

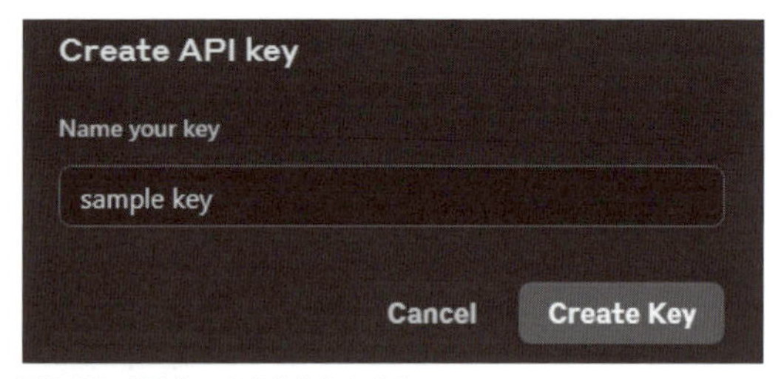

図2-25：APIキーの名前を入力する。

2. Key successfully added!

名前を入力して「Create Key」ボタンをクリックすると、APIキーが作成されます。作成されたら、「Copy Key」ボタンをクリックしてAPIキーをコピーし、どこか別の場所にペーストして保管して下さい。これは、作成されたらすぐに行って下さい。後でAPIキーをコピーすることはできません。

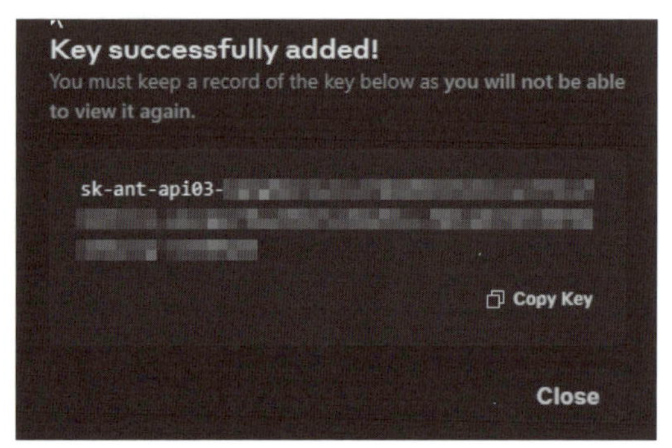

図2-26：APIキーが作成されたらコピーする。

コピーしたら、パネルの「Close」ボタンをクリックするとパネルが閉じられます。「API keys」の画面には、作成したAPIキーが追加されリスト表示されるのがわかるでしょう。

表示されるリストにはキーの名前と作者名、作成日時が表示されます。キーそのものの値は表示されません。また、項目の右端にある「…」をクリックすると、APIキーを削除するためのメニューが表示されます。

APIキーの値を表示する機能はありません。キーは、作成した際に「Copy Key」ボタンでコピーすることしかできません。パネルを閉じてしまうと、もう二度とキーの値は得られません。

もし、コピーするのを忘れたりペーストした値を消してしまったりした場合には、キーを削除し、新たにキーを作成して下さい。

これで、プログラミング開始の準備は整いました。APIキーは、実際にプログラムを作成する際に必ず必要となるので、なくさないように必ず保管しておいて下さい。

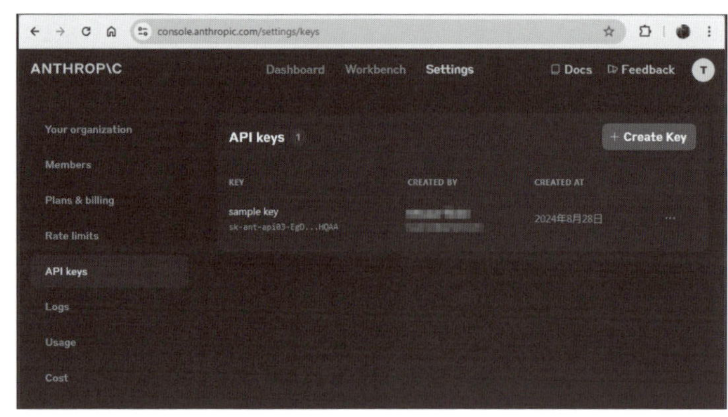

図2-27：作成したAPIキーが追加される。

Chapter 2

2.2. PythonでAPIを利用する

PythonでClaudeを利用する

では、Claude APIをプログラムから使ってみましょう。まずはPythonで利用することから行っていきます。Pythonを利用する場合、従来であれば「まずPythonをインストールして下さい」となったのですが、今はその必要はありません。ローカル環境にPythonをインストールするよりも「Google Colaboratory」を利用したほうが圧倒的に手軽で便利なので、これを利用するユーザーのほうが今は多いでしょう。

Colaboratoryとは?

Google Colaboratory（以後、Colabと略）は、Googleが提供するPythonの実行環境です。これはWebベースで作成されており、WebブラウザからPythonのコードを実行できます。ColabはWebとして表示されるノートブックと、クラウド上に用意されるランタイムで構成されています。ユーザーがWebブラウザからColabのサイトにアクセスすると、Webブラウザにノートブックと呼ばれるファイルが開かれます。これには専用のエディタが用意されており、それを使ってコードを記述したり実行したりできます。

コードを記述し実行すると、クラウド上にPythonのランタイム環境を構築し、そこにコードを送信して実行し、結果を表示します。Colabは無料で使えますが、その場合、利用できるランタイム環境に制限があったり、一定時間が経過するとランタイムとの接続が切れるなどの制約があります。こうした制限が緩和される有料版もあります。

Colaboratoryを用意する

では、実際にColabを使ってPythonのコードを作成していきましょう。Webブラウザから以下のURLにアクセスして下さい。

https://colab.research.google.com

図2-28：アクセスすると、ノートブックを開くパネルが表示される。

アクセスすると、画面に「ノートブックを開く」というパネルが表示されます。既にノートブックを作成している場合は、ここから使いたいものを選んで開くことができます。

ここでは、パネルの下部にある「ノートブックを新規作成」ボタンをクリックして新しいノートブックを作成しましょう。

ノートブックの画面

新しいノートブックが開かれます。右側には「リリースノート」が表示されるでしょうが、これは今は詳しく読む必要ないのでクローズボタン(「×」ボタン)で閉じておきましょう。

ノートブックでは、中央の上部に1行だけ入力するフィールドのようなものが表示されます。これは「セル」と呼ばれるものです。ノートブックでは、このセルを使ってPythonのコードを記述していきます。

セルは、入力したコードに合わせて自動的に行数が増えていくようになっています。セルの左端にはコードの実行アイコン(「▶」アイコン)があり、これをクリックすると、その場でセルのコードを実行します。

図2-29:Colabのノートブック画面。セルにコードを記述して実行していく。

ノートブックの特徴

ノートブックには、非常にユニークな機能がいろいろと用意されています。重要なものをまとめておきましょう。

1. セル単位で何度でも実行できる

ノートブックではセルを作成して、そこにコードを記述します。セルはノートブックにいくつでも作成でき、セルごとにコードを実行することができます。あるセルでエラーが起きても、他のセルのコードに影響を与えることはありません。

2. 変数や関数は保持される

セルを実行すると、関数が定義されたり変数が作成されたりしますが、これらはそのままランタイム環境に保持され、どこでも利用することができます。例えば、あるセルで作成した変数や関数を別のセルで利用することもできるのです。

3. コマンドも実行できる

セルでは、ターミナルなどから実行するコマンドを実行することもできます。冒頭に「!」を付けてコマンドを記述すると、それを実行します。Pythonではpipコマンドでパッケージをインストールして利用しますが、これもコマンドを実行することで、ランタイム環境に必要なパッケージをインストールできます。

4. Markdownコンテンツも書ける

ノートブックにはPythonのコードを記述するセルの他に、テキストコンテンツを記述するセルも作れます。これらは「コードセル」「テキストセル」と呼ばれます。テキストセルではMarkdownの記号を使ってドキュメントを記述することができます。

APIキーをシークレットに登録する

では、Claude APIを利用しましょう。まずは、取得したAPIキーの準備からです。

APIキーはただの文字列ですから、そのままセルに値として記述し、利用できます。ただし、例えばノートブックを共有したり公開する場合、セルにAPIキーがそのまま残っていては、そのキーを他人が勝手に使ってしまうかもしれません。APIキーが流出すると、知らないうちに膨大なアクセスの費用が請求される危険もあります。

そこで、APIキーはColabに用意されている「シークレット」と呼ばれるものを使って用意することにします。シークレットはノートブックに属さず、アカウントごとに保管される特殊な値です。セルからコードを使って値を取り出し利用できますが、取り出す値は利用者のアカウントに保管されているシークレットから取得するため、APIキーが外部に流出することはありません。

では、シークレットを作成しましょう。画面の左端に見えるアイコンの中から、鍵のアイコンをクリックして下さい。これで、シークレットのパネルが開かれます。ここでシークレットを作成したり、既にあるシークレットを削除したりできます。

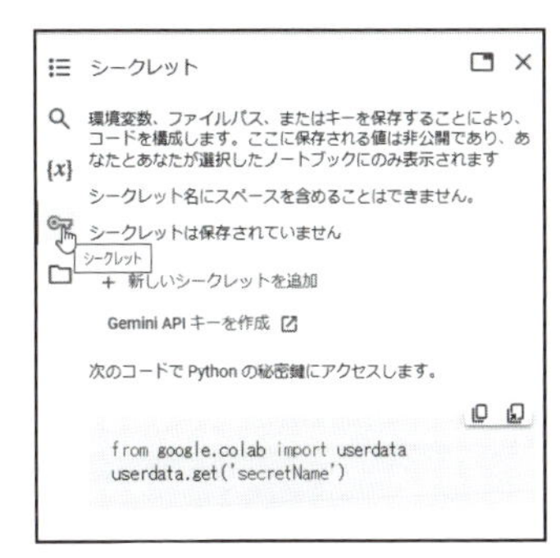

図2-30:「シークレット」アイコンをクリックしてパネルを表示する。

では、「新しいシークレットを追加」リンクをクリックして下さい。シークレットの名前と値を入力するフィールドが現れます。ここに、「ANTHROPIC_API_KEY」という名前でAPIキーの値を登録して下さい。これで、ANTHROPIC_API_KEYという名前でAPIキーがシークレットに登録されました。

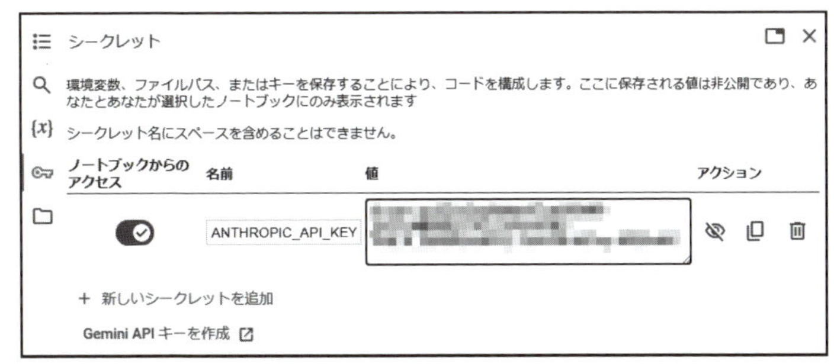

図2-31：シークレットを作成し、名前と値を入力する。

anthropicパッケージを利用する

PythonからClaude APIを利用しましょう。APIの利用には、「anthropic」パッケージを使います。まず、このパッケージをインストールしておきます。

では、画面に表示されているセルに以下のコードを記述し、左端の「▶」アイコンをクリックして実行して下さい。

▼リスト2-1

```
!pip install anthropic -q
```

これで、anthropicパッケージがインストールされます。初めて実行する際は、まずクラウド側でランタイム環境が作成されてから実行されるため、処理の完了まで少し時間がかかります。

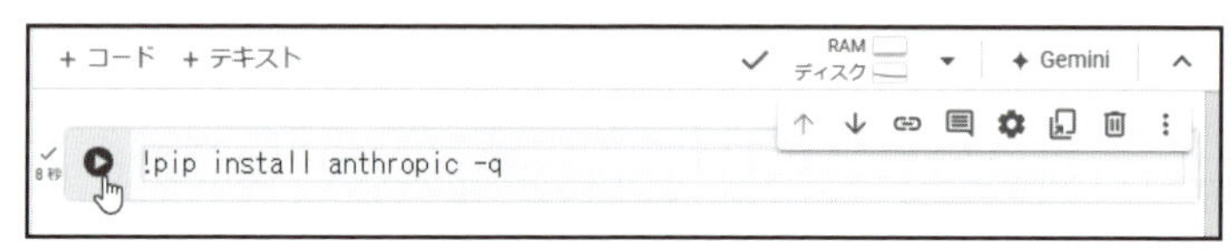

図2-32：pipコマンドでanthropicパッケージをインストールする。

シークレットからAPIキーを取得する

では、シークレットからAPIキーを変数に取り出しましょう。先ほどのコードを記述したセルの下にある「コード」ボタンをクリックして下さい。下に新しいコードセルが作成されます。ここに、以下のコードを記述して下さい。

▼リスト2-2

```
from google.colab import userdata

ANTHROPIC_API_KEY = userdata.get('ANTHROPIC_API_KEY')
```

シークレットは、Colabに標準で用意されているgoogle.colabの「userdata」というモジュールで操作します。このモジュールの「get」を使うことで、引数に指定した名前のSECRETを取り出せます。これで、ANTHROPIC_API_KEYという変数にシークレットのAPIキーが取り出されました。

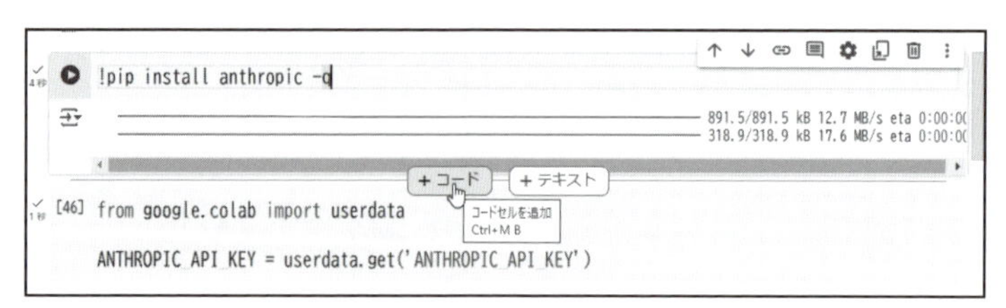

図2-33：「コード」ボタンでセルを作り、コードを記述する。

Anthropicオブジェクトの用意

では､APIを利用しましょう。APIの利用にはanthropicモジュールを利用します。この中に「Anthropic」というクラスが用意されており、このインスタンスを作成します。

では新しいセルを作成し、以下のコードを記述して実行して下さい。

▼リスト2-3

```
import anthropic

client = anthropic.Anthropic(
  api_key=ANTHROPIC_API_KEY,
)
client
```

実行すると、セルの下に<anthropic.Anthropic at 0x……>といった値が出力されるでしょう。これは、作成されたAnthropicインスタンスの出力です。

図2-34：clientにAnthropicインスタンスが代入される。

Anthropicクラスは､引数に「api_key」という値を用意してインスタンスを作成します。これはAPIキーの値を指定するもので、これにより、指定のAPIキーでAPIにアクセスするオブジェクトが用意されます。こうして用意されたオブジェクトからメソッドを呼び出してAPIにアクセスを行います。

メッセージを送信する

では、用意したAnthropicオブジェクトを使って、AIモデルにメッセージを送信してみましょう。新しいセルを用意し、以下を記述して下さい。

▼リスト2-4

```
prompt = "あなたは誰？" # @param {"type":"string"}

message = {
  "role": "user",
  "content": prompt
}

result = client.messages.create(
  model="claude-3-5-sonnet-20240620",
  max_tokens=1000,
  temperature=0.7,
  messages=[ message ]
)
result
```

これを記述すると、セルに「prompt:」と表示された入力フィールドが表示されます。ここに、送信するプロンプトを入力してセルを実行して下さい。APIにメッセージが送信され、応答が下に出力されます。返される応答にはさまざまな情報が用意されていますが、とりあえず「APIに送信して結果が返ってくる」ということはできました。

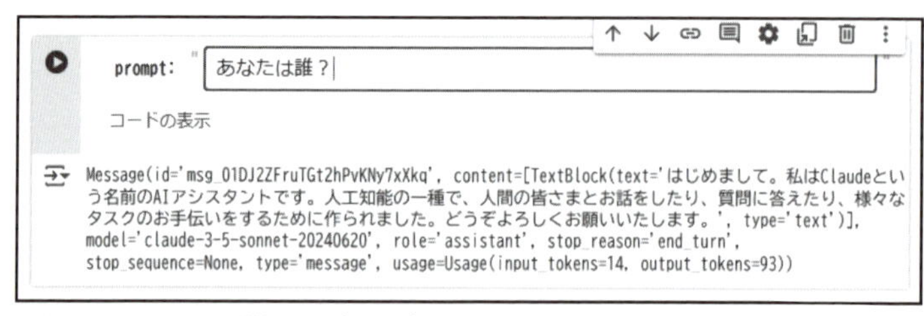

図2-35：フィールドに送信するプロンプトを入力し実行すると、APIから結果が返される。

@paramについて

では、実行している内容を説明しましょう。まず最初に、ユーザーが入力するプロンプトを変数に用意しています。

```
prompt = "あなたは誰？" # @param {"type":"string"}
```

@paramというのはコメントですが、ただのコメントではありません。これは、Colab特有のフォームフィールドを指定するためのものです。この# @paramというコメントを記述すると、その変数に代入する値を入力するためのフィールドがセルに表示されます。そこで入力した値が、そのまま変数に代入されるようになるのです。ここでは{"type":"string"}というように記すことで、テキストを入力するフィールドが表示されるようにしてあります。

メッセージ送信の実行

メッセージ送信を行っている部分を見てみましょう。ここでは、Anthropicオブジェクトの「messages」プロパティにあるオブジェクトから「create」というメソッドを呼び出しています。

messagesプロパティには、「Messages」というクラスのインスタンスが保管されています。これは、メッセージ送受を行うための機能を持ったクラスです。メッセージの送受は、ここからメソッドを呼び出します。

今回使っている「create」メソッドは、以下のような形になっています。

```
client.messages.create(
  model=モデル名,
  max_tokens=最大トークン数,
  temperature=温度,
  messages=メッセージリスト
)
```

いくつもの引数が用意されていますね。最も重要なのは、送信するメッセージであるmessagesですが、これは後で説明します。続いて、modelでモデル名を指定します。

ここでは"claude-3-5-sonnet-20240620"を指定してあります。利用可能なモデルについてはAnthropicコンソールのドキュメントに詳しく掲載されていますので、そちらを確認して下さい。

その他の「max_tokens」と「temperature」は、先にワークベンチのところで説明しましたね。max_tokensは必須項目なので、必ず指定する必要があります。temperatureはオプションですので、よくわからなければ省略してもいません。

※モデルの詳細
https://docs.anthropic.com/ja/docs/about-claude/models

メッセージの用意

createで最も重要なのが、messagesに用意するメッセージです。これは、メッセージのリストを指定します。肝心のメッセージは以下のような形で用意します。

```
{ "role": ロール, "content": プロンプト }
```

role	メッセージの役割を示します。
content	送信するプロンプトを文字列で指定します。

contentは、わかりますね。わかりにくいのは「role」でしょう。これは、送られるメッセージがどういう役割のものかを示します。このroleは、以下のいずれかの値を文字列で指定します。

system	システムプロンプト
assistant	AIから送られるメッセージ
user	ユーザーが送るメッセージ

ユーザーからメッセージを送信する場合、roleにはuserを指定して送ればよいでしょう。

APIからの戻り値

セルを実行すると、APIから戻り値がセルの下に出力されます。この値はかなり複雑な形をしています。整理すると、以下のようになっていることがわかるでしょう。

```
Message(
  id='msg_…略…',
  content=[TextBlock(text='…応答のテキスト…', type='text')],
  model='claude-3-5-sonnet-20240620',
  role='assistant',
  stop_reason='end_turn',
  stop_sequence=None,
  type='message',
  usage=Usage(input_tokens=14, output_tokens=93)
)
```

見ればわかるように、戻り値は「Message」というクラスのインスタンスになっています。これは、AIとやり取りするメッセージのクラスです。APIからの戻り値は、このMessageインスタンスとして返されます。

このオブジェクトの中には、応答に関するさまざまな情報が保管されています。とりあえず、「content に応答の情報が保管されている」ということだけ理解しておきましょう。

このcontentの値は、「TextBlock」というクラスのインスタンスをリストにまとめたものになっています。TextBlockはテキストのまとまりとなるものです。ClaudeのAIモデルは複数の応答を生成することもできるため、戻り値のcontentもリストの形になっているのでしょう。

応答のテキストを取り出す

このMessageの構造がわかっていれば、戻り値から応答のテキストを取り出すことができるようになります。先ほどのセルの下に新しいセルを作成し、以下の文を記述して実行して下さい。

▼リスト2-5

```
print(result.content[0].text)
```

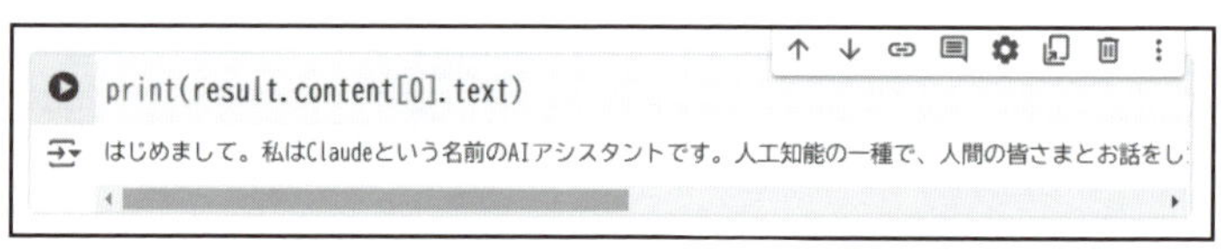

図2-36：応答のテキストだけが出力された。

これで、APIからの戻り値から応答のテキストを取り出し出力します。戻り値のMessageからcontentの最初の要素を指定し、そのtextを取り出せばよいのです。

その他のパラメータ

モデルの挙動（どのような応答を生成するか）に影響を与えるものとして、max_tokensとtemparatureというパラメータを用意しましたが、それ以外にも応答の生成に影響を与えるパラメータがあります。「top_k」と「top_p」です。これらについても触れておきましょう。

●top_k

整数で指定します。後続の各トークンについて、上位K個のオプションからのみサンプリングします。これは低確率の応答（ロングテールと呼ばれます）を削除し、確率の高いもののみから応答を生成するのに使用されます。

●top_p

実数で指定します。これは、核サンプリングと呼ばれるものを使用するためのものです。核サンプリングでは後続の各トークンのすべてのオプションの累積分布を確率の降順で計算し、top_pで指定された特定の確率に達するとそれをカットオフします。

いずれも、「応答の候補となるトークンをどのように絞り込むか」に関するものです。top_kは「上位いくつか」から選ぶようにし、top_pは「確率分布の高い範囲」から選ぶようにします。

重要なのは、「これらはtemparatureと競合する」という点です。つまり、temparatureでそれなりに応答が得られているなら、これらは設定する必要がありません。逆に、これらを使って生成に使われるトークンの範囲を制限したいのであれば、temparatureは使いません。

これらのパラメータは実際に使ってみて、生成される応答を見ながら最適値を探り当てていくしかないでしょう。いろいろと値を設定して試してみて下さい。

C O L U M N

Colabのランタイムはリセットされる

Colabを利用してPythonのコードを実行していると、あるとき突然エラーになって動かなくなることがあることでしょう。それはたいていの場合、「ランタイムが終了した」からです。Colabでは、クラウドにあるランタイムでPythonのコードが実行されます。コードを実行してインストールされたパッケージや作成された変数なども、ランタイムが終了するとすべて消えてしまいます。
Colabはクラウド上で実行されるため、時間が経過すると使われていないランタイムから自動的に終了されます。また、使っていても一定の時間が経過すると終了するようになっています。ランタイムが終了したら、パッケージのインストールや変数の作成などのセルをすべて実行し直して下さい。

messagesの活用

createの引数の中で最も重要なのが、「messages」です。ここでどのようなメッセージを用意するかで応答が決まります。

このmessagesは、複数のメッセージをリストにまとめて送るようになっています。複数のメッセージを送信するというのは、どういう状況でしょうか。これは、大きく2つに分かれます。

●学習データを用意する

AIモデルではプロンプトの内容が抽象的な場合、的確な応答を生成するのが難しいことがあります。そのような場合、実際のプロンプトと応答の例を学習データとして用意することで、生成される応答の精度を格段に向上させることができます。

こうした学習データは、messagesにあらかじめやり取りするサンプルとなるメッセージを用意して作成します。一般に、1回だけのやり取りを用意するやり方を「ワンショット学習」、複数のやり取りを用意するのを「複数ショット学習」と呼びます。多くの場合、ワンショット学習で効率的に学習をさせることができます。

●履歴を用意する

もう1つの使い方は、会話の履歴を用意することです。連続した会話を行う場合、それまでの会話の内容がわかっていないとうまく会話を進めることができません。このような連続した会話の続きとしてプロンプトを送信したい場合、それまでのやり取りをメッセージとしてまとめて送信します。

システムと学習データを利用する

では、「学習データとしてのメッセージ」を送信することからやってみましょう。AIモデルに送る学習データは大きく2つあります。システムプロンプトと、AIとやり取りしたメッセージです。

まずシステムプロンプトですが、これは、実はmessagesに含めることはできません。createメソッドには「system」という引数が用意されており、システムプロンプトはこれに設定するようになっています。

また、学習用のメッセージは、ユーザーから送信するプロンプトとAIからの応答の2つのメッセージをセットにして用意します。

```
{
  "role": "user",
  "content": ユーザーが送るプロンプト
},
{
  "role": "assistant",
  "content": AI が返す応答
},
```

このような形ですね。ユーザーから送信するプロンプトはroleを"user"にし、AIからの応答は"assistant"にします。こうすることで、ユーザーとAIの間のやり取りが作成できます。

カタカナで話すAIモデル

では、実際に簡単な利用例を挙げておきましょう。新しいセルを作成し、以下のコードを記述して下さい。

▼リスト2-6

```
prompt = "自己紹介して下さい。" # @param {"type":"string"}

sys_prompt = '''漢字はそのままに、ひらがなをカタカナに、
カタカナをひらがなで答えて下さい。'''
messages = [
  {
    "role": "user",
    "content": "あなたの名前は？"
  },
  {
    "role": "assistant",
    "content": "私ノ名前ハ、くろーどデス。"
  },
  {
    "role": "user",
    "content": prompt
  }
]

result = client.messages.create(
  model="claude-3-5-sonnet-20240620",
  max_tokens=1000,
  temperature=0.7,
  system = sys_prompt,
  messages= messages
)
result.content[0].text
```

プロンプトをフィールドに記入してセルを実行すると、AIからの応答が返ってきます。この応答は、普通はひらがなで表現するところがカタカナに、カタカナで表すところがひらがなになって表示されます。

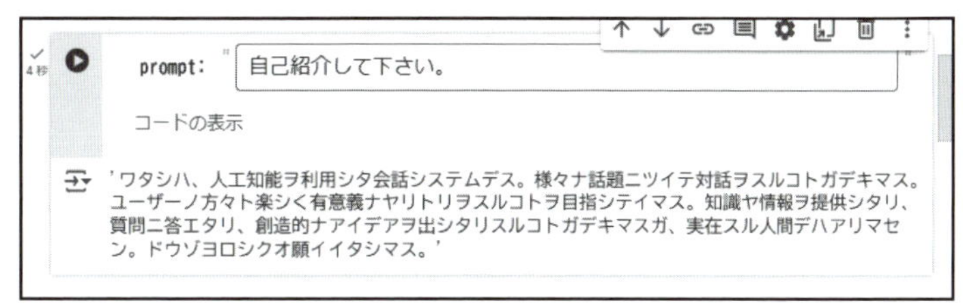

図2-37：プロンプトを書いて送信すると、AIが応答を返す。

ここでは、まずシステムプロンプトを以下のように用意してあります。

```
sys_prompt = '''漢字はそのままに、ひらがなをカタカナに、
カタカナをひらがなで答えて下さい。'''
```

ここでシステムの指示として、ひらがなとカタカナを逆にするように指示をしています。そして、具体的な例として以下のような学習データを用意してあります。

```
messages = [
  {
    "role": "user",
    "content": "あなたの名前は？"
  },
  {
    "role": "assistant",
    "content": "私ノ名前ハ、くろーどデス。"
  },
  {
    "role": "user",
    "content": prompt
  }
]
```

roleが"user"のものと"assitant"のものが用意されていますね。このように、"user"と"assistant"をセットで用意するのが基本です。これに、さらにユーザーが送信するプロンプトを"user"ロールで追加してメッセージを用意するのです。

こうして用意したシステムプロンプトとメッセージを、system = sys_prompt, messages= messagesと指定してcreateを呼び出せば、これらをもとに応答が生成されるのです。

会話の履歴を作成する

続いて、「会話の履歴」としてmessagesを用意することを考えてみましょう。会話の履歴は、先ほどと同じようにメッセージのリストを用意してmessagesに指定するだけです。ただ指定するだけでなく、こちらがプロンプトを入力したり、AIから応答が返ってきたりしたら、それらをメッセージにまとめてリストに追加していきます。そうやって、やり取りの内容が常にリストに追加されていくようにすればよいのです。

では、これも簡単な例を挙げておきましょう。新しいセルに以下のコードを記述して下さい。

▼リスト2-7

```
messages = []
print("*** start ***")

while(True):
  prompt = input("prompt: ")
  if prompt == "":
    break
  messages.append({
    "role": "user",
    "content": prompt
  })
  result = client.messages.create(
    model="claude-3-haiku-20240307",
    max_tokens=1024,
    temperature=0.7,
    messages= messages
  )
  content = result.content[0].text
  print("assistant: ", content)
  messages.append({
    "role": "assistant",
    "content": content
  })

print("*** finished. ***")
```

セルを実行すると、セル下の結果を出力する欄にテキストを入力するフィールドが表示されます。ここにプロンプトを書いてEnterするとAIからの応答が出力され、再び入力待ち状態になります。またプロンプトを書いてEnterして……とやり取りを繰り返していくことで、AIと会話を続けることができます。やめるときは、何も書かずにEnterすると終了します。

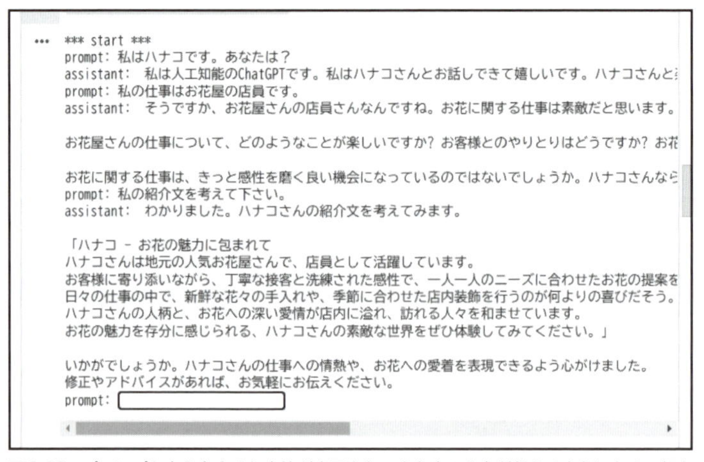

図2-38：プロンプトを入力すると応答が表示され、また次の入力が行えるようになる。何も書かずにEnterすると終了する。

会話をしている間は、やり取りした内容をすべてリストに保管しているため、前に会話した内容を踏まえて話を続けることができます。Claudeのチャットサービスと同じようなことが行えるわけです。

ここではmessagesに空のリストを用意し、やり取りの中でメッセージを追加していくようになっています。まずユーザーが入力すると、その直後に以下のようにメッセージを追加しています。

```
messages.append({
  "role": "user",
  "content": prompt
})
```

これで、promptの値がユーザーからの入力として追加されました。これをmessagesに指定してcreateを実行し、AIから応答が返ってきたら、それを以下のようにリストに追加しています。

```
messages.append({
  "role": "assistant",
  "content": content
})
```

contentはresult.content[0].textから値を取り出しています。こちらはroleを"assistant"にする、ということを忘れないで下さい。

マルチモーダルの利用

ClaudeのAIモデルはマルチモーダルに対応しています。マルチモーダルとはテキストだけでなく、イメージや音声など異なる形式のデータを同時に受け取り処理できる能力のことです。例えばイメージデータを送信し、そのイメージの内容についてテキストで質問する、といったことが可能です。

このマルチモーダルはどのように利用すればよいのか。実はこれも、messagesで送信するデータを用意すればよいのです。これまでmessagesの値はroleとcontentという2つの値を用意しましたが、マルチモーダルを利用する場合は以下のようにメッセージを用意します。

```
{
  "role": "user",
  "content": [ コンテンツ ]
}
```

contentという項目にコンテンツをリストにまとめて用意します。テキスト以外のコンテンツを使う場合は、コンテンツごとにデータを辞書にまとめたものをここに記述します。例として、イメージデータを扱う場合のコンテンツの書き方を挙げておきましょう。

```
{
  "type": "image",
  "source": {
    "type": "base64",
    "media_type": メディアタイプ,
    "data": エンコーディングデータ,
  }
}
```

typeで"image"を指定し、sourceにデータソースの情報を用意します。typeはWebの場合、"base64"を指定しておくとよいでしょう。media_typeにイメージの種類を指定します。JPEGならば"image/jpeg"とすればよいでしょう。そして、dataにBase64でエンコードされたデータを指定します。

イメージロード関数を定義する

実際にマルチモーダルを利用してみましょう。まず、イメージを扱うためのユーティリティ関数を作成しておきましょう。新しいセルに以下を記述して実行して下さい。

▼リスト2-8

```
import requests
import base64

def get_image_as_base64(url):
  try:
    response = requests.get(url, stream=True)
    response.raise_for_status()
    img_data = response.content
    return base64.b64encode(img_data).decode('utf-8')

  except requests.exceptions.RequestException as e:
    print(f"エラーが発生しました: {e}")
    return None
```

ここでは、get_image_as_base64という関数を定義しています。これはURLの文字列を引数に渡して呼び出すと、そのURLのイメージをBase64にエンコードして返すものです。取得に失敗すると、戻り値はNoneになります。

ここでは、requestsモジュールの機能を使って指定URLからコンテンツを取得しています。requestsのパッケージはColabに標準でインストールされているため、何もしなくとも使えます。ローカル環境で実行する場合は、「pip install requests」でインストールして利用して下さい。

イメージを使ってプロンプトを実行する

では、作成したget_image_as_base64でイメージデータを取得し、マルチモーダルで実行するコードを作成しましょう。新しいセルを用意し、以下のコードを記述して下さい。

▼リスト2-9

```
image_url = "https://picsum.photos/id/1008/1000/1000" # @param {"type":"string"}
prompt = "この画像について日本語で説明して下さい。" # @param {"type":"string"}

base64_image = get_image_as_base64(image_url)

if base64_encoded_image:
  result = client.messages.create(
    model="claude-3-5-sonnet-20240620",
    max_tokens=1024,
    temperature=0.7,
    messages=[
      {
```

```
        "role": "user",
        "content": [
          {
            "type": "image",
            "source": {
              "type": "base64",
              "media_type": "image/jpeg",
              "data": base64_image,
            },
          },
          {
            "type": "text",
            "text": prompt
          }
        ],
      }
    ],
  )
result.content[0].text
```

サンプルとして、URLにpicsum.photosというサイトのイメージをデフォルトに指定してあります。ここはサンプルイメージを配布するサイトで、さまざまなイメージを無料でダウンロードできます。

図2-39：https://picsum.photos/id/1008/1000/1000のイメージ。

イメージのURLを指定し、日本語でプロンプトを書いてセルを実行すると、そのイメージを元に応答が作成されます。イメージの内容などに関する質問をすると、マルチモーダルで機能していることがよくわかるでしょう。

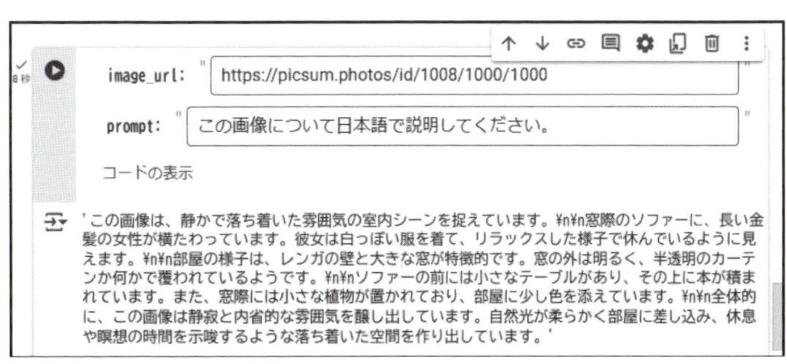

図2-40：指定したイメージの内容を説明する。

マルチモーダルのプロンプト実行がどのように行われているか見てみましょう。マルチモーダルは、メッセージの用意がすべてです。ここでは、以下のように送信するメッセージを用意しています。

```
messages=[
  {
    "role": "user",
    "content": [
      {
        "type": "image",
        "source": {
          "type": "base64",
          "media_type": "image/jpeg",
          "data": base64_image,
        },
      },
      {
        "type": "text",
        "text": prompt
      }
    ],
```

contentには"type": "image"を指定したイメージデータと、"type": "text"によるプロンプトの2つのコンテンツを用意してあります。このようにすることで、同時に複数のメディアを送信することができます。

現状では、マルチモーダルで利用できるメディアはテキストとイメージのみ（他、後述するツールが利用可）で、例えばPDFや動画などのデータを使うことはできません。このあたりは、アップデートを待つしかないでしょう。

ストリーミングの利用

createによるプロンプトの送信はAIモデルに必要な情報を送信し、モデル側で応答が作成され、出来上がったところで返送されます。このため、長く複雑なプロンプトなどでは応答が返るまでかなり待たされることになります。多くのAIチャットでは、プロンプトを送信するとリアルタイムに応答が出力されていきます。こういうやり方はClaude APIではできないのでしょうか。

もちろん、それは可能です。リアルタイムに応答を受け取るためには、AIモデルからの応答をストリーミングで受け取る必要があります。ストリーミングは、インターネットを介してデータをリアルタイムに受け取る技術です。これには、Messagesクラスの「stream」というメソッドを用います。

streamを利用したストリーミングによる応答の取得は、以下のような形で行われます。

```
with《Messages》.stream( 引数 ) as 変数:
  ……変数.text_stream を処理……
```

streamの引数には、createで用意したのと同様の値を用意します。これで、ストリームでメッセージを送信するための「MessageStream」というクラスのインスタンスが得られます。

このオブジェクトには「text_stream」というプロパティがあり、そこにストリームで送られてきた値がリストとして保管されていきます。このtext_streamはジェネレータであり、生成された値はこの中から順次取り出すことができます。これで得られた値を必要に応じて処理していけば、リアルタイムな応答の処理が行えるのです。

ストリームで応答を出力する

実際にストリームを利用した例を挙げておきましょう。新しいセルを作成して以下を記述して下さい。

▼リスト2-10

```
prompt = "LLMについて説明して下さい。" # @param {"type":"string"}

message = {
  "role": "user",
  "content": prompt
}
with client.messages.stream(
  max_tokens=1024,
  temperature=0.7,
  messages=[message],
  model="claude-3-5-sonnet-20240620",
) as stream:
  for text in stream.text_stream:
    print(text, end="", flush=True)
```

セルに表示されるフィールドにプロンプトを記入し実行すると、AIモデルから送られた応答がリアルタイムに出力されていきます。

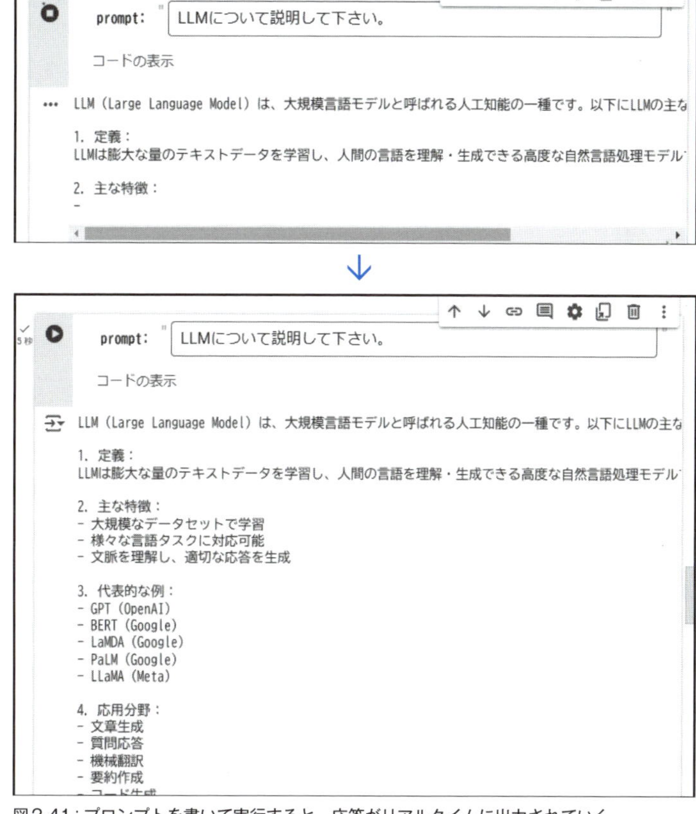

図2-41：プロンプトを書いて実行すると、応答がリアルタイムに出力されていく。

ここでは、以下のようにしてstreamメソッドを実行しています。

```
with client.messages.stream(
  max_tokens=1024,
  temperature=0.7,
  messages=[message],
  model="claude-3-5-sonnet-20240620",
) as stream:
```

引数に必要なものを用意するため複雑そうに見えますが、stream()のカッコ内に必要な値が用意されているだけです。これで生成されたMessageStreamが変数streamに取り出されます。
後は、streamのtext_streamから繰り返し値を取り出し出力していくだけです。

```
  for text in stream.text_stream:
    print(text, end="", flush=True)
```

text_streamはジェネレータなので、このようにforで繰り返し値を取り出していくことができます。ジェネレータの扱い方さえわかっていれば、利用は簡単なのです。

ツールの利用

AIモデルは、たいていのことには比較的正確な回答ができます。しかし、専門的な内容やリアルタイム性の高い情報などを扱うのはあまり得意ではありません。このような場合、専用のツールなどを利用して応答させることができます。
ClaudeではAPIを利用する際、あらかじめ用意した関数などをツールとして設定することができます。これにより、プロンプトの内容が指定したツールを利用するのに適していると判断されれば、ツールを実行して結果を取得し出力することができます。ただし、そのためにはツールの使い方をよく理解しておく必要があります。
ツールの利用は、大きく3つの部分で構成されます。

1. ツールとなる関数の作成。
2. ルーツ定義の作成。
3. AI問い合わせでツールを利用する処理の作成。

ツールは関数として定義しますが、ただ関数を書けばよいわけではありません。その関数をツールとして利用するための定義を作成し、これをcreateで呼び出す際に設定します。また、応答からAIがツール利用を判断したかどうかを調べ、必要な情報（引数など）を取り出して関数を実行します。
つまり、「ツールを組み込めば、AIが必要に応じて勝手にツールを呼び出してくれる」というわけではなくて、「ツールを使うべきかの判断と必要なデータの提供」を行ってくれるだけです。後は、それらの情報に基づいてツールの関数を実行する処理を用意する必要があります。

天気予報の取得関数を作る

では、実際に簡単な関数を用意して、これをツールとして利用してみましょう。ここでは、天気予報を出力する関数を作成してみます。といっても、世界の天気予報を正確に取り出すためにはそのためのAPIなどを利用しなければなりません。ここでは「ツールの利用」について学ぶのが目的ですので、ダミーとして適当な予報を表示する関数を作っておくことにします。

新たなセルを作成し、以下のコードを記述し実行して下さい。

▼リスト2-11

```
import random

def get_weather(location):
  weather = ["晴れ", "曇り", "雨", "雪"]
  temperature = list(range(-10, 31))
  random_weather = random.choice(weather)
  random_temperature = random.choice(temperature)
  print('*** weather report ***')
  print('location: ', location)
  print('weather: ', random_weather)
  print('temperature: ', random_temperature, 'c.')
  print('*** finished ***')
```

get_weatherは、天気を調べる場所の値を引数で受け取る関数です。ここでは天気と温度のリストを用意し、そこからランダムに値を取り出して出力をします。とりあえず、「Claudeからツールの関数を呼び出す」という仕組みがわかれば、後はこのget_weather関数を改良して、本当にちゃんとした天気予報が出力されるようなものを作ればよいでしょう。今はこれで良しとします。

ツール関数定義の作成

ツールとなる関数が用意できたら、次に行うのは「ツール関数の定義の作成」です。これは、その関数の内容や呼び出すのに必要な引数の情報などを細かく記述したものです。このツール関数定義は以下のような辞書オブジェクトとして作成します。

```
{
  "name": 関数名,
  "description": 説明のテキスト,
  "input_schema": {
    "type": "object",
    "properties": {
      ……プロパティの記述……
    },
    "required": [ 必須項目 ]
  }
}
```

関数名、説明文、input_schemaといったものを用意します。input_schemaにはpropertiesでプロパティの定義を記述し、requiredでその中の必須項目を指定します。このプロパティは、関数の引数のことと考えてよいでしょう。

propertiesに用意するプロパティの設定情報は、以下のような形で記述します。

```
名前 : {
  "type": タイプ,
  "description": 説明テキスト
}
```

プロパティの名前に、typeとdescriptionを指定します。なお、ここまでの関数名やプロパティ名といった名前の部分は、日本語では使えません。必ず英数字で指定をして下さい。

weather_tool関数の定義を作成する

では、先ほど作成したweather_tool関数の定義を記述しましょう。新しいセルを用意し、以下のように記述をして実行して下さい。

▼リスト2-12

```
weather_tool = {
  "name": "get_weather",
  "description": "指定された場所の現在の天気を取得します",
  "input_schema": {
    "type": "object",
    "properties": {
      "location": {
        "type": "string",
        "description": "都市と州、例: San Francisco, CA"
      }
    },
    "required": ["location"]
  }
}
```

nameに"get_weather"を指定し、descriptionに説明文を用意します。この説明文は、実はかなり重要です。

AIモデルはこのdescriptionを元に、プロンプトからそのToolを呼び出すべきかどうかを判断するからです。ですから、Toolの働きを過不足なくテキストとして表す必要があります。

最も重要なのは、input_schema部分の指定でしょう。propertiesには"location"というプロパティを用意してあります。これがget_weather関数の引数locationの定義になります。またrequiredには["location"]と値を用意し、locationプロパティが必須であることを指定します。

これで、get_weatherツールの具体的な定義が作成できました。この定義が正確に用意できていないとツールの呼び出しに失敗します。内容をよく確認しておきましょう。

特に、propertiesに用意するプロパティが関数の引数を正しく定義できているかどうかをしっかりチェックして下さい。

weather_toolツールを利用する

では、weather_toolツールを利用するコードを作成しましょう。新しいセルに以下を記述して下さい。

▼リスト2-13

```
prompt = "東京の天気は？" # @param {"type":"string"}

// プロンプトを実行
response = client.messages.create(
  model="claude-3-5-sonnet-20240620",
  max_tokens=1024,
  tools=[weather_tool],
  messages=[{"role": "user", "content": prompt}]
)

// ツールを利用するか確認
if response.stop_reason == "tool_use":
  tool_use = response.content[-1]
  tool_name = tool_use.name
  tool_input = tool_use.input

  if tool_name == "get_weather":
    location = tool_input["location"]
    print(response.content[0].text)
    get_weather(location)
  elif response.stop_reason == "end_turn":
    print("<<< Claudeはツールを使いません。>>> ")
    print("応答結果： ")
    print(response.content[0].text)
else:
  print("<<< Claudeはツールを使いません。>>> ")
  print("応答結果： ")
  print(response.content[0].text)
```

作成したら、セルのフィールドに「東京の天気は？」といった具合にどこかの天気を尋ねてみて下さい。get_weatherツールが呼び出され、天気情報が出力されます。

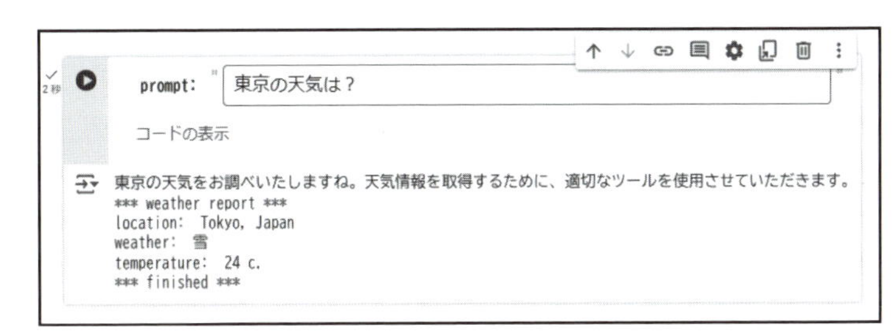

図2-42：どこかの天気を尋ねると、get_weather関数を呼び出して結果を表示する。

以下のような形で天気情報が出力されるでしょう。

```
*** weather report ***
location:  Tokyo, Japan
weather:  雨
temperature:  16 c.
*** finished ***
```

この*** ～ ***の部分が、get_wether関数によって出力された内容です。天気とは無関係のプロンプトを送信すると、ツールは使われず通常の応答が出力されます。

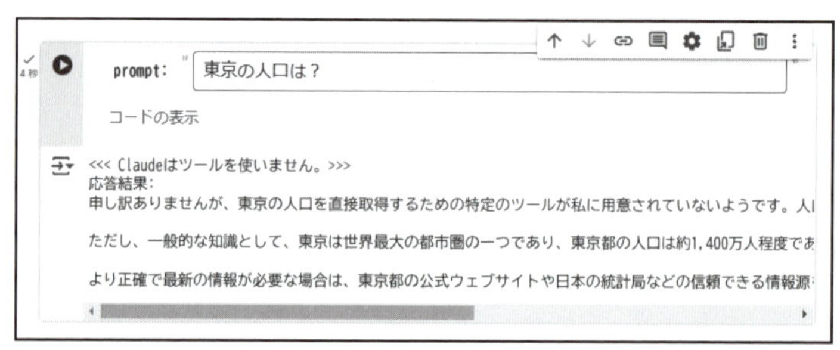

図2-43：天気以外の話はツールを使わずAIが答える。

ツール利用の流れ

では、どのようにしてツールを利用しているのか見てみましょう。まず、createの呼び出し部分からです。ここでは、tools=[weather_tool],という引数を用意していますね。ツールを利用する場合は、createの引数に以下のような値を用意します。

```
tools=[ ツール定義 ],
```

ここで指定しているweather_toolは、weather_tool関数のことではなく、先に変数weather_toolに代入したツール関数の定義です。この定義をリストにまとめたものをtoolsに指定します。このことからもわかるように、ツールは1つだけでなく複数を利用することができます。

AIモデルでは、受け取ったプロンプトをトークンに分解して内容を解析します。このとき、toolsに指定したツールが利用できると判断した場合には、そこで応答の生成を停止して結果を返します。これは、返されたレスポンスの「stop_reason」で確認できます。

```
if response.stop_reason == "tool_use":
```

このようにstop_reasonの値が"tool_use"ならば、ツールの利用により応答の生成が停止されたことを示します。この場合、contentプロパティにはツールに関する情報が追加されています。

ここでは、contentの最後の要素（追加されたツール情報）を変数tool_useに取り出し、そこからnameとinputの値をそれぞれ変数に取得しています。

```
tool_use = response.content[-1]
tool_name = tool_use.name
tool_input = tool_use.input
```

contentの最後に追加されているのはTextBlockではなく、ツール情報をまとめた「ToolUseBlock」というオブジェクトです。この中にあるプロパティからツールに関する情報を取得します。ツールの名前が"get_weather"ならば、inputにget_weatherのpropertiesに定義した値が保管されているはずです。これを使ってget_weatherを実行すればよいのです。

```
if tool_name == "get_weather":
  location = tool_input["location"]
  print(response.content[0].text)
  get_weather(location)
```

get_weatherの前に、response.content[0].textを出力していますね。content[0]には、ツールの利用を判断して応答の生成を停止する前までの応答が入っています。たいていは、「〇〇の天気を調べるのに専用のツールを実行します」というような内容になっているでしょう。これを出力してからget_weatherを呼び出して結果を出力しています。

必ずツールを利用するには？

これで、必要に応じてツールを利用することができるようになりました。ツールは、必要に応じて複数のものを用意することができます。

もし、常に用意したツールのいずれかを使って返事をするAIを作りたいと思った場合は？　必ず何らかのツールを強制的に利用させることはできるのでしょうか。これは、createの引数に「tool_choice」という値を用意すれば可能です。

```
tool_choice={"type":"any"},
```

このようにtypeという値に"any"を指定することで、toolsに用意したツールの中から最適なものを選ぶようになります。この場合、最初からツールが選択されるため、一般的なAIモデルの応答は返されません。

このtypeの値は、デフォルトでは"auto"になっており、これだと必要なときにツールが呼び出されるようになります。

例えば、先ほどの例で必ずweather_toolが呼び出されるようにしたければ、createの呼び出しを以下のようにすればよいでしょう。

▼リスト2-14

```
response = client.messages.create(
  model="claude-3-5-sonnet-20240620",
  max_tokens=1024,
  tool_choice={"type":"any"},
  tools=[weather_tool],
  messages=[{"role": "user", "content": prompt}]
)
```

こうすることで、toolsに用意したツールが強制的に選択されるようになります。ここではweather_toolしかありませんから、必ずweather_toolが実行されるようになります。

用途を特定したAIを作成したい場合、このtool_choiceの指定は有効です。例えばデータベース操作のアプリなどで、データの追加、更新、削除、表示といった関数をツールとして用意しておき、tool_choiceで必ずこれらのいずれかが呼び出されるようにしておけば、自然言語でデータベースを操作するアプリが作れます。しかも、それ以外の応答は生成されないので安全です。

ツールはdescriptionとpropertiesが重要

これで、ツールを利用したプロンプトの処理方法がわかりました。AIモデルが「これはツールを利用すべきだ」と判断できれば、そのツールを的確に呼び出すことができます。

最大の問題は、「そのツールを使うべきだとAIモデルが判断するための情報」を正しく提供できるか、です。すなわち、最も重要なのはツール関数定義の「description」なのです。ここをいい加減にしておくと、思ったようにツールが呼び出されなくなります。

また、propertiesの設定も重要です。これも、そのプロパティがどういう値かをdescriptionで正しく伝えないといけません。先ほどのサンプルでは、"都市と州、例: San Francisco, CA"というように値を用意していました。値の内容と具体的な値の例を用意することで、より確実にその値の意味を伝えることができます。

ツールの利用は、一般的なプログラミング言語の関数呼び出しなどとはまったく違います。ツール関数の実行は自前で計算式などを用意して判断するわけではありません。「いつ、どういう状態のときにツールを呼び出すべきか」は、ひとえにAIの判断にかかっています。AIが正しく判断できるようにすること。それこそがツールを正確に使えるようにする唯一の方法なのです。

Chapter 2

2.3. JavaScriptでAPIを利用する

Node.jsを用意する

Claude APIはPython以外の言語でも利用することができます。中でも、Pythonと共に広く利用されることになるのが「JavaScript（あるいはTypeScript）」でしょう。Claude APIのドキュメントでも、サンプルコードはPythonとTypeScriptが掲載されています。それだけ、この2つの言語は広く利用されているのです。Pythonの次は、JavaScriptでClaude APIを利用する方法について説明を行うことにしましょう。

JavaScriptとNode.js

JavaScriptでのAPI利用を考えるとき、「どのJavaScript環境から利用するか」をきちんと理解しておかないといけません。JavaScriptには大きく2つの環境があります。それは、「Webブラウザ搭載のJavaScript」と「JavaScriptエンジン（Node.js）」です。普通、JavaScriptと言えばWebブラウザ搭載のものを示すでしょうが、これを利用してAPIにアクセスするのは非常に問題があります。まず、Webブラウザ搭載のJavaScriptはインターネットアクセスなどに制限があり、自由に外部サイトにアクセスできないため、コードが動作しないことがよくあります。また、Webページに記述されているJavaScriptはコードがすべて見えてしまうため、APIキーなどが流出する危険があります。

こうしたことから、WebページのJavaScriptからAPIに利用するということはあまり考えられません。「JavaScriptで利用」というのは「Node.jsで利用」と考えて下さい。Node.jsはJavaScriptのコードを実行するエンジンプログラムです。これは現在、Webアプリの開発などに広く利用されています。まだNode.jsを用意していない方は以下のURLからダウンロードし、インストールを行っておきましょう。

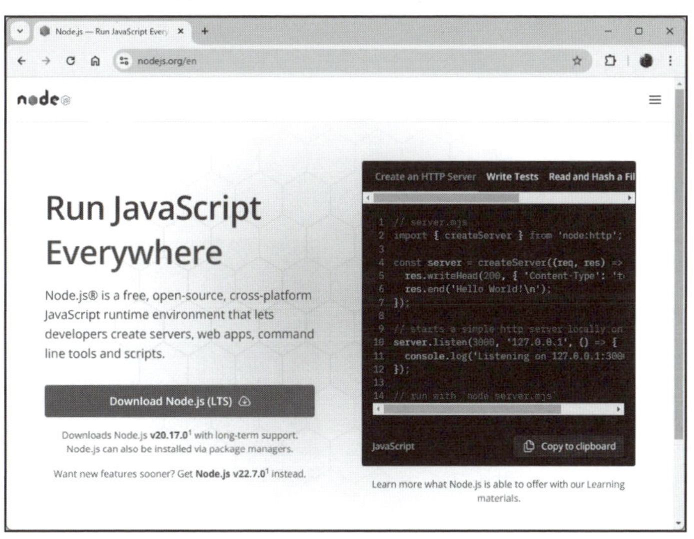

図2-44：Node.jsのWebサイト。ここからインストーラをダウンロードできる。

プロジェクトの用意

Node.jsの場合、PythonのColabのようにWebブラウザなどで簡単に利用できる環境がありません(ないわけではありませんが、Colabのように広く認知されている環境はまだありません)。

そこで、ローカル環境でNode.jsのプロジェクトを用意し、これを利用してコードを作成することにしましょう。

ではターミナルを起動し、プロジェクトの作成を行いましょう。以下のコマンドを実行して下さい。

▼リスト2-15

```
cd Desktop
mkdir claude-app
cd claude-app
npm init -y
```

これでデスクトップに「claude-app」というフォルダーが作成され、その中にpackage.jsonが作成されました。これがプロジェクトのフォルダーになります。

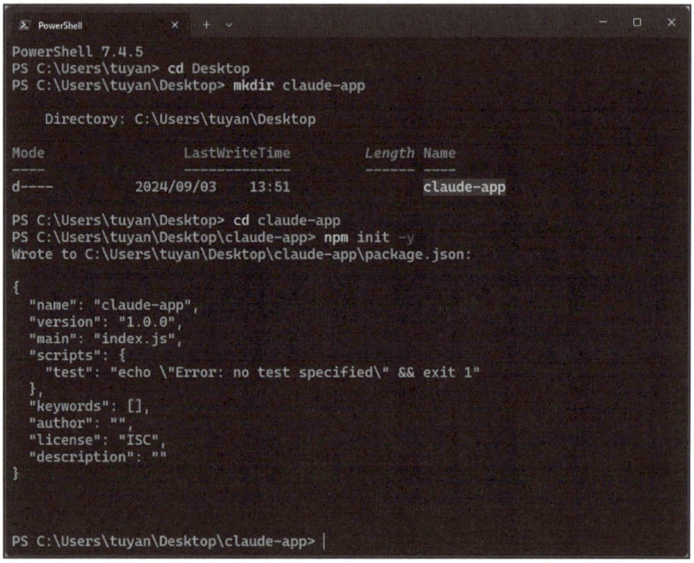

```
PowerShell 7.4.5
PS C:\Users\tuyan> cd Desktop
PS C:\Users\tuyan\Desktop> mkdir claude-app

    Directory: C:\Users\tuyan\Desktop

Mode                 LastWriteTime         Length Name
----                 -------------         ------ ----
d----          2024/09/03    13:51                claude-app

PS C:\Users\tuyan\Desktop> cd claude-app
PS C:\Users\tuyan\Desktop\claude-app> npm init -y
Wrote to C:\Users\tuyan\Desktop\claude-app\package.json:

{
  "name": "claude-app",
  "version": "1.0.0",
  "main": "index.js",
  "scripts": {
    "test": "echo \"Error: no test specified\" && exit 1"
  },
  "keywords": [],
  "author": "",
  "license": "ISC",
  "description": ""
}


PS C:\Users\tuyan\Desktop\claude-app> |
```

図2-45:プロジェクトのフォルダーを作成する。

続いて、ここに必要なパッケージをインストールします。

▼リスト2-16

```
npm install dotenv @anthropic-ai/sdk
```

```
PS C:\Users\tuyan\Desktop\claude-app> npm install dotenv @anthropic-ai/sdk

added 24 packages, and audited 25 packages in 3s

2 packages are looking for funding
  run `npm fund` for details

found 0 vulnerabilities
PS C:\Users\tuyan\Desktop\claude-app> |
```

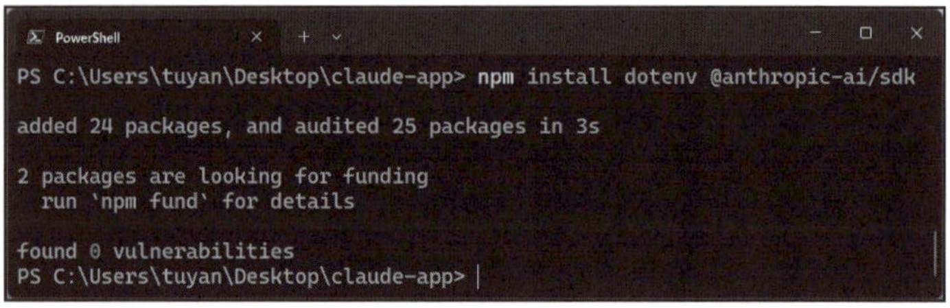

図2-46:必要なパッケージをインストールする。

dotenvは、.envという環境設定情報のファイルを扱うためのものです。そして、@anthropic-ai/sdkというのがClaude APIを利用するためのパッケージになります。

.envを作成する

必要な情報を追加しましょう。「claude-app」フォルダーの中に、「.env」という名前のテキストファイルを作成して下さい。そして、以下のように記述を行います。なお、《APIキー》にはそれぞれが取得したAPIキーを記述して下さい。

▼リスト2-17

```
ANTHROPIC_API_KEY=《APIキー》
```

ANTHROPIC_API_KEYという値に、ClaudeのAPIキーを指定します。これは"○○"というようにクォートで括ったりしないで下さい。イコールの後に直接キーの値を記述します。

入力用ユーティリティ

もう1つ、用意しておきたいのが「入力用のユーティリティモジュール」です。ここではNode.jsを使ってコマンドで実行できるプログラムを作成していきますが、このとき、テキストの入力を行えないと困ります。Node.jsでは、コマンドラインからのテキスト入力が面倒なのです。

そこで、入力用のユーティリティプログラムを作成しておこう、というわけです。では、「claude-app」フォルダーの中に「prompt.js」という名前でテキストファイルを作成して下さい。そして、以下のようにコードを記述しましょう。

▼リスト2-18

```
const readline = require('readline');

function prompt(msg){
  const read = readline.createInterface({
    input: process.stdin,
    output: process.stdout
  });

  return new Promise((resolve, reject)=>{
    read.question(msg, (answer) => {
      resolve(answer);
      read.close();
    });
  })
};

module.exports.prompt = prompt;
```

これは、readlineを利用した非同期関数promptのコードです。これにより、await prompt(○○)という形でユーザーから入力を行えるようになります。

API利用の手順

では、Claude API利用について説明しましょう。API利用のためにはいくつかの処理の仕方を理解する必要があります。1つ目は、.envから必要な値を取得する方法です。

これにはdotenvモジュールの機能を利用します。まず、以下のようにしてdotenvモジュールのconfigを呼び出します。

```
require('dotenv').config();
```

これで、processにenvというプロパティが追加され、そこから.envにある値を取り出せるようになります。

```
変数 = process.env.値;
```

今回は.envにAPIキーを保管しているので、このやり方でキーの値を取り出して利用すればよいでしょう。

Anthropicオブジェクトの作成

APIの利用は、「Anthropic」というオブジェクトを作成して行います。これには、まず以下のようにしてモジュールをインポートしておきます。

```
const Anthropic = require("@anthropic-ai/sdk");
```

そして、Anthropicオブジェクトを作成します。これは、引数のオブジェクトにapiKeyという名前でAPIキーを指定します。

```
変数 = new Anthropic({
  apiKey:《APIキー》,
});
```

これで、オブジェクトが用意できました。AIモデルへのアクセスは、このオブジェクトにあるメソッドを呼び出して行います。

createでメッセージを送受する

メッセージの送受は、anthropicのmessagesプロパティに保管されているMessagesオブジェクトの「create」メソッドで行います。これは、以下のように引数を指定して呼び出します。

```
const result = await anthropic.messages.create({
  model: モデル名,
  max_tokens: 最大トークン数,
  temperature: 温度,
  messages: [ メッセージ ]
});
```

用意されている値は、Pythonのcreateメソッドで記述したのと同じことがわかるでしょう。modelには、利用するモデル名を文字列で指定します。max_tokensは整数で、temperatureは実数でそれぞれ値を指定します。messagesには、メッセージの情報を配列にまとめたものを指定します。メッセージの値は以下のような形で作成します。

```
{ "role": ロール, "content": プロンプト }
```

roleとcontentの値をオブジェクトにまとめたものになります。この値を必要に応じて配列にまとめればよいのです。

プロンプトを送信し応答を表示する

では、Anthropicを利用したコードを作成してみましょう。「anthropic-app」フォルダー内に「app.js」という名前でファイルを作成して下さい。そして、以下のように記述をしましょう。

▼リスト2-19

```
const Anthropic = require("@anthropic-ai/sdk");
require('dotenv').config();
const { prompt } = require('./prompt.js');

const ANTHROPIC_API_KEY = process.env.ANTHROPIC_API_KEY;

const anthropic = new Anthropic({
  apiKey: ANTHROPIC_API_KEY,
});

// メイン関数
async function main() {
  const answer = await prompt('prompt: ');
  await accessToClaude(answer);
}

// AI アクセス関数
async function accessToClaude(content) {
  const message = {
    "role": "user",
    "content": [
      {
        "type": "text",
        "text": content
      }
    ]
  }
  const result = await anthropic.messages.create({
    model: "claude-3-5-sonnet-20240620",
    max_tokens: 1024,
    temperature: 0.7,
    messages: [message]
  });
  console.log(result.content); // ☆
}

main();
```

これでコードは完成です。ターミナルから「node app.js」と実行して下さい。「prompt:」と表示されるので、プロンプトのテキストを入力し、Enterしましょう。

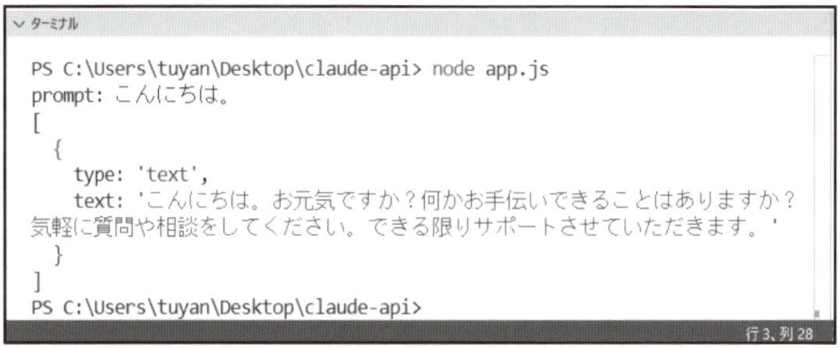
ターミナル
PS C:\Users\tuyan\Desktop\claude-api> node app.js
prompt: こんにちは。
[
{
type: 'text',
text: 'こんにちは。お元気ですか？何かお手伝いできることはありますか？気軽に質問や相談をしてください。できる限りサポートさせていただきます。'
}
]
PS C:\Users\tuyan\Desktop\claude-api>
行 3、列 28

図2-47：プロンプトを入力しEnterすると応答が返る。

入力したプロンプトがAPIに送られ、応答が返されます。コンソールに出力される内容は、以下のような形になっているでしょう。

```
[
  {
    type: 'text',
    text: '……応答……'
  }
]
```

これは、戻り値のcontentプロパティの値を出力したものです。応答のテキストを得るには、この配列から最初の要素のtextを取り出せばよいでしょう。先ほどのコードの☆マークの文を以下のように書き換えてみて下さい。

```
console.log(result.content[0].text);
```

これで「node app.js」を実行すると、応答のテキストだけを出力するようになります。

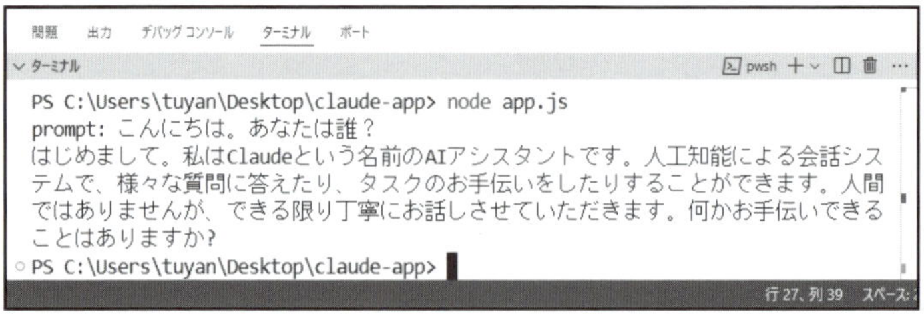
問題 出力 デバッグ コンソール ターミナル ポート
ターミナル
pwsh
PS C:\Users\tuyan\Desktop\claude-app> node app.js
prompt: こんにちは。あなたは誰？
はじめまして。私はClaudeという名前のAIアシスタントです。人工知能による会話システムで、様々な質問に答えたり、タスクのお手伝いをしたりすることができます。人間ではありませんが、できる限り丁寧にお話しさせていただきます。何かお手伝いできることはありますか?
PS C:\Users\tuyan\Desktop\claude-app>
行 27、列 39

図2-48：プロンプトを入力すると、応答のテキストだけが出力されるようになる。

システムプロンプトと会話の履歴

メッセージの送信は、messagesに配列としてメッセージ情報を渡して行います。ここに会話の履歴を用意することで、連続した会話を行うことができます。

また、システムのプロンプトはmessagesとは別に「system」という値として用意することができます。これを指定することで、AIの基本的な設定などを行えます。

では、これらメッセージを利用するサンプルを作成してみましょう。例として、連続した会話を続けられるシェークスピアアシスタントを作成してみます。先ほど作成したapp.jsのmainとaccessToClaudeの2つの関数を以下のように修正して下さい。

▼リスト2-20

```
// メイン関数
async function main() {
  const messages = [];
  while (true) {
    const input = await prompt('prompt: ');
    if (!input) {
      break;
    }
    messages.push({
      role: "user",
      content: input
    });
    const result = await accessToClaude(messages);
    const answer = result[0].text;
    console.log("assistant: " + answer);
    messages.push({
      role: "assistant",
      content: answer
    });
  }
}

// AI アクセス関数
async function accessToClaude(messages) {
  const sysPrompt = `あなたはシェークスピアアシスタントです。
    シェークスピアの戯曲の登場人物のように日本語で話して下さい。`;
  const result = await anthropic.messages.create({
    model: "claude-3-5-sonnet-20240620",
    max_tokens: 1024,
    temperature: 0.7,
    system: sysPrompt,
    messages: messages
  });
  return result.content;
}
```

node app.jsでコードを実行すると、プロンプトを入力する表示になります。プロンプトを記入してEnterするとAPIにアクセスして応答を出力し、再び入力待ちとなります。そうして繰り返しプロンプトを入力することで会話を続けることができます。終了するには、何も記入せずにEnterをします。

AIからは、シェークスピアの戯曲の登場人物のような語り口で応答が返ってきます。システムプロンプトにより、このような話し方をするようになっています。

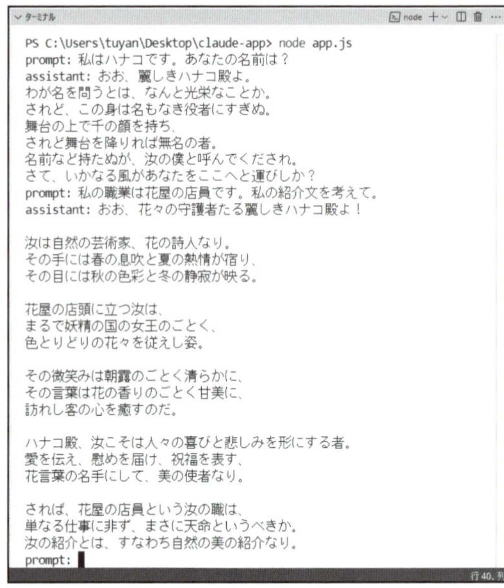

図2-49：シェークスピアアシスタントと会話を続けられる。

処理の流れを整理する

今回、accessToClaudeではメッセージの配列を引数として受け取るようになっています。そして、以下のような形でcreateメソッドを呼び出します。

```
const result = await anthropic.messages.create({
  model: "claude-3-5-sonnet-20240620",
  max_tokens: 1024,
  temperature: 0.7,
  system: sysPrompt,
  messages: messages
});
```

messagesには、引数で渡されたmessagesをそのまま渡しています。そして、systemという項目にsysPromptを指定しています。

このsysPromptには、以下のようなプロンプトが代入されています。

```
`あなたはシェークスピアアシスタントです。
シェークスピアの戯曲の登場人物のように日本語で話して下さい。`
```

これにより、AIがシェークスピアっぽい話し方をするようになっていたのですね。システムプロンプトは、このようにアシスタントの性格を設定するのにも使われます。

メッセージ履歴の作成

ユーザーからの入力とaccessToClaudeの呼び出しはmainで行っています。ここではメッセージをまとめておくmessagesを用意し、whileの繰り返しで入力とaccessToClaudeの実行を行っています。

繰り返し処理では、まずprompt関数を使ってプロンプトを入力してもらい、値が空なら繰り返しを抜けるようにしておきます。

```
const input = await prompt('prompt: ');
if (!input) {
  break;
}
```

プロンプトが入力されたら、これをメッセージのオブジェクトにしてmessages配列に追加をします。

```
messages.push({
  role: "user",
  content: input
});
```

ユーザーからの入力はroleを"user"にして追加します。追加したらmessagesを引数にしてaccessToClaude関数を呼び出し、応答を受け取り、その結果をmessagesに追加します。

```
const result = await accessToClaude(messages);
const answer = result[0].text;
console.log("assistant: " + answer);
messages.push({
  role: "assistant",
  content: answer
});
```

返された応答はroleを"assistant"にしてmessagesに追加します。これでプロンプトと応答がmessagesに追加されました。後は、この処理を繰り返すだけです。

メッセージの配列管理さえきちんと行えば、このようにメッセージ履歴の管理は比較的簡単に行えます。

マルチモーダル

Claudeはマルチモーダルに対応しており、テキストと同時にイメージデータを送信し処理することができます。これもNode.jsでどのように実行するのか確かめてみましょう。

まず、イメージを読み込む関数を作成しておきましょう。app.jsに以下のコードを追記して下さい。

▼リスト2-21

```
const fs = require('fs');

// 画像をBase64エンコードする関数
function encodeImageToBase64(filePath) {
  const data = fs.readFileSync(filePath);
  return data.toString('base64');
}
```

このencodeImageToBase64関数は引数で指定したパスのファイルを読み込み、Base64にエンコードして返します。fsのreadFileSyncでファイルからコンテンツを読み込み、toString('base64')でBase64に変換して値を返しています。やっていることはとても単純です。

イメージを送信する

encodeImageToBase64関数を利用してイメージをBase64で読み込み、これを送信するサンプルを作成してみましょう。

まず、送信するイメージファイルを用意しておきます。JPEGファイルを用意し、これを「claude-app」フォルダーの中に入れて下さい。このファイルを読み込んで利用することにします。

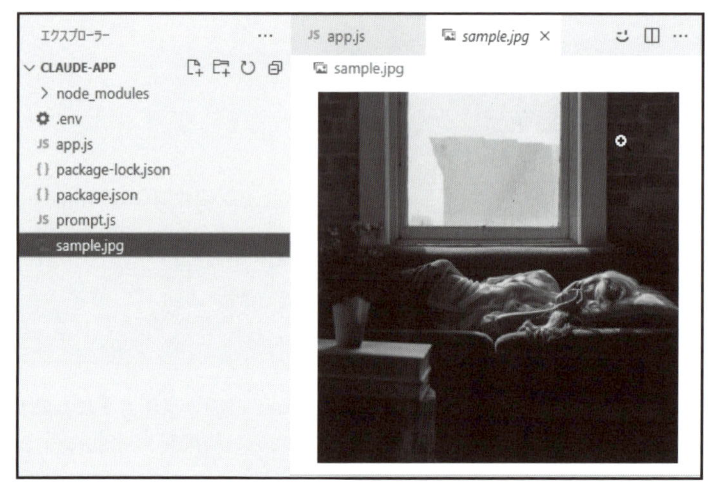

図2-50：JPEGファイルをフォルダー内に用意する。

では、コードを作成しましょう。app.jsのmainとaccessToClaude関数を以下のように書き換えて下さい。

▼リスト2-22

```
async function main() {
  const fpath = await prompt("filepath: ");
  const input = await prompt("prompt: ");
  const result = await accessToClaude(input, fpath);
  console.log(result[0].text);
}

async function accessToClaude(prompt, fpath) {
  const base64Data = await encodeImageToBase64(fpath);
  const messages = [
    {
      role: "user",
      content: [
        {
          type: "image",
          source: {
            type: "base64",
            media_type: "image/jpeg",
            data: base64Data,
          },
        },
        {
```

```
          type: "text",
          text: prompt
        }
      ]
    }
  ];
  const result = await anthropic.messages.create({
    model: "claude-3-5-sonnet-20240620",
    max_tokens: 1024,
    temperature: 0.7,
    messages: messages
  });
  return result.content;
}
```

実行するとファイル名とプロンプトを尋ねてくるので、それぞれ入力します。これで、指定したファイルのイメージデータとプロンプトをAPIに送信し、応答を表示します。プロンプトは、イメージの内容に関するものを入力すると結果がよくわかるでしょう。

```
PS C:\Users\tuyan\Desktop\claude-app> node app.js
filepath: sample.jpg
prompt: このイメージの内容を説明して下さい。
この画像は、窓の近くのソファで横たわっている人物を写しています。

窓からは柔らかな光が差し込んでおり、室内の雰囲気を穏やかに照らしています。窓の
外側は白っぽく、おそらく曇りか霧の日のようです。

ソファに横たわっている人物は長い金髪の女性のようで、白っぽい服を着ています。リ
ラックスした姿勢で休んでいるように見えます。

室内の様子からは、レンガの壁が見え、インテリアは少し古風な印象を受けます。ソフ
ァの近くには本が積み重ねられており、読書を楽しんでいた可能性も感じられます。

また、窓際には小さな植物が置かれており、部屋に生気を与えています。

全体的に、この画像は静かで落ち着いた雰囲気を醸し出しており、休息や内省の時間を
表現しているように見えます。
PS C:\Users\tuyan\Desktop\claude-app>
```

図2-51：ファイル名とプロンプトを入力すると、イメージデータを送信して応答を出力する。

マルチモーダルのメッセージ

今回のポイントは、なんといっても「マルチモーダルのメッセージ」の作成でしょう。ここではencodeImageToBase64でイメージをBase64にエンコードしたデータを作成し、以下のような形でメッセージを作成しています。

```
const messages = [
  {
    role: "user",
    content: [
      {
        type: "image",
        source: {…略…},
      },
      {
        type: "text",
        text: prompt
      }
    ]
  }
];
```

contentに2つのオブジェクトを用意していますね。1つ目はtype: "image"を指定し、sourceにイメージ情報を設定します。2つ目はtype: "text"を指定して、textにプロンプトを設定します。
sourceに設定するイメージ情報は以下のように用意しています。

```
source: {
  type: "base64",
  media_type: "image/jpeg",
  data: base64Data,
}
```

これで、Base64のJPEGイメージデータが設定されます。マルチモーダルでイメージデータを送信する場合は、このsourceの作成がポイントと言ってよいでしょう。
type, media_type, dataを正しく設定して下さい。media_typeはJavaScriptに慣れていると、ついmediaTypeと書いてしまいがちですが、media_typeと記述しなければ認識しません。間違えないように！

ストリーミング出力

続いて、ストリーミングを利用した応答の出力についてです。ストリーミングを使った出力は、Messagesオブジェクトの「stream」メソッドを使って行います。これは、以下のように呼び出します。

```
await 《Messages》.stream( 引数 ).on('text', (text) => {…処理…});
```

streamメソッドも引数に用意する値はcreateと同じで、必要な値をまとめたオブジェクトとして作成します。
このstreamではサーバーからさまざまなイベントが送られてきて、これによって処理を行うようになっています。送られてくるイベントは「on」メソッドで受け取り、処理します。onでは第1引数にイベント名を、第2引数にそのイベントが発生したときに呼び出すコールバック関数を指定します。
サーバーからストリームを使ってテキストが返信される場合、"text"というイベントとして送られてきます。onでtextイベントの処理を用意することで、サーバーからストリームで送られてくるテキストを処理できます。

ストリーミングで応答を出力する

では、実際にストリーミングを利用した例を挙げましょう。app.jsのmainとaccessToClaude関数を以下のように書き換えて下さい。

▼リスト2-23

```
async function main() {
  const input = await prompt("prompt: ");
  await accessToClaude(input);
}
```

```
async function accessToClaude(prompt) {
  await anthropic.messages.stream({
    model: 'claude-3-5-sonnet-20240620',
    max_tokens: 1024,
    temperature: 0.7,
    messages: [
      {role: 'user', content: prompt}
    ],
  }).on('text', (text) => {
    process.stdout.write(text);
  });
}
```

実行するとプロンプトの入力待ちになるので、適当な質問文を記述しEnterして下さい。サーバーからリアルタイムにテキストが送られ出力されていくのがわかります。

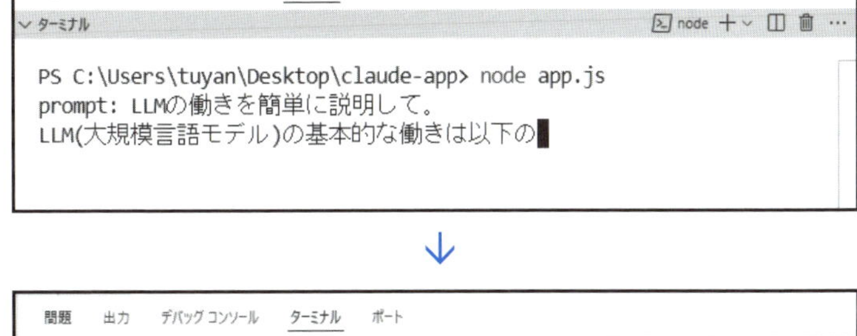

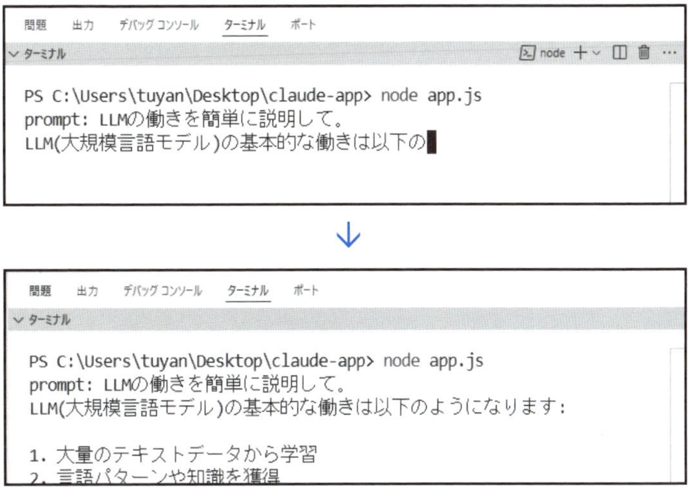

```
問題　出力　デバッグ コンソール　ターミナル　ポート
ターミナル

PS C:\Users\tuyan\Desktop\claude-app> node app.js
prompt: LLMの働きを簡単に説明して。
LLM(大規模言語モデル)の基本的な働きは以下のようになります:

1. 大量のテキストデータから学習
2. 言語パターンや知識を獲得
```

図2-52：プロンプトを送信すると、応答がリアルタイムに出力されていく。

ここでは、accessToClaudeでstreamメソッドを以下のような形で呼び出しています。

```
await anthropic.messages.stream({
    必要な設定情報
  }).on('text', (text) => {
    process.stdout.write(text);
  });
```

onメソッドではtextイベントの処理を行っています。引数で渡された値をそのままprocess.stdout.writeで出力しています。これにより、送られてくるテキストを順次出力していくようになります。なお、ここではconsole.logを使わずprocess.stdout.writeを使用していますが、console.logでは1つ1つの出力が改行されてしまうので、続けて出力されるようにprocess.stdout.writeにしています。

ツールの利用

Claude APIではツールとなる関数を定義し、必要に応じてこれを呼び出すようにすることができました。ツールの利用には、いくつかの処理を用意する必要がありましたね。整理すると、以下のようなものです。

1 ツール関数の作成
2 ツール関数定義の作成
3 APIアクセス時にツール利用の処理を作成

ツール関数と関数定義の作成については先にPythonのところで詳しく説明しましたので、そちらを参照して下さい（P.054「ツールの利用」参照）。Pythonで作成した天気予報ツール「get_weather」をNode.jsのコードに書き直すとどうなるか見てみましょう。

では、app.jsのコードを以下のように書き換えて下さい。今回はいろいろと修正が必要なので、全コードを掲載しておきます。

▼リスト2-24

```
const Anthropic = require("@anthropic-ai/sdk");
require('dotenv').config();
const { prompt } = require('./prompt.js');

const ANTHROPIC_API_KEY = process.env.ANTHROPIC_API_KEY;

const anthropic = new Anthropic({
  apiKey: ANTHROPIC_API_KEY,
});

// 天気を取得するツール関数
const getWeather = (location) => {
  const weatherOptions = ["晴れ", "曇り", "雨", "雪"];
  const temperatureRange = Array.from(
      { length: 42 }, (_, i) => i - 10);

  const randomWeather = weatherOptions[
      Math.floor(Math.random() * weatherOptions.length)];
  const randomTemperature = temperatureRange[
      Math.floor(Math.random() * temperatureRange.length)];

  console.log('*** weather report ***');
  console.log('location: ', location);
  console.log('weather: ', randomWeather);
  console.log('temperature: ', randomTemperature, 'c.');
  console.log('*** finished ***');
};

/// 天気を取得するツール関数の定義
const weatherTool = {
  name: "get_weather",
```

```
  description: "指定された場所の現在の天気を取得します",
  input_schema: {
    type: "object",
    properties: {
      location: {
        type: "string",
        description: "都市と州、例: San Francisco, CA"
      }
    },
    required: ["location"]
  }
};

// メイン関数
async function main() {
  const input = await prompt("prompt: ");
  await accessToClaude(input);
}

// Claudeにアクセスする関数
async function accessToClaude(prompt) {
  const response = await anthropic.messages.create({
    model: 'claude-3-5-sonnet-20240620',
    max_tokens: 1024,
    temperature: 0.7,
    messages: [
      {role: 'user', content: prompt}
    ],
    tools: [weatherTool]
  });

  // ツールを使用した場合の処理
  if (response.stop_reason === "tool_use") {
    const toolUse = response.content[1];
    const toolName = toolUse.name;
    const toolInput = toolUse.input;

    // get_weatherツールの場合の処理
    if (toolName === "get_weather") {
      console.log(response.content[0].text);
      const location = toolInput.location;
      getWeather(location);
    }
  // ツールを使用しなかった場合の処理
  } else if (response.stop_reason === "end_turn") {
    console.log("<<< Claudeはツールを使っていません。>>> ");
    console.log("応答結果: ");
    console.log(response.content[0]);
  }
}

main();
```

実行したら、「東京の天気を教えて」というように都市の天気を尋ねてみて下さい。get_weatherツールにより、その都市の天気が出力されます。

```
PS C:\Users\tuyan\Desktop\claude-app> node app.js
prompt: 東京の天気を教えて。
はい、東京の現在の天気をお調べします。そのために天気情報を取得するツールを使用します。
*** weather report ***
location:  Tokyo, Japan
weather:  雨
temperature:  16 c.
*** finished ***
PS C:\Users\tuyan\Desktop\claude-app>
```

図2-53：プロンプトで適当な都市の天気を尋ねるとgetWeatherツールを使って答える。

getWeatherツールの作成

ここでは天気予報のツールとして、以下のような関数を定義しています。

```
const getWeather = (location) => {……}
```

引数には場所を示す文字列を指定します。内容は、単に天気と温度をランダムに選んで出力しているだけです。このgetWeather関数をツールとして使うために用意している関数の定義が、定数weatherToolです。これは以下のように記述されていますね。

```
const weatherTool = {
  name: "get_weather",
  description: "指定された場所の現在の天気を取得します",
  ……略……
```

ツール名を"get_weather"と指定し、descriptionでツールの内容を指定します。これにより、プロンプトの内容がこのツールの用途に合致する場合にツールが呼び出されるようになります。

input_schemaでは、関数の引数の情報がpropertiesに用意されています。今回はlocationだけが用意されています。

```
properties: {
  location: {
    type: "string",
    description: "都市と州、例：San Francisco, CA"
  }
}
```

typeは"string"とし、descriptionにlocationの内容を指定します。これには具体的な値の例も用意しておくと、より正確に値が扱えるようになります。locationは必須項目として指定しておきます。

```
required: ["location"]
```

これで、ツールが呼び出される際に必ずlocationの値が用意されるようになります。

ツールを呼び出す

ツールを実際に利用するのは、accessToClaude関数でAPIに問い合わせを行っているところになります。ここではcreateメソッドを呼び出す際、以下の値を追加しています。

```
tools: [weatherTool]
```

このtoolsは、利用可能なツールを配列にまとめて指定するものです。配列には、ツール用関数の定義を保管してある定数weatherToolを指定しています。ツール関数 (getWeather) を指定してはいけません。間違えないようにしましょう。

createを実行したら通常はプロンプトが返されるだけですが、AIモデルによってツールを利用すると判断された場合、途中で応答の生成が停止され、使用するツールの情報が返されるようになります。

これは、返されたレスポンスの「stop_reason」をチェックすることで確認します。

```
if (response.stop_reason === "tool_use") {……
```

このように、ツールを利用する場合はstop_reasonの値が"tool_use"になっています。この値になっていたなら、応答で返されるツール利用のための情報を取り出していきます。

```
const toolUse = response.content[1];
const toolName = toolUse.name;
const toolInput = toolUse.input;
```

レスポンスでは応答のメッセージとツールの情報が返されます。content[0]には応答が、content[1]にはツール情報が保管されています。content[1]のオブジェクトからname (ツール名) と入力情報 (input) をそれぞれ定数に取り出しています。

そして、ツール名が"get_weather"ならばlocationの値を取り出し、getWeather関数を時刻します。

```
if (toolName === "get_weather") {
  console.log(response.content[0].text);
  const location = toolInput.location;
  getWeather(location);
}
```

locationの値はtoolInputから得られます。これでgetWeather関数が実行できました。ここではget_weatherを1つだけ使っていますが、ツールのnameで確認し分岐するようにすれば複数のツールを用意して使い分けることもできます。

Chapter 2

2.4. HTTPリクエストによるアクセス

HTTPリクエストについて

APIを利用するライブラリはPythonとJavaScriptが用意されていますが、それ以外の言語や開発環境から利用したい場合もあるでしょう。そういうときはどうすればよいのでしょうか。

実をいえば、APIのライブラリを使わなくともClaude APIにアクセスすることは可能です。APIはそれぞれの機能ごとにエンドポイントが公開されており、指定されたURLにHTTPリクエストを送信することで応答を得ることができるのです。

ただし、単にアクセスすればよいわけではありません。アクセスの際に必要となる情報を決められた形式で用意する必要があります。また、戻り値も単純なテキストではありませんから得られた結果から必要な情報を取り出し、処理しないといけません。

しかし、HTTPリクエストによるアクセスは、やり方さえわかればどんな言語でも行うことができます。ここで、その基本的なアクセス方法について説明しておきましょう。

HTTPリクエスト送信の内容

では、どのようにしてHTTPリクエストを送信すればよいのでしょうか。送信に必要な情報を整理しましょう。

HTTPリクエストを行う際、必要なものは3つあります。「エンドポイント(URL)」「ヘッダー情報」「ボディコンテンツ」です。これらがわかれば、HTTPリクエストは行えます。

エンドポイントについて

まず必要となるのは、エンドポイントです。エンドポイントとは「APIが公開されているURL」のことです。Claudeの場合、通常のチャット機能のエンドポイントは以下になります。

```
https://api.anthropic.com/v1/messages
```

エンドポイントは機能ごとに用意されているので、まずは基本のチャットのためのエンドポイントから使いましょう。

このエンドポイントへのアクセスには、「POST」メソッドを使います。通常用いられるGETメソッドではアクセスできないので注意して下さい。

ヘッダー情報

続いて、ヘッダー情報です。これは最低でも以下の3つの情報を用意する必要があるでしょう。

```
"x-api-key:《API キー》"
"anthropic-version:バージョン"
"content-type: application/json"
```

最初の「x-api-key」に、APIキーの値を指定します。anthropic-versionはAnthropicのAPIバージョンを示す値で、2024年9月の時点では「2023-06-01」を指定しておきます。content-typeは、JSONフォーマットを指定しておきます。APIへのアクセスに送るコンテンツはJSONで送信するため、これを用意するようにして下さい。

ボディコンテンツ

送信する情報は、ボディコンテンツとして用意します。これは、以下のような形のJSONフォーマットのテキストとして作成します。

```
{
  "model":"モデル名",
  "max_tokens":最大トークン数,
  "messages":[
    {"role":"user","content":"送信するプロンプト"}
  ]
}
```

パラメータ類はmax_tokensだけ用意してありますが、その他のパラメータもここに用意しておくことができます。

CURLの利用

では、実際にHTTPリクエストでAPIにアクセスをしてみましょう。ここでは「CURL」を利用してみます。

CURLはさまざまなプロトコルを使用してデータを転送するためのコマンドラインツールです。Windows、macOS、Linuxなど主要プラットフォームすべてに用意されているため、HTTPリクエストのテストにはうってつけです。

このCURLで指定のエンドポイントにPOSTアクセスするには、以下のように情報を用意します。

```
curl エンドポイント --header ヘッダー情報 --data ボディコンテンツ
```

ヘッダー情報が複数ある場合は、--headerオプションを複数用意できます。また、--dataでボディコンテンツを指定すると自動的にPOSTメソッドでアクセスするため、使用するHTTPメソッドの指定などは不要です。

Claude チャットにアクセスする

では、実際にCURLでチャットのエンドポイントにアクセスしてみましょう。ターミナルを起動し、以下のコマンドを実行して下さい。なお、↴は見かけの改行を示す記号ですので、実際に記述する際は改行せず続けて記述して下さい。また、《APIキー》には各自のAPIキーを指定して下さい。

▼リスト2-25

```
curl https://api.anthropic.com/v1/messages ↴
  --header "x-api-key:《APIキー》" ↴
  --header "anthropic-version: 2023-06-01" ↴
  --header "content-type: application/json" ↴
  --data '{↴
    "model":"claude-3-5-sonnet-20240620",↴
    "max_tokens":1024,↴
    "messages":[↴
      {"role":"user","content":"あなたは誰？"}↴
    ]}'
```

これを実行すると、APIにアクセスして応答を受け取り出力します。エラーもなく結果が出力されたでしょうか？

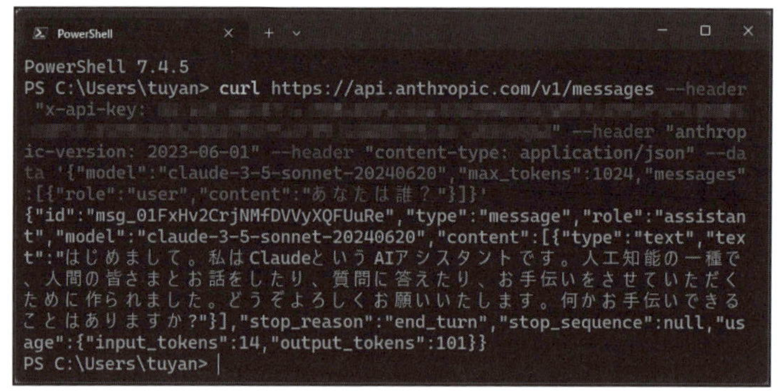

図2-54：curlでチャットにアクセスし、応答を得る。

ここでは、curlの後にエンドポイントとしてhttps://api.anthropic.com/v1/messagesを指定しています。そして、--headerで必要なヘッダー情報を指定し、最後に--dataでボディコンテンツをテキストとして指定します。

ボディコンテンツのテキストでは、messagesに送信するメッセージ情報をまとめてあります。ここでは、{"role":"user","content":"あなたは誰？"}というメッセージを1つだけ用意してありますね。これにより、「あなたは誰？」というユーザーのプロンプトがAPIに送信されます。

戻り値について

では、実行するとどのような結果が得られるのでしょうか。出力される値は思った以上に複雑です。ずらっと出力される値を適時改行して見やすく整理してみましょう。

```
{
  "id":"…ID値…",
  "type":"message",
  "role":"assistant",
```

```
  "model":"モデル名",
  "content":[
    {
      "type":"text",
      "text":"…応答…"
    }
  ],
  "stop_reason":"end_turn",
  "stop_sequence":null,
  "usage":{
    "input_tokens":整数,
    "output_tokens":整数
  }
}
```

このような値が出力されていました。よく見ると、PythonやJavaScriptのチャットで得られた戻り値と基本的な内容は同じことがわかります。

この戻り値の「content」というところに、応答の情報が用意されています。これは配列になっており、この中にある値の「text」という値に応答のテキストが保管されています。この戻り値の構造がきちんと頭に入っていれば、戻り値から応答のテキストを得ることもできるようになるでしょう。

Google Apps Scriptから利用する

HTTPリクエストの仕様さえわかれば、それを応用してさまざまな言語でAPIにアクセスできるようになります。例として、Google Apps ScriptでAPIにアクセスしてみましょう。

Google Apps Script（以後、Apps Scriptと略）は、Googleが提供するスクリプト言語環境です。Googleスプレッドシートなどのマクロとして使われている他、Webアプリの作成など各種の処理に活用されています。

まずはApps Scriptのサイトにアクセスして、新しいプロジェクトを作成しましょう。URLは以下になります。

https://script.google.com/

図2-55：Apps Scriptにサイトにアクセスし、新しいプロジェクトを作る。

Apps Scriptのプロジェクトを管理するページが現れます。ここから「新しいプロジェクト」ボタンをクリックして新しいプロジェクトを作成します。

ユーザープロパティの設定

プロジェクトで最初に行うのは、スクリプトプロパティの設定です。スクリプトの中に直接APIキーを記述するのは危険です。スクリプトから切り離し、自分だけしか利用できない形で保管する必要があります。

こうした機密情報の補完には、「ユーザープロパティ」と呼ばれるものを利用します。プロジェクトには、デフォルトで「コード.gs」というファイルが用意されていてこれが開かれているでしょう。そこに「myFunction」という関数の定義だけが書かれています。これを以下のように修正して下さい。なお、《APIキー》には自分のAPIキーを記述して下さい。

▼リスト2-26

```
function myFunction() {
  const userProperties = PropertiesService.getUserProperties();
  userProperties.setProperty('CLAUDE_API_KEY', '《APIキー》');
}
```

記述したら、上のツールバーにある「プロジェクトを保存」アイコン（ディスクのアイコン）をクリックして保存します。そして、「実行」ボタンをクリックしてmyFunctionを実行して下さい。これで、ユーザープロパティに'CLAUDE_API_KEY'という名前（キー）でAPIキーが保存されます。

ユーザープロパティに保存されている値は、どこからも見えません。値を得るには、唯一、そのユーザーがスクリプトを実行してアクセスする方法しかありません。別のアカウントから実行しても値は得られません。プロパティを保管しているユーザーのアカウントで実行しないとアクセスできないのです。したがって、保管したAPIキーが外部に漏れる心配はありません。

図2-56：「実行」ボタンでmyFunctionを実行する。

APIにアクセスするスクリプトを書く

これで、APIキーの準備はできました。では、Claude APIにHTTPリクエストでアクセスするスクリプトを作成しましょう。

開いているエディタの内容を以下に書き換えて下さい。なお、先ほど書いたコードは残さないようにして下さい。

▼リスト2-27

```
// APIキーの準備
const userProperties = PropertiesService.getUserProperties();
const apiKey = userProperties.getProperty('CLAUDE_API_KEY');

// エンドポイント
const URL = 'https://api.anthropic.com/v1/messages';

// メイン関数
function myFunction () {
  const prompt = "あなたは誰？";  //Browser.inputBox("prompt:");
  console.log(prompt);
  const result = access_claude(prompt);
  console.log(result.content[0].text);
}

// APIアクセス関数
function access_claude(prompt) {
  var response = UrlFetchApp.fetch(URL, {
    method: "POST",
    headers: {
      "Content-Type": "application/json",
      "x-api-key": apiKey,
      "anthropic-version": "2023-06-01"
    },
    payload: JSON.stringify({
      model:"claude-3-5-sonnet-20240620",
      max_tokens:1024,
      messages:[
        {role:"user",content:prompt}
      ]
    })
  });
  return JSON.parse(response.getContentText());
}
```

Apps Scriptでは、関数単位で処理を実行します。スクリプト内に複数の関数がある場合は、どの関数を実行するかを選択して実行する必要があります。

上部のツールバーにある「デバッグ」というボタンの右側に、利用可能な関数を選択するボタンがあります。これをクリックし、「myFunction」を選んで下さい。そして「実行」ボタンをクリックすると、myFunction関数が実行されます。

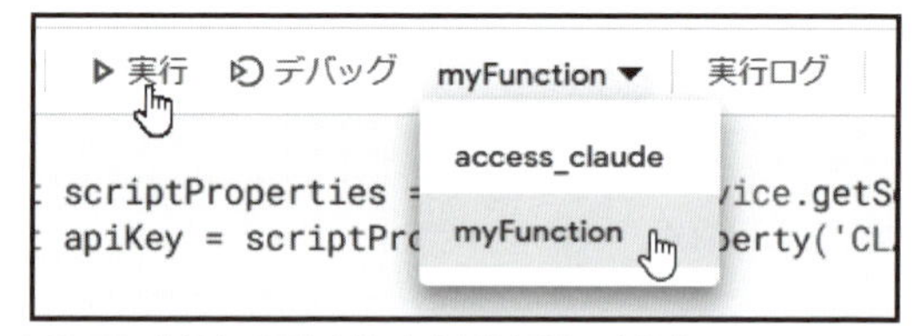

図2-57：実行する関数を選び、「実行」ボタンを押す。

実行すると、「あなたは誰？」というプロンプトをAPIに送信し、応答が返ってきます。エディタの下部の「実行ログ」というところにプロンプトと応答が出力されるのが確認できるでしょう。

実行ログ

15:09:58	お知らせ	実行開始
15:09:58	情報	あなたは誰？
15:10:00	情報	こんにちは。私は人工知能のチャットボット、Claudeです。Anthropic社によって開発されました。人間のようなコミュニケーションができますが、感情や意識は持ち合わせていません。お手伝いできることがあればお聞かせください。
15:09:59	お知らせ	実行完了

図2-58：promptにプロンプトを設定し実行すると応答が返る。

UrlFetchApp.fetchの利用

ここでは、access_claude関数でClaude APIにアクセスを行っています。HTTPリクエストの送信は、Apps Scriptにある「UrlFetchApp」というサービスの「fetch」メソッドで行います。

```
変数 = UrlFetchApp.fetch(URL, オブジェクト);
```

Apps ScriptはJavaScriptをベースにしていますが、スクリプトをApps Scriptのクラウドサーバーに送信し、クラウド側でスクリプトを実行します。このため、JavaScriptにあるfetch関数のようなものは使えませんし、Node.jsのモジュール類も使えません。Apps Scriptのように用意されている各種サービスを利用する必要があります。

UrlFetchApp.fetchは、第1引数に指定したURLにHTTPリクエストを送信し応答を得ます。第2引数には、送信する情報をオブジェクトにまとめたものを指定します。これは以下のような形で作成します。

```
{
  method: メソッド名,
  headers: {…ヘッダー情報…},
  payload: ボディコンテンツ
}
```

headersでは、送信するヘッダー情報をオブジェクトにまとめて指定します。payloadには、ボディコンテンツをテキストで指定します。今回はオブジェクトをJSONフォーマットのテキストに変換して指定しています。

既にHTTPリクエストで送信する内容はわかっていますから、fetchの引数に渡すオブジェクトにそれらを当てはめていくだけです。使用する言語でHTTPリクエストを送信する方法さえわかっていれば、実装は簡単に行えるのです。

外部サービスからの利用

Claude APIによるAIモデルへのアクセスの主な機能はだいたいわかりました。実を言えば、この他にもClaudeにはAPIがあります。それは、「Claude Bedrock API」と「Claude Vertex AI API」です。

これらはAmazon Web Service（AWS）の「Bedrock」と、Google Cloudの「Vertext AI」からClaudeを利用するためのものです。Claudeは、実はClaude APIからしか利用できないわけではありません。BedrockやVertex AIといったクラウドのAIプラットフォームでもClaudeは提供されており、これらの環境からClaudeにアクセスすることができます。そのためのAPIも用意されているのですね。

それ以外にも、Claudeが利用できるAIプラットフォームは多数存在します。OpenRouter（https://openrouter.ai/）などが有名でしょう。こうしたものでは独自のサービスやAPIを使い、サービスの内部からClaudeにアクセスを行うようになっています。アプローチはまったく違いますが、こうしたサービスでもClaudeは利用できます。

外部サービスの利点

では、こうした外部サービスを利用する利点は何でしょうか。また、問題などはないのでしょうか。それぞれ考えてみましょう。

外部サービス利用のメリット

- 複数のAIモデルを一元管理し利用できる。
- APIの全機能に直接アクセスできるため、きめ細かな制御が可能。
- AWSやGoogle Cloudが持つさまざまな機能と連携した開発が可能になる。
- アクセスの急増にも容易に対応可能。

外部サービス利用のデメリット

- 本家APIよりコストがかさむことが多い。
- 入力データが外部に送信されるため、プライバシーに関する懸念が生ずる。
- 中間層を経由するため、レイテンシ（サービスの遅延）が増大する可能性がある。

外部サービス利用の利点は、利用するクラウドサービスが提供する膨大な機能を利用できる点です。また、特定のAIモデルに限らず、さまざまなベンダーが提供するモデルを利用できる点も大きいでしょう。

逆に問題点としては、外部サービスという中間層を経由するため、コストやレイテンシが本家APIより劣る危険がある、という点が挙げられるでしょう。また本家のAPIと比べ、やはり利用できる機能が制限される場合なども多いでしょう。

最初から「Claude一択、他のAIモデルは考えてない」という場合、また「AIの機能だけあればいい、それ以外の機能はもうだいたい揃っている」というような場合には、本家のAPIを利用するのが一番です。しかし、Claude以外のAIモデルの利用も検討していたり、アプリケーションで必要となるさまざまな機能の実装方法についても悩んでいるなら、クラウドサービス内からClaudeを利用するという方法も検討してみるとよいでしょう。

C O L U M N

Claude では PC も操作できる！

2024 年 10 月、Anthropic は Claude 3.5 で PC を操作する「Computer use」を発表しました。これはまだベータ版ですが、Docker のコンテナ環境内で実行する PC を Claude で操作することができます。コンテナの限られた環境ですが、Claude に命令するだけで用意された Firefox やスプレッドシートなどを操作し動かすことができます。例えば「今日の東京の天気は？」と聞いただけで、Firefox を起動して気象庁のサイトにアクセスし、東京の天気を開いてそのページから天気の情報を取得して回答します。
この Computer use は API としても提供されており、プログラム内から利用することができます。ただし、そのためには PC 操作に関する各種のツールをあらかじめ定義しておく必要があります。つまり、Computer use は Claude のツール機能の延長上にあるものなのです。
この機能はまだベータ版で動作も不安定であり、また非常にコストがかかる（天気を調べるだけで数十円の費用がかかります）ため、実用的ではありません。が、AI の今後の姿を垣間見ることができるでしょう。興味のある人は Claude のサイトにアクセスしてみて下さい。

- Computer use のページ
  https://docs.anthropic.com/en/docs/build-with-claude/computer-use

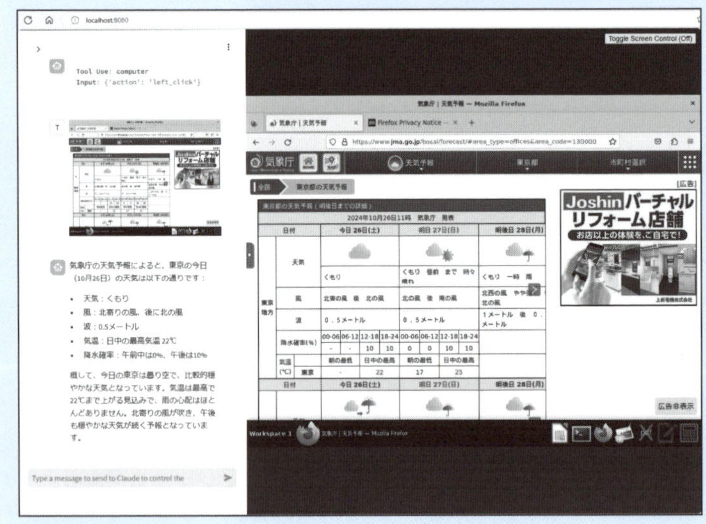

図2-59：DockerコンテナでClaudeを使ってFirefoxを操作するところ。

Chapter 3

Command-R APIを利用する

Cohereが提供するCommand-Rは、
RAG（検索拡張による生成）に最適化されたLLMです。
ここではCohereの基本機能の説明からCommand-Rを使ったチャットの利用、
さらにはそれ以外のモデルを使った機能（クラス分け、ランク付け）について説明します。

Chapter 3

3.1. Command-R API利用の準備

Cohereとは？

Cohereはカナダのトロントに本社を置くスタートアップ企業で、自然言語処理（NLP）モデルを提供しています。2019年にAidan Gomez、Ivan Zhang、Nick Frosstによって設立されました。

Cohereは開発者が機械学習の深い専門知識がなくても高度な言語モデルを構築できる、クラウドベースのプラットフォームを提供しています。

CohereのAIサービスの大きな特徴は「安全性」にあります。データは企業自身のセキュアなクラウド内で管理され、Cohereに送信されることはありません。こうしたことから、機密保持を重視する企業の間で広くサービスが利用されています。

Command-Rについて

Cohereの主力製品の1つが、Command-RとCommand-R+と呼ばれる大規模言語モデルです。これらは以下のような特徴を持っています。

RAGに特化	Retrieval-Augmented Generation（RAG）に最適化されており、外部データベースを参照して回答精度を高めることができます。
長いコンテキスト処理	最大128Kトークン（128,000トークン）のコンテキスト長に対応しており、長文の処理や複雑なタスクの実行が可能です。
多言語対応	日本語を含む10の主要言語に対応しています。
高精度と低幻覚	出力には明確な引用が付属し、幻覚（ハルシネーション）のリスクを軽減しています。

長文の翻訳や要約、複雑な推論や意思決定を必要とするタスクの自動化など、現在、最も高品質な応答を要する分野でCommand-Rは広く使われています。また、日本語など多くの言語に対応している点も大きな特徴と言えます。

Command-R+とCommand-Rの違い

Cohereが提供するCommand-Rシリーズは2モデルあります。Command-R+はCommand-Rの強化版で、より高度なタスクに対応していますが、その分料金も高めに設定されています。Command-RとCommand-R+の違いを整理しておきましょう。

1. モデルの規模と性能

Command-Rは35B（35億パラメータ）であるのに対し、Command-R+は104B（1040億パラメータ）と大幅に増加しています。この違いにより、Command-R+はより複雑なタスクに対応可能です。

2. 特徴と機能

Command-R+はRetrieval-Augmented Generation（RAG）に特化しており、関連情報をデータベースから検索してプロンプトに組み込むことで、より正確な回答を生成します。

3. 多言語対応

Command-R+は日本語を含む10の主要言語に対応しており、グローバルなビジネス運営をサポートします。

4. コンテキストウィンドウ

Command-R+は128000トークンのコンテキストウィンドウを持ち、長文や複雑な情報を処理する能力があります。

5. 価格設定

Command-R+はCommand-Rと比較して入力トークンで6倍、出力トークンで10倍の価格設定になっています。これは、Command-R+がより高度な機能を提供するためのコストが反映されています。

Command-RとGPT-4の比較

では、Command-RはGPT-4と比較するとどのように評価されるでしょうか。両者の比較を簡単にまとめてみましょう。

1. パフォーマンス

総合評価	Command-R+はテキストの流暢さ、引用の質、全体的な有用性を組み合わせた総合的な人的評価において、GPT-4 Turboを上回る評価を得ています。
RAG性能	RAGタスクにおいてCommand-R+はGPT-4 Turboに近い、あるいは一部の指標では上回る性能を示しています。
多言語対応	Command-R+は日本語を含む10の主要言語に対応しており、多言語タスクでもGPT-4 Turboと遜色ない性能を発揮します。

2. 効率性

処理速度	Command-R+はGPT-4と比較して出力の生成が約5倍速いとされています。
コスト効率	出力トークンあたりのコストがGPT-4と比べて50 ~ 75%低減されています。

3. その他の機能

RAG最適化	Command-R+はRAGに特化して設計されており、外部データベースとの連携が容易です。
長いコンテキスト	最大128Kトークンのコンテキスト長に対応しており、長文処理や複雑なタスクに適しています。

総じて、Command-R+はGPT-4と同等かそれ以上の性能を発揮する場面が多く、特にRAGや多言語タスク、長文処理において優位性を示しています。ただし、タスクや評価指標によって両者の優劣は異なる可能性があります。1つの参考意見として考えて下さい。

※参考文献:
[1] https://www.chowagiken.co.jp/blog/rag_commandr
[2] https://weel.co.jp/media/tech/command-r-plus/
[3] https://note.com/nyanta123/n/n3f30fb3b1e3e
[4] https://note.com/kii_genai/n/n66d81a87312b
[5] https://gigazine.net/news/20240408-command-r-plus-cohere-llm/
[6] https://blog.createfield.com/entry/2024/04/08/175109
[7] https://zenn.dev/kun432/scraps/16fdc885a2063c
[8] https://pc.watch.impress.co.jp/docs/column/nishikawa/1582380.html

C O L U M N

RAGとは?

ここまでの説明で「RAG」という単語が何度か登場しました。RAG(Retrieval-Augmented Generation)は、大規模言語モデル(LLM)のテキスト生成能力を外部情報の検索と組み合わせることで回答の精度と信頼性を向上させる技術です。RAGは検索フェーズと生成フェーズで構成されており、外部データソースと連携することでより正確で信頼できる応答を生成できるようにします。
特に、企業がビジネスにおいてAIを活用する際にRAGは威力を発揮します。例えばカスタマーサポートシステムや社内のナレッジベースの検索システム、特定業界や組織に特化した情報提供サービスの構築などにRAGは活用されます。Cohereは、こうした企業のAI利用に特化した開発を進めているのですね!

Cohereにアクセスする

では、Cohereにアクセスし、利用してみることにしましょう。Cohereは以下のURLでサービスを公開しています。まずはWebブラウザでアクセスして下さい。

https://cohere.com/

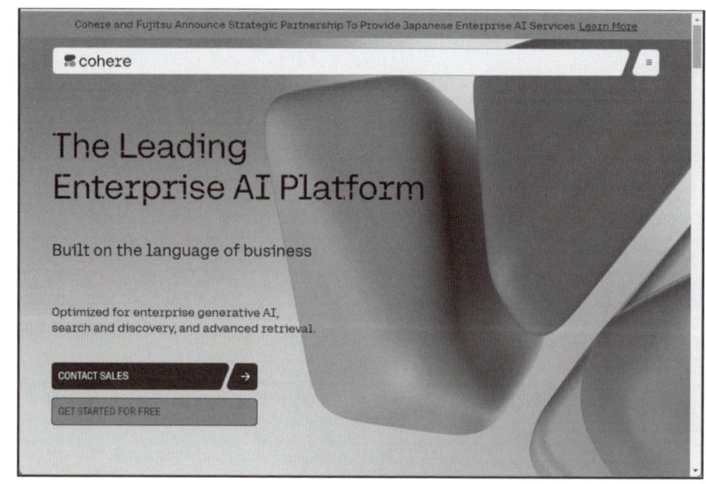

図3-1:CohereのWebサイト。

Cohereのサービスを利用するには、まずアカウントの登録を行う必要があります。トップページにある「GET STARTED FOR FREE」ボタンをクリックして下さい。

アカウントを登録する

画面に、「Create your account」と表示されたページが現れます。ここで、登録するアカウント情報を入力します。アカウント登録はメールアドレスとパスワードを入力する他、GoogleアカウントやGithubアカウントを使うこともできます。

ここでは、Googleアカウントでサインインしてみましょう。「Continue with Google」ボタンをクリックし、アカウントを選択してサインインして下さい。そして、表示される項目を入力していきましょう。

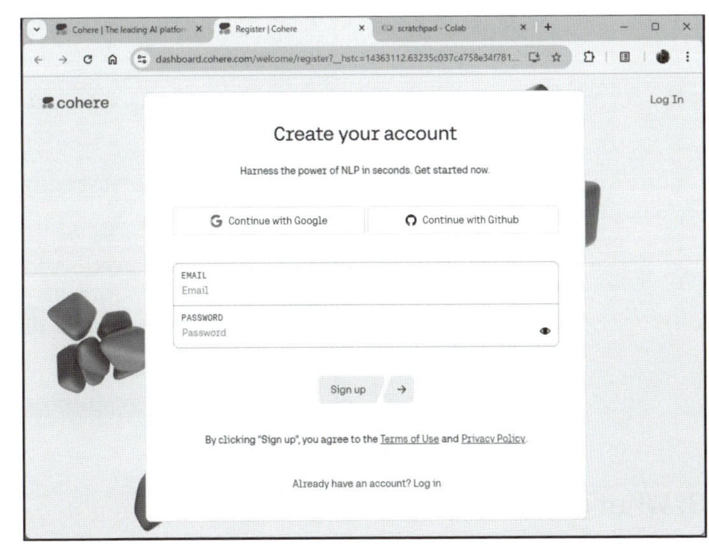

図3-2：「Create your account」の画面。「Continue with Google」ボタンでGoogleアカウントを使ってサインインする。

1. Let's get to know you better

ファーストネームとラストネームを入力するフォームが現れます。ここで、それぞれに氏名を記入して下さい。また、その下の「I would like to ～」は最新情報をメールで受け取るか指定するチェックボックスです。受け取る人はONにして次に進んで下さい。

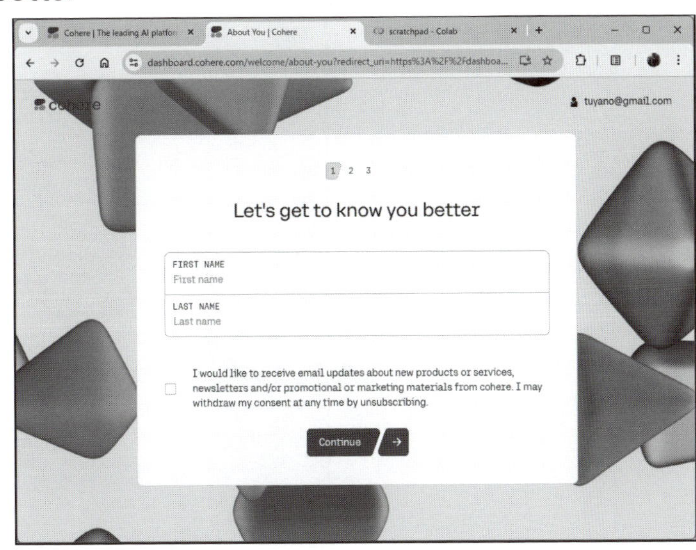

図3-3：氏名を入力するフィールドが現れる。

2. What is your role?

利用者の職種を選択します。項目が見つからなければ下のフィールドに直接記入します。これはオプションなので、入力したくなければ右下の「Skip this step」をクリックして下さい。

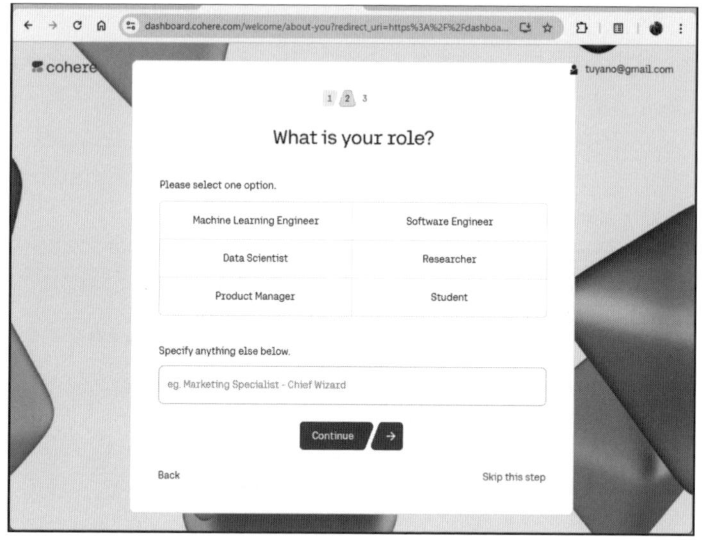

図3-4：職種を選択する。

3. What do you plan to do with Cohere?

Cohereでどのようなことを行いたいか、必要なだけ項目を選択します。これもオプションなので、右下の「Skip this step」でスキップできます。

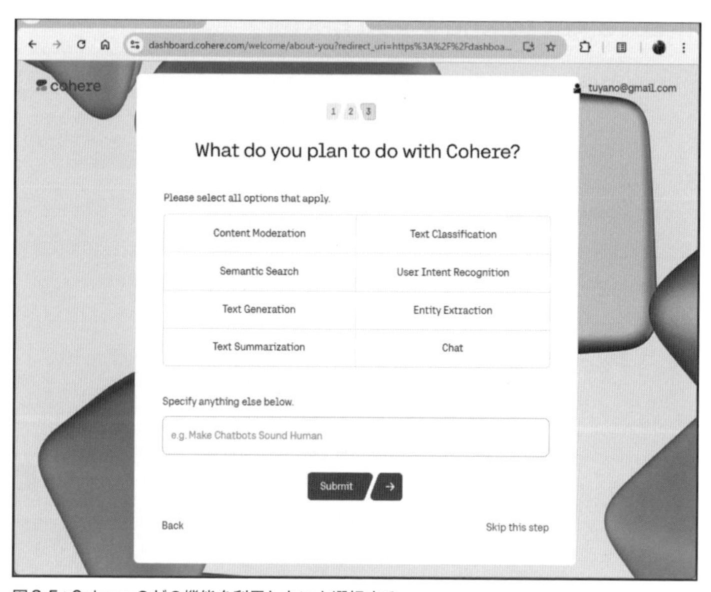

図3-5：Cohereのどの機能を利用したいか選択する。

ダッシュボードについて

一通り入力したら、Cohereのサービスがスタートします。初期状態では、「Dashboard（ダッシュボード）」と呼ばれる画面が現れます。

ダッシュボードは、Cohereのサービスに用意されている各種機能へのリンクをまとめたものです。左側に主な設定項目がリスト表示されており、ここから必要なページに移動できます。画面には「Try Command R+」「CHAT」「PLAYGROUND」「Documentation」といったリンクがあり、それぞれのページに移動するようになっています。

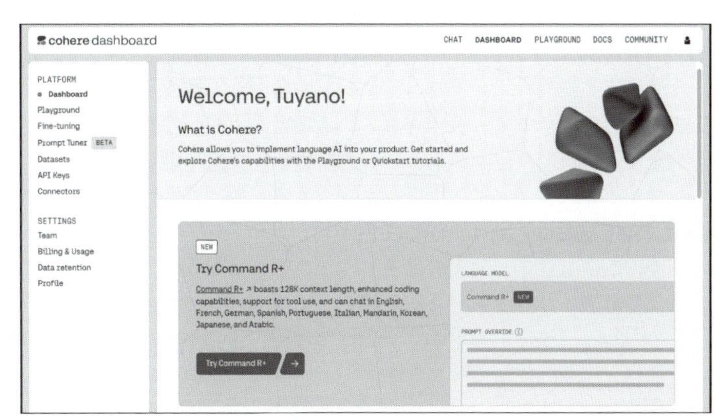

図3-6：ダッシュボードが表示される。

Cohereの主なページ

Cohereのサービスにはさまざまな機能が用意されています。AIモデルを利用する場合、以下のようなページを利用することになるでしょう。

Chat	チャットサービス。ここでAIとチャットをします。
Playground	AIモデルとさまざまに設定をしてやり取りする実験場です。
Documentation	Cohereのドキュメントです。

CohereのAIモデルを利用するには、ChatかPlaygroundを使うことになります。これらは画面上部にあるリンクから移動できます。それ以外の機能は必要に応じて左側のリストから移動することになります。

Cohereのチャットを使う

では、CohereのAIモデルを使ったチャットを利用してみましょう。上部に表示されている「Chat」というリンクをクリックして下さい。初めてチャットを開くときには、画面に「Introducing Multi-Step Tool Use」という表示が現れるでしょう。これは、用意されているツールを利用したチャットに関する説明です。そのまま右下の「Try now」ボタンをクリックすればパネルが消えて、チャットが利用できる状態になります。

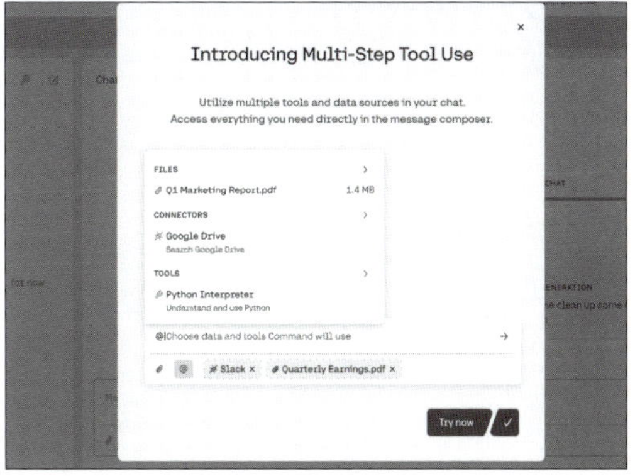

図3-7：チャットを開くと、「Introducing Multi-Step Tool Use」というパネルが現れる。

ツールとチャット

チャットの画面は、大きく2つのエリアに分かれています。左側に縦長に「Chats」という表示があり、中央には「Chat with Command R+」と表示されたエリアがあります。

●「Chats」エリア

左側にある縦長のエリアは、チャットの履歴を管理するところです。チャットを行うと、その履歴がここに追加されていきます。表示されている項目をクリックすると、そのチャットの内容が中央のエリアに表示されます。項目ごとに削除したり、ピン留めして最上部に表示されるようにできます。

●「Chat with Command R+」エリア

中央の広いエリアが、実際にチャットを行うところです。下部にプロンプトを入力するフィールドがあり、ここにテキストを記入して送信すると、応答が表示されます。チャットのやり方は、ChatGPTなどの一般的なAIチャットとだいたい同じです。ただし、Cohereには「ツール」というものがあり、これを使うかどうかで操作はだいぶ違ってきます。

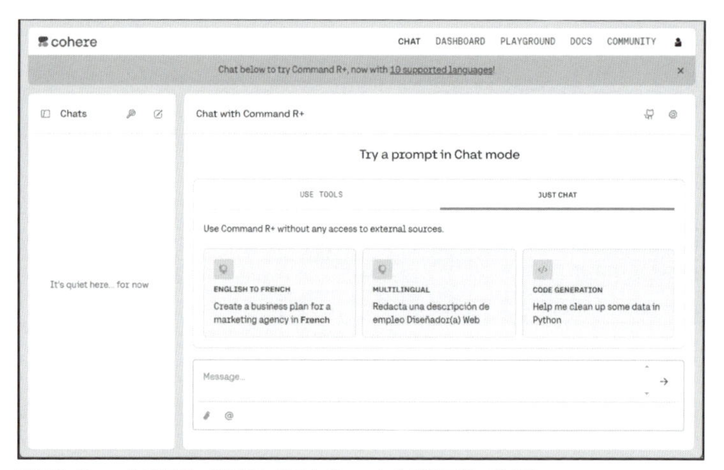

図3-8:チャットの画面。履歴のエリアとチャットを行うエリアがある。

2つのチャットモード

「Chat with Command R+」エリアがチャットを行うエリアですが、このエリアの中央付近には「Try a prompt in Chat mode」という表示が見えるでしょう。実は、Cohereのチャットには2つのモードがあるのです。この表示は、どちらのモードを利用するかを選択するものです。

USE TOOLS	ツールを利用したチャットを行う。
JUST CHAT	通常のツールを使わないチャットを行う。

「JUST CHAT」を選べば、通常のチャットを行います。これは外部リソースにアクセスせず、AIモデルの中だけで応答を生成するものです。表示には「ENGLISH TO FRENCH」などの小さなパネルがいくつか表示されますが、これはチャットの利用例です。クリックすると、サンプルのプロンプトが下のフィールドに出力されます。

2024年9月現在、チャットの使用モデルにはCommand-R+が使われています。これにより、Cohereの最も高品質なモデルによるチャットが行えます。

ツールの利用

では、「USE TOOLS」はどう違うのか。これは、ツールにより外部リソースにアクセスして必要な情報を取得し、これを利用して応答を生成するものなのです。

これをクリックして選択すると表示が切り替わり、下部のプロンプトを入力するフォームに以下のような小さなチップが追加されます。

Python Interpreter	Pythonのコードを実行します。
Calculator	計算を行います。
Web Search	Webから検索をします。

これらのツールにより、例えばWebから検索した結果を元に応答を生成する、といったことが行えるようになります。

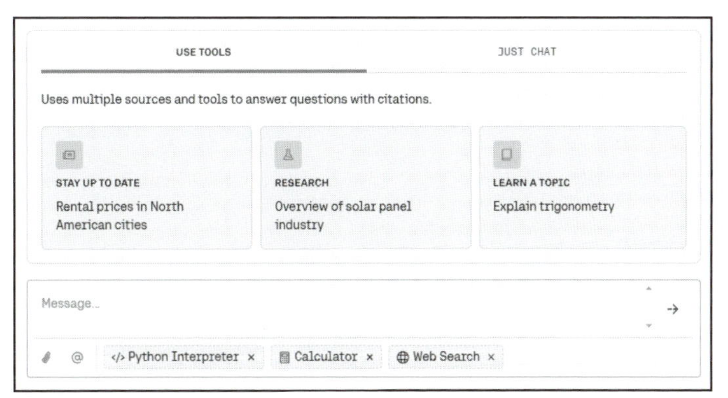

図3-9:「USE TOOLS」を選ぶと、プロンプトのフォームにツールのチップが追加される。

プロンプトフォームについて

プロンプトを入力するフォームは単にテキストを書くだけでなく、さまざまな設定が行えます。

フィールドの下には、フィールドの下に使用するツールのチップが表示されるようになっています。使いたくないツールがあれば、チップの「×」をクリックして削除できます。

また、ファイルの添付やURLの追加を行うアイコンも用意されています。これらをクリックすることでファイルを添付したり、URLを追加してそのページから情報を取得することができます。「情報源を指定してプロンプトを実行できる」というのがCohereの強みと言えます。

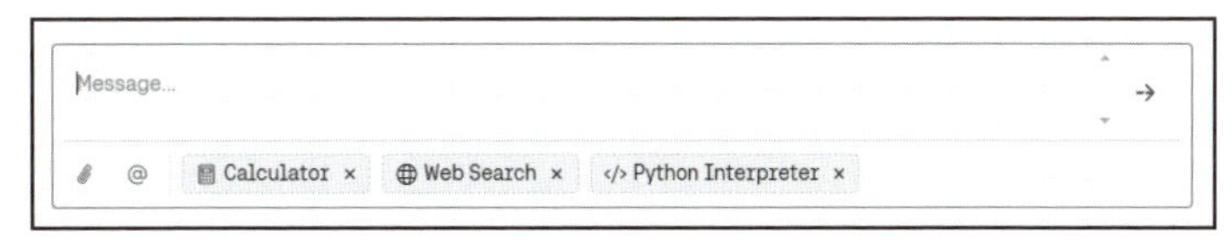

図3-10:プロンプトのフォーム。ツールチップやファイル添付などのアイコンが用意されている。

設定パネルについて

プロンプトの実行で使うツールや添付するファイルなどは、設定パネルで選択することができます。画面の右上に見える歯車のアイコンをクリックすると、右側にサイドパネルが現れます。ここで必要な設定が行えます。

ツールの選択

サイドパネルの上部には、表示を切り替えるリンクがあります。「TOOLS」では利用可能なツールの一覧が表示され、ここで使用するものをON/OFFできます。ONにしたツールは、プロンプトのフォームに追加されます。

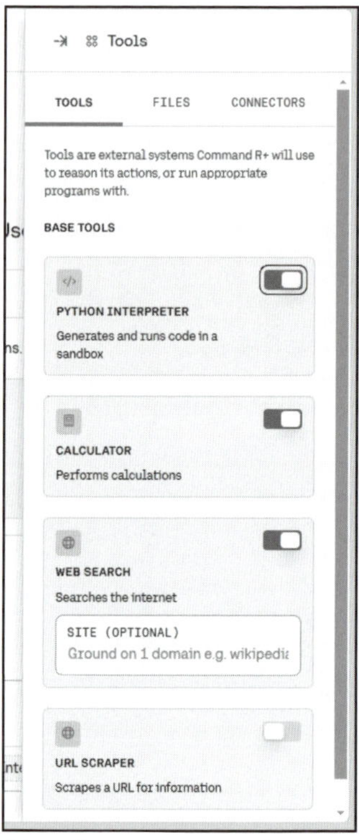

図3-11:「TOOLS」ではツールをON/OFFできる。

ファイルの添付

プロンプトのフォームでは、ファイルのアイコンでファイルを添付することができました。アップロードしたファイルは、「FILES」リンクをクリックすると表示されます。一度アップロードしたファイルはここから選択することで何度でも添付し、利用できます。また、ここでファイルをドラッグ&ドロップしてアップロードすることも可能です。

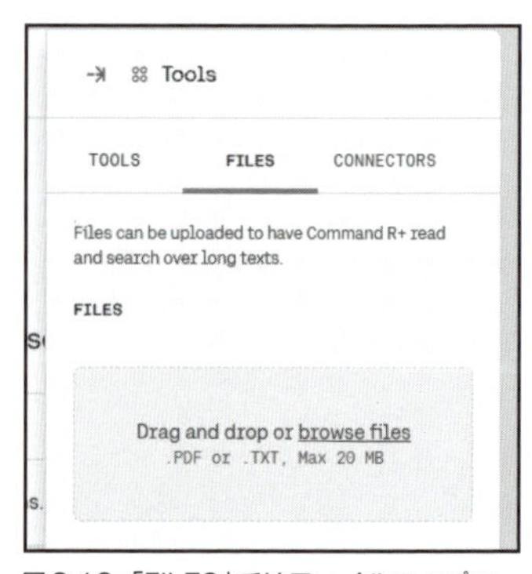

図3-12:「FILES」ではファイルアップロードを管理する。

コネクターの管理

「CONNECTORS」は、データベースなどの外部リソースに接続するコネクターと呼ばれるものを管理します。ただし、デフォルトではコネクターは用意されていないので何も表示されません。「そういう機能も用意されている」という程度に理解しておいて下さい。

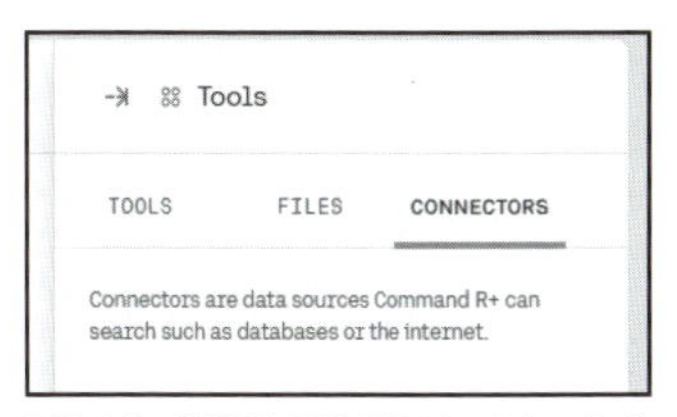

図3-13：「CONNECTORS」ではコネクターを管理する。ただし、まだ何も表示されない。

プレイグラウンド

「チャット」は実際にチャットを行うためのものでしたが、これと似ているけれど、少し働きの違うものが「プレイグラウンド」です。上部にある「PLAYGROUND」のリンクをクリックすると表示されます。ただし、初めて表示する際には画面に「Introducing Multi-step Tool Use」というパネルが現れるでしょう。これは、ツールの利用に関する説明です。すぐにツールは使わないので、左下の「Skip」をクリックしてスキップしておきましょう。

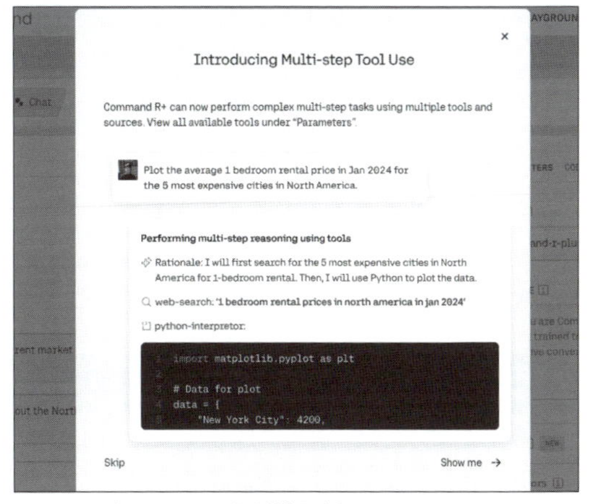

図3-14：最初にツールの説明が表示される。

パネルを閉じると、プレイグラウンドの画面が現れます。プレイグラウンドはチャットと同様に、プロンプトを送信して応答を得るためのツールです。ただし、こちらはただプロンプトを送信するチャットだけでなく、さまざまなAIモデルの利用を試すことができます。

デフォルトでは、上部にある「Chat」という表示が選択されているでしょう。これは、チャットを行うための画面です。これまでのチャットと異なり、右側にあるパネルでパラメータを設定することができます。

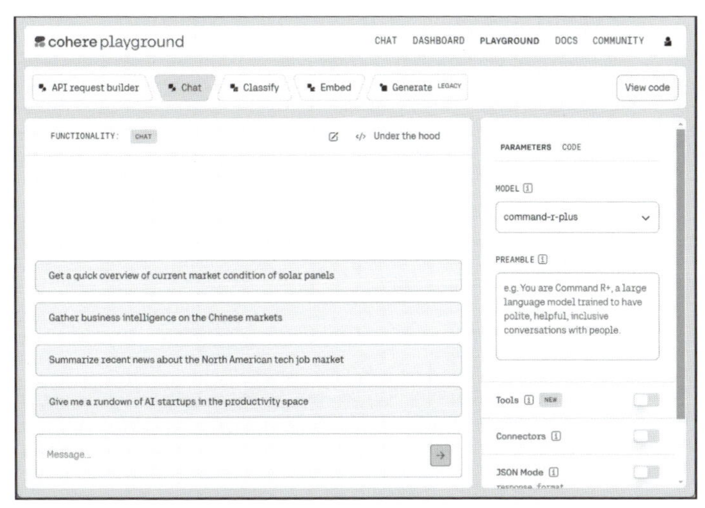

図3-15：プレイグラウンドの画面。

中央の広いエリアが、プロンプトを送信しチャットを行うためのものです。いくつかのテキストが表示されていますが、これはプロンプトのサンプルです。これらをクリックすれば、そのプロンプトが自動的に入力されます。

実際に、下部にあるプロンプトの入力フィールドに何か書いて送信してみましょう。AIモデルから応答が表示されます。これを繰り返してチャットを行えます。

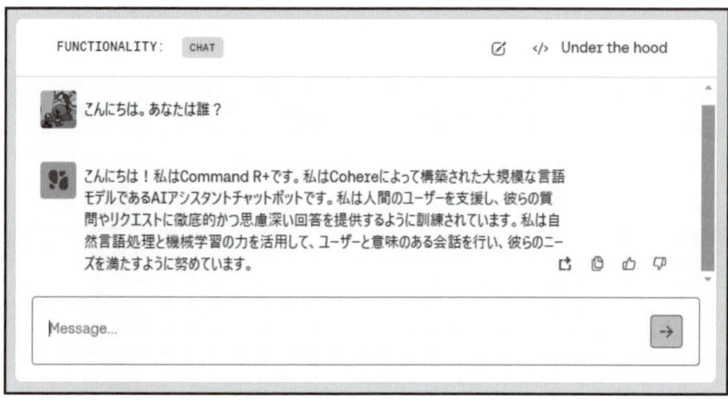

図3-16：プロンプトを書いて送信すると応答が表示される。

パラメータについて

右側のパネルには、各種のパラメータが用意されています。一番上には「MODEL」という項目があり、利用可能なモデルの一覧が用意されています。ここで使いたいモデルを変更できます。

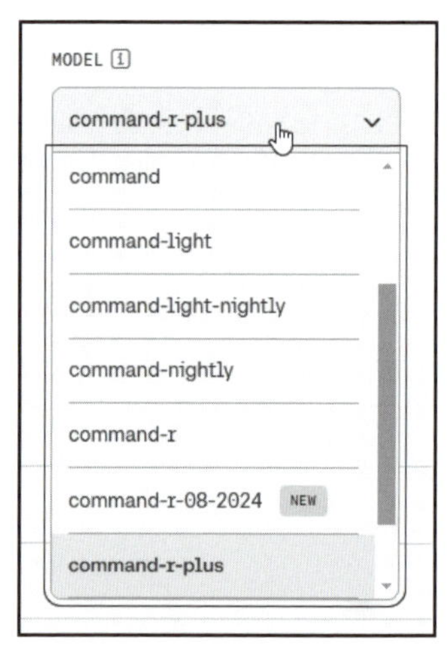

図3-17：「MODEL」には利用可能なモデルのリストが用意されている。

ツール、コネクタ、JSON

その下には、「Tools」「Connectors」「JSON Mode」といった項目が用意されています。ToolsとConnectorsはチャットにもありましたね。ツールとコネクターを設定するためのものです。最後のJSON Modeは、AIモデルから返送されるレスポンスの情報を指定したJSONフォーマットとして取り出すためのものです。これは、独自にツールなどを作成するようになると利用します。当面、使うことはないでしょう。

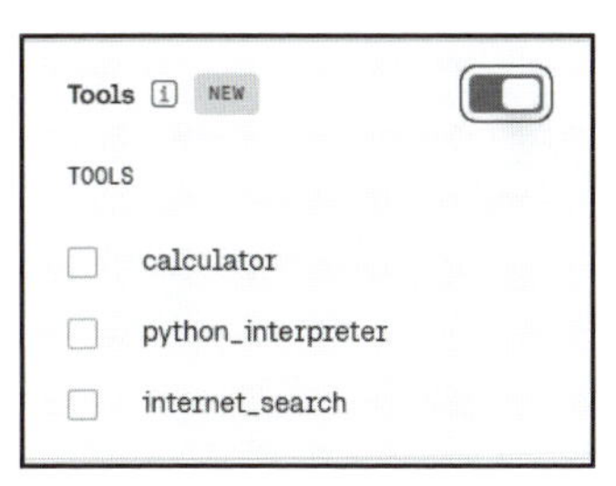

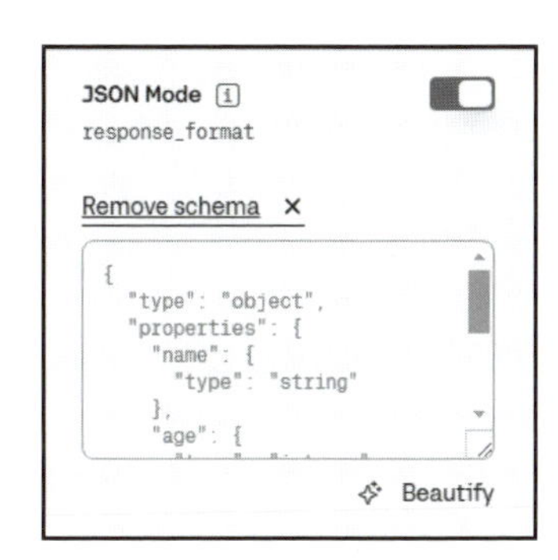

図3-18：「Tools」「Connectors」「JSON Mode」の設定。

高度なパラメータ

一番下にある「高度なパラメータ」は、クリックするとAIモデルに送信するパラメータの項目が現れます。ここには以下の項目が用意されています。

●Randomness

これは、「Temperature（温度）」の設定です。温度は、Claudeのところで説明しましたね。Randomnessという項目に用意されていることからわかるように、温度の調整で応答のランダム性が調整されます。

●SEED

これは、候補となるトークンの選定などで用いられる乱数の値を設定するものです。ここに数値を指定すると、同じプロンプトで同じパラメータであれば同じ応答が得られるようになります（ただし、常に完全に同じものが得られると保証されるわけではありません）。

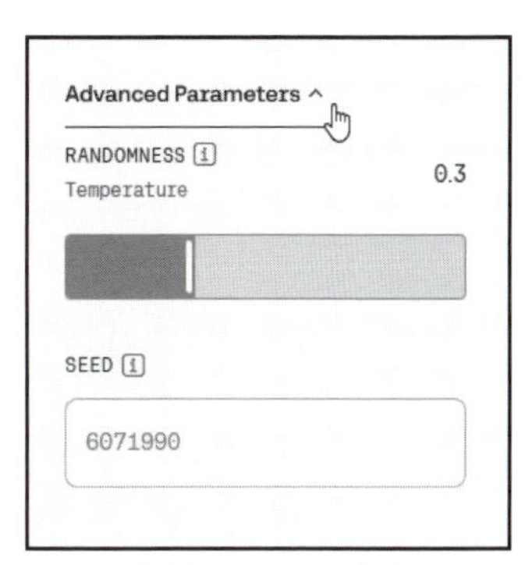

図3-19：高度なパラメータの設定。

サンプルコードの表示

プレイグラウンドには、サンプルコードを調べるための機能がいくつか用意されています。

最も一般的なのは、右側のサイドパネルにある「CODE」でしょう。クリックすると、サンプルコードが表示されます。これを参考に、Cohereを利用するコードを作成することができます。

ただし、本書執筆時点では各種のパラメータを調整してもコードには反映されず、デフォルトで用意されたコードが表示されるだけ（プロンプトだけ入力値に合わせて更新される）のようです。このあたりはアップデートにより変更されるかもしれません。

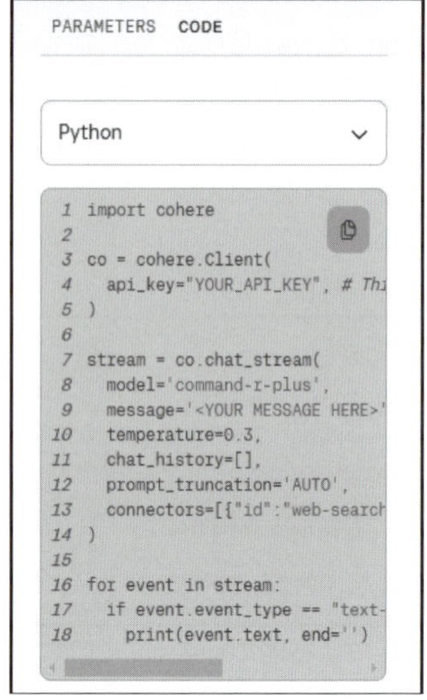

図3-20：「CODE」ではサンプルコードが表示される。

「View code」について

これとは別に、右上にある「View code」ボタンをクリックしてもサンプルコードを得ることができます。クリックすると画面にパネルが開かれ、そこにサンプルコードが表示されます。ここでは「PYTHON」「JS」「CURL」という3つのタブが用意され、それぞれのコードを取得することができます。

このコードはプレイグラウンドで設定された内容などが反映されるわけではなく、あらかじめ用意していたサンプルを掲載しているだけのようです。また、用意されるのはストリーミングで応答を取得し表示するもので、ストリーミングを使わないやり方はサイドパネルの「CODE」で確認したほうがよいでしょう。

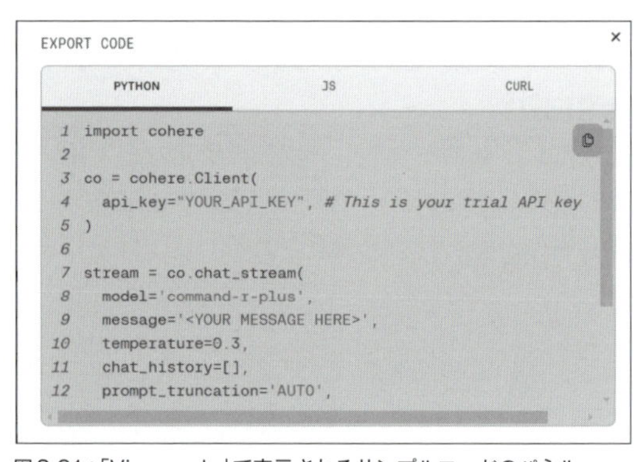

図3-21：「View code」で表示されるサンプルコードのパネル。

「Under the hood」について

この他にもう1つ、サンプルコードに関する機能があります。チャットエリアの右上にある「Under the hood」というボタンをクリックしてみて下さい。チャットエリアの右側に黒い背景のパネルが開かれ、そこにAPIへ送信されるリクエストと、APIから返されるレスポンスのデータ構造がJSON形式で掲載されます。これは、HTTPのプロトコルでどのようなフォーマットのデータを送受するかを表すものです。そのまま実行しても何も得られません（そもそも、このまま実行できる言語はおそらくないでしょう）。

これは、APIとのやり取りがどのようなものかを調べるときに役立ちます。例えば送信するデータにどのような項目が含まれているか調べたり、返された応答にどんな値があるかを確認したり、という場合ですね。そうした送受するデータの構造を調べるのに使えます。

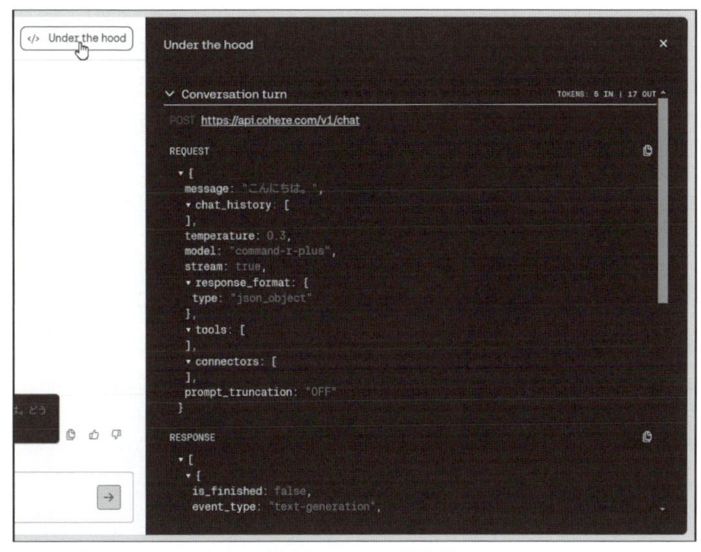

図3-22：「Under the hood」では送受するデータの構造がわかる。

利用と支払いの設定

プロンプトの実行については、チャットとプレイグラウンドがわかれば基本的なものは行えるようになります。その他にも頭に入れておきたい項目がいくつかあります。それは、アカウントに関する各種の設定です。

右上の「DASHBOARD」リンクをクリックしてダッシュボードに戻ると、左側にあるリンクのリストに設定関係の項目が表示されます。まず知っておきたいのは、利用と支払いに関する設定です。左にある「Billing & Usage」というリンクをクリックして下さい。これは、Cohereの利用に関するページです。上部には「You're using Cohere for free」という表示がありますが、これはCohereをプロダクト利用するためのものです。今は触る必要はありません。

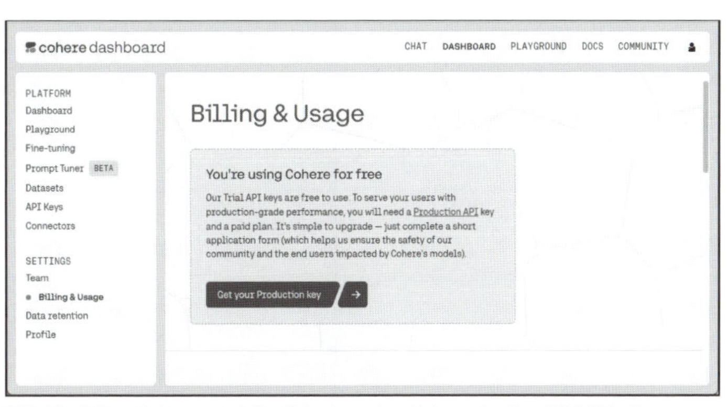

図3-23：Billing & Usageの表示。「You're using Cohere for free」は無視していい。

利用状況の確認

その下には、今月の利用状況が表示されます。現時点での利用料金（プロダクト登録をしていなければゼロでしょう）があり、その下には実際にアクセスした内容が細かく表示されます。これで、いつどういう形でAPIを利用したのかがすべてわかります。どのぐらい利用しているかの確認はここで行えばよいでしょう。

Billing & Usageには「INVOICES（インボイス）」や「PAYMENT（支払い設定）」といった項目も用意されています。INVOICESでは、毎月の支払いに関するインボイスが用意されます。実際にプロダクトでCohereを利用する場合、ここで料金に関する情報を得られます。

PAYMENTでは、支払いの設定が行えます。ここではクレジットカードを登録し、これを使って月々の費用を支払うようにできます。実際にCohereを本格的に活用するようになったところで支払いの設定を行えばよいでしょう。今は必要ありません。

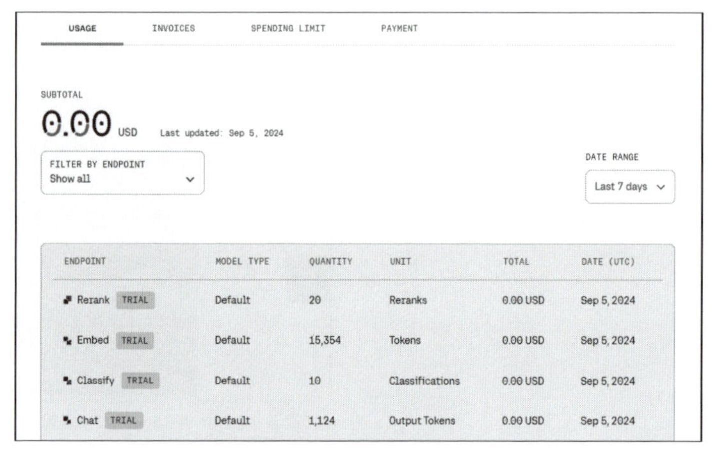

図3-24：利用料金や利用状況がすべてまとめて表示される。

APIキーについて

もう1つ、非常に重要な設定項目があります。それは「API Keys」です。これをクリックすると、APIキーの管理ページに移動します。上部に「You're using Cohere for free」の表示があり、下には「Trial keys」という項目があります。You're using Cohere for freeでプロダクト登録を行うと、有料で利用するためのAPIキーが作成できます。とりあえず、今はこれは作る必要はありません。

下のTrial keysは、無料で利用できるAPIキーです。デフォルトで1つだけキーが用意されています。「key」というところにある目のアイコンをクリックするとキーの値が表示され、コピーできます。このキーの値をどこかに保管しておいて下さい。後ほどプログラミングに入ったところで必要となります。

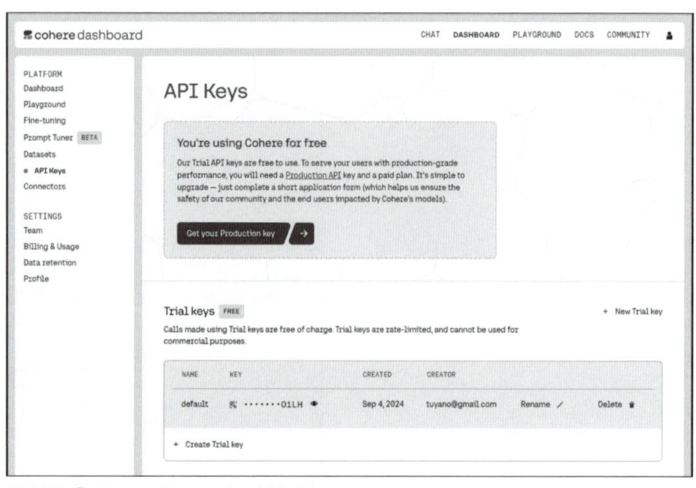

図3-25：「API keys」でAPIキーを管理する。

キーの種類について

CohereのAPIを利用する場合、APIは必須です。APIキーには試用とプロダクト用があり、デフォルトで用意されているTrial keysは試用のキーです。Trial keysに用意したキーは、いくら利用しても料金はかかりません。

ただし、試用キーにはレート制限がかかります。チャットの場合、1分当たり20アクセスまでに制限されており、それ以上アクセスするとエラーになります。開発時にはこれで十分でしょう。正式に製品がリリースされたら、プロダクト用のキーに変更して利用しましょう。

まずは実際にCohereを使おう

これで、Cohereの基本的な機能の使い方がだいたいわかりました。プログラミングに入る前に、まずは実際にCohereを使ってみて下さい。Cohereには非常に多くの機能があるため、まだ説明していないものもたくさんあります。まずは基本のチャットを使って、どの程度の精度があるか、いろいろと確かめてみましょう。そして余裕があれば、デフォルトで用意されている3つのツールも使ってみて下さい。CohereのAIモデルが他と異なっていることが少しは感じられるでしょう。

Chapter 3

3.2. PythonでAPIを利用する

APIキーを準備する

では、CohereのAPIを利用してみましょう。Pythonを使ってアクセスをします。新しいColabのノートブックを作成しておきましょう。まずはAPIキーをシークレットとして追加しておきます。ノートブックの左端にある「シークレット」アイコン（鍵のアイコン）をクリックして、シークレットの設定パネルを開いて下さい。

そして「新しいシークレット」をクリックし、「COHERE_API_KEY」という名前でシークレットを登録します。値には、先ほどCohereのサイトでコピーしたTrial keysの値をペーストして設定しましょう。

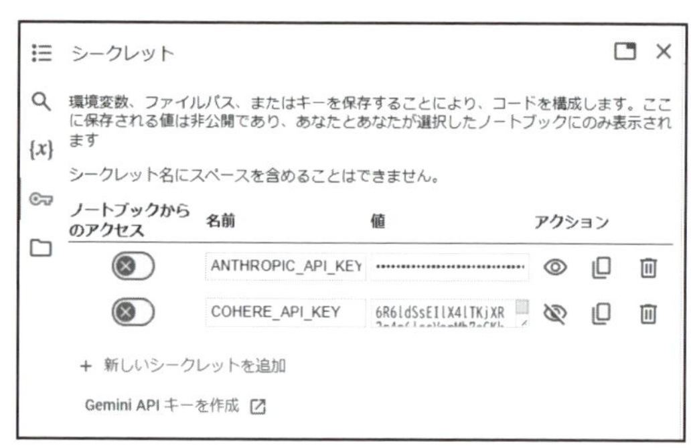

図3-26：シークレットで「COHERE_API_KEY」を登録する。

では、シークレットから値を読み込んでおきましょう。新しいセルに以下のコードを記述し、実行します。これで、変数COHERE_API_KEYにAPIキーが読み込まれます。

▼リスト3-1

```
from google.colab import userdata

COHERE_API_KEY = userdata.get('COHERE_API_KEY')
```

cohereパッケージを利用する

Cohere APIの利用法はいくつかありますが、基本はCohereが提供するパッケージをインストールして利用するやり方です。新しいセルに次を記述し実行して下さい。

▼リスト3-2

```
!pip install cohere -q -U
```

Cohere APIは、「cohere」というパッケージをインストールして利用します。これでパッケージがインストールされました。

!pip install cohere -q -U

210.2/210.2 kB 1.4 MB/s eta 0:00:00
139.2/139.2 kB 3.8 MB/s eta 0:00:00
3.1/3.1 MB 14.9 MB/s eta 0:00:00
76.4/76.4 kB 2.5 MB/s eta 0:00:00
77.9/77.9 kB 2.1 MB/s eta 0:00:00
12.5/12.5 MB 33.8 MB/s eta 0:00:00
82.7/82.7 kB 3.9 MB/s eta 0:00:00
58.3/58.3 kB 1.7 MB/s eta 0:00:00

図3-27：pip installでcohereパッケージをインストールする。

Clientインスタンスの作成

最初に行うのは、Clientインスタンスの作成です。これは、cohereモジュールに用意されているクラスです。APIを利用するには、まずこのインスタンスを作成します。

新しいセルに以下を記述し、実行して下さい。

▼リスト3-3

```
import cohere
import json

co = cohere.Client(COHERE_API_KEY)
co
```

これで、変数coにClientインスタンスが代入されました。APIへのアクセスは、このClientに用意されているメソッドを使って行います。

チャットでアクセスする

では、APIにプロンプトを送信してみましょう。これは、Clientインスタンスの「chat」というメソッドで行えます。このメソッドは以下のように呼び出します。

```
変数 =《Client》.chat(model=モデル名, message=プロンプト)
```

引数にはモデル名とプロンプトを用意します。これだけで指定したモデルにプロンプトを送信し、応答を受け取ることができます。

なお、実はmodelは省略することもできます。この場合、'command-r-plus'（Command-R+の最新版）が自動的に割り当てられます。

では、実際に試してみましょう。新しいセルを作成し、以下のコードを記述して下さい。

▼リスト3-4

```
message = "" # @param {type:"string"}

response = co.chat(
  model='command-r-plus',
  message=message,
)

response
```

セルには、「message」という入力フィールドが表示されます。ここに送信するプロンプトを記入し、セルを実行して下さい。しばらく待つと、APIから応答が返ってきて出力されます。

図3-28：プロンプトを書いて実行すると結果が返される。

応答のテキストを取り出す

出力される内容には、応答のテキスト以外にも多くの値が返されていることがわかるでしょう。内容については後述するとして、とりあえず「応答のテキスト」を取り出す方法だけ覚えておきましょう。

新しいセルに以下を書いて実行して下さい。

▼リスト3-5

```
response.text
```

これで、AIモデルから返ってきた応答のテキストが表示されます。返ってきたレスポンスの「text」プロパティを取り出せば、応答のテキストが得られるのです。非常に簡単ですね！

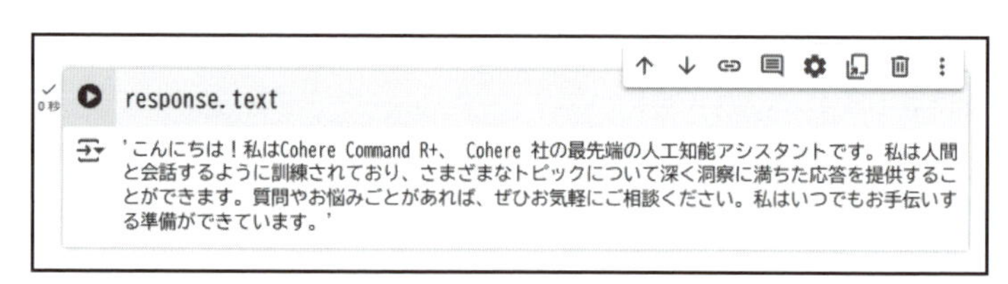

図3-29：AIからの応答のテキストが表示される。

APIからのレスポンス

では、chatで返されるレスポンスはどのようになっているのでしょうか。

戻り値は「NonStreamedChatResponse」というクラスのインスタンスとして得られます。このクラスには、AIからのレスポンス情報が一通り保管されています。戻り値として得られたオブジェクトの内容を整理すると、次のようになっているのがわかるでしょう。

```
NonStreamedChatResponse(
  text='…応答テキスト…',
  generation_id=…ID…',
  citations=None,
  documents=None,
  is_search_required=None,
  search_queries=None,
  search_results=None,
  finish_reason='COMPLETE',
  tool_calls=None,
  chat_history=[ メッセージ ],
  prompt=None,
  meta=《ApiMeta》,
  response_id='…ID…')
```

非常に多くの値が用意されていることがわかります。とりあえず知っておきたいのは、text以外では「chat_history」でしょう。これは、チャット履歴がまとめられているものです。

この他、finish_reasonは応答が終了した理由を示すもので、正常に最後まで生成されていれば値は'COMPLETE'になります。

チャット履歴について

チャット履歴を保持する「chat_history」は、プロンプトを送信するchatメソッドにも用意されています。これにより、チャットの履歴をまとめて設定することで学習データを渡したり、それまでの会話を含めてプロンプトを送信したりできます。

このchat_historyは、会話の情報をまとめた辞書のリストとして用意されます。このような形ですね。

```
chat_history=[
  {"role": "SYSTEM", "message": "プロンプト"},
  {"role": "USER", "message": "プロンプト"},
  {"role": "CHATBOT", "message": "メッセージ"},
]
```

会話の情報は、roleとmessageという2つの値を持つ辞書として作成します。roleはそのメッセージの役割を示すもので、以下のいずれかになります。

SYSTEM	システムプロンプト
USER	ユーザープロンプト
CHATBOT	AIからの応答

これらを指定して会話の情報を作成していけばよいのですね。では、実際に簡単な利用例を作成してみましょう。

俳人アシスタントを作る

例として、俳人アシスタントを作成してみましょう。このアシスタントは会話の際、必ず最後に一句付けて話します。では新しいセルを用意し、以下のコードを記述しましょう。

▼リスト3-6

```
message = "あなたは誰ですか？" # @param {type:"string"}

response = co.chat(
  model='command-r-plus',
  message=message,
  chat_history=[
    {
      "role": "SYSTEM",
      "message": "あなたは俳人です。最後に必ず一句つけて下さい。"
    },
    {
      "role": "USER",
      "message": "こんにちは。お元気ですか。"
    },
    {
      "role": "CHATBOT",
      "message": "もちろん、元気ですよ！　秋空や　今日も一日　元気よく"
    },
  ]
)

print(response.text)
```

セルに表示されるフィールドにプロンプトを記入して実行して下さい。AIからの応答には、最後に必ず俳句がつけられるようになります。まぁ、俳句の出来は今ひとつですが、カスタマイズしたアシスタントとして機能していることがわかるでしょう。

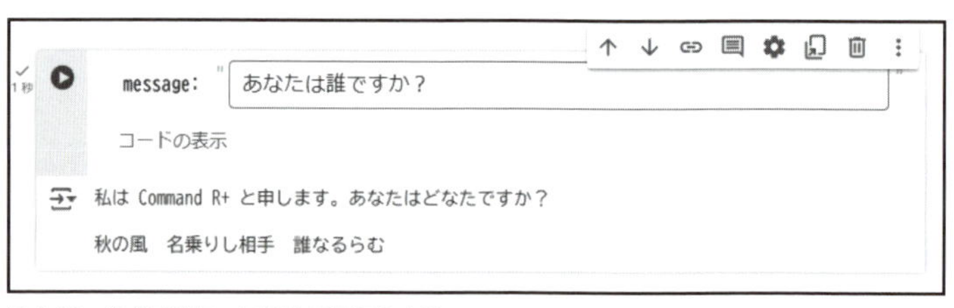

図3-30：必ず最後に一句付けて返事をする。

ここではchat_historyに3つのメッセージ情報を用意しています。これらはそれぞれroleが"SYSTEM"、"USER"、"CHATBOT"となっています。SYSTEMで動作の基本的な設定となるシステムプロンプトを指定し、その後にUSERとCHATBOTでワンショット学習となるやり取りを用意しています。Claude APIではシステムプロンプトとそれ以外が分かれていましたが、Cohere APIでは「履歴」と「送信するプロンプト」で分かれます。間違えないようにしましょう。

このように、それぞれの役割（role）を考えてchat_historyにメッセージ情報を用意することで、アシスタントの基本的な性格付けなどが行えます。また、本来のチャットの履歴データとしても活用できます。

パラメータについて

chatではmodelとmessage、chat_historyの他にもさまざまな引数が用意されています。その多くは、AIモデルに送信するパラメータ情報に関するものです。AIモデルには応答の生成に影響を与えるパラメータが多数用意されており、これらの情報をchatの引数として渡すことができるようになっています。
では、用意されているパラメータについて簡単にまとめておきましょう。

●temperature

温度は既に何度か登場しました。応答のランダム性に影響を与えるパラメータで、0～1の実数で指定します。ゼロに近いほど確実性の高い応答となり、値が大きくなるにつれランダム性が高くなります。

●max_tokens

モデルの応答として生成するトークンの最大数です。整数で指定します。あまり値を小さくすると応答の生成が不完全になる場合があるので、適度な値に調整しましょう。

●max_input_tokens

モデルの入力（プロンプト）の最大トークン数です。整数で指定します。指定しない場合、モデルのコンテキストの長さ制限から小さなバッファを差し引いた値になります。
このmax_input_tokensで指定すれば、常に最大値まで入力できるというわけではありません。入力は次のprompt_truncationに従って切り捨てられる場合もあります。

●prompt_truncation

コンテキストの長さ制限を超えた入力がされた場合の挙動に影響を与えます。値は"AUTO"、"AUTO_PRESERVE_ORDER"、"OFF"のいずれかになります。
"AUTO" では、プロンプトの一部の要素がモデルのコンテキストの長さ制限内に収まるように自動調整されることがあります。"AUTO_PRESERVE_ORDER" では、プロンプトの一部がコンテキストの長さ制限内に収まるプロンプトを作成するために削除されます。"OFF"に設定すると、要素は削除されません。入力の合計がモデルのコンテキストの長さ制限を超えるとエラーになります。

●k

一般に「top_k」と呼ばれるもので、整数で指定します。応答の生成対象となる可能性が最も高いトークンを制限するもので、例えば「10」に指定すれば、最も高い確率のトークン10個から選ばれるようになります。

●p

一般に「top_p」と呼ばれるもので、実数で指定します。次の候補となるトークンは、可能性の高いトークンから一定の範囲内に絞って選ばれます。これを全体の上位何%以内に絞り込むかを指定するものです。

●seed

モデル内で乱数発生を行う際のシードとなる値です。数値で指定します。seedが同じだと、プロンプトや他のパラメータが同じであれば同じ応答を生成するでしょう。seedを指定しなければ、ランダムに設定されます。

●frequency_penalty

生成されたトークンの繰り返しを減らすためのものです。0～1の実数で指定します。値が大きいほど、プロンプトや以前の生成で使われたトークンは頻度に応じてペナルティが設定され、選ばれる確率が低くなります。

●presence_penalty

生成されたトークンの繰り返しを減らすためのものです。frequency_penaltyと似ていますが、このペナルティは正確な頻度に関係なく、既に出現したすべてのトークンに等しく適用されます。frequency_penaltyとpresence_penaltyは競合するため、同時に使うことはできません。

●safety_mode

プロンプトに挿入される安全指示を選択するために使用します。"CONTEXTUAL"（文脈に沿って）、"STRICT"（厳密に）、"NONE"（なし）のいずれかが選択可能です。デフォルトは"CONTEXTUAL"です。"NONE"が指定されている場合、安全指示は省略されます。より安全に配慮する必要がある場合は"STRICT"にします。

パラメータの利用例

では、実際にパラメータを利用する例を挙げておきましょう。新しいセルに以下のコードを記述して下さい。

▼リスト3-7

```
message = "あなたは誰ですか？" # @param {type:"string"}

response = co.chat(
  model='command-r-plus',
  message=message,
  temperature=0.7,
  max_tokens=100,
  presence_penalty=0.5,
  safety_mode='STRICT'
)

response.text
```

入力フィールドにプロンプトを記入して実行すると、応答が返されます。ここではtemperature、max_tokens、presence_penalty、safety_modeといったものを用意しておきました。

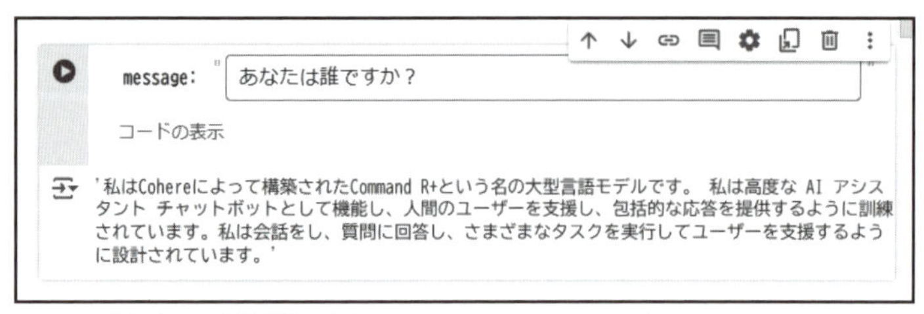

図3-31：実行すると応答が表示される。

パラメータは影響を与える内容が重なるものもあるため、利用には注意が必要です。例えば、temperaturetとkとpは次のトークンとなる候補の選択に影響を与えるため、複数を指定しても必ずよい結果になるとは限りません。またfrequency_penaltyとpresence_penaltyは、どちらか片方だけしか使えません(両方を記述するとエラーになります)。

これらのパラメータは、使い方はとても簡単ですが、それがどのような影響を与えるかを理解するのはなかなか難しいでしょう。まずは比較的扱いが簡単なtemperatureとmax_tokensから使ってみて、慣れてきたら少しずつ他のパラメータも利用するようにしていくとよいでしょう。

コネクターの利用

CohereのAIモデルの大きな特徴と言えるのが、「コネクター」の存在でしょう。コネクターは、RAGを利用して外部リソースと接続するためのものです。RAG (Retrieval-Augmented Generation)は、テキスト生成をプライベートデータソースや独自のデータソースからの情報で補完する技術です。このRAGの中核となっているのがコネクターです。CohereのAIモデルでは、コネクターを使って外部のデータソースから必要な情報を取得して応答を生成できるのです。

コネクターはchatでも利用できます。chatには「connectors」という引数があり、これにコネクターの設定情報を配列にまとめて指定します。

```
connectors=[ コネクター情報 ]
```

このような形ですね。肝心のコネクタに関する情報は、idとoptionという2つの値を持つ辞書として作成します。

```
{
  "id": コネクター名,
  "options": { オプション設定 }
}
```

optionsには、そのコネクターで必要となる情報を指定します。これはコネクターによって違ってくるので、使いたいコネクターがどうなっているか調べて下さい。

web-searchコネクターを利用する

例として、Cohereにデフォルトで用意されているWeb検索のコネクターを使う場合のコネクター情報を挙げておきましょう。

```
{
  "id": "web-search",
  "options":{"site":"…サイトのURL…"}
}
```

"web-search"というコネクターは、optionsに用意されている"site"のWebサイトから必要な情報を検索して応答を生成します。例えば自社の製品情報のURLをsiteに指定すれば、そこから情報を取得して応えるアシスタントを作成できるわけです。

Wikipediaを調べて応えるアシスタント

実際の利用例として、日本語Wikipediaを調べて応えるアシスタントを作成してみましょう。新しいセルに以下のコードを記述して下さい。

▼リスト3-8

```
prompt = "佐倉市の名所は？" # @param {type:"string"}

response = co.chat(
  model="command-r-plus",
  message=prompt,
  connectors=[{
    "id": "web-search",
    "options":{"site":"https://ja.wikipedia.org/"}
  }]
)
print(response.text)
```

フィールドに質問を書いて実行すると、必要であればWikipediaから情報を検索して応答を出力します。戻り値からresponse.textで応答を出力すると、検索された情報を元にして作成されたコンテンツが得られます。

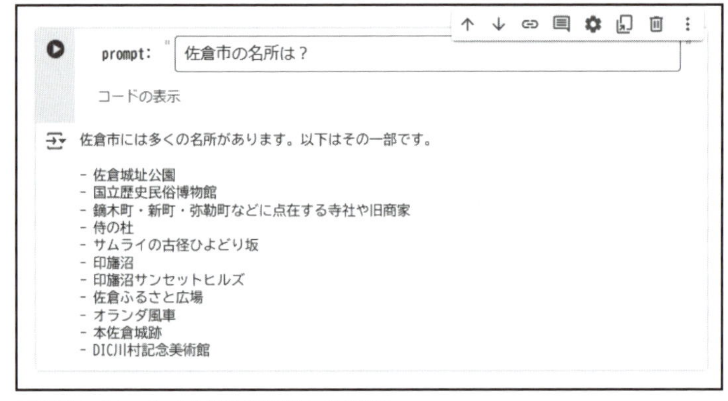

図3-32：wikipediaから情報を取得して応答する。

ここでは、以下のようにしてコネクタを設定していますね。

```
connectors=[{
  "id": "web-search",
  "options":{"site":"https://ja.wikipedia.org/"}
}]
```

idに"web-search"を指定し、optionsではsiteに"https://ja.wikipedia.org/"とWikipediaのURLを指定しています。こうすることで、Wikipediaから必要な情報を検索し取り出すことができるのです。

検索情報を確認する

では、このweb-searchではどのような情報がWeb検索で得られているのでしょうか。これは、返されたレスポンスから調べることができます。新しいセルに次のコードを書いて実行してみて下さい。

▼リスト3-9

```
for citation in response.citations:
  print(citation.text,citation.document_ids)
print()
for document in response.documents:
  print(document['id'],': ', document['snippet'][:50])
```

これを実行するとweb-searchで検索し、取り出されたコンテンツの引用情報が出力されます。まず調べた検索ワードが出力され、その後に検索されたWebページから引用した内容が冒頭50文字だけ出力されます。検索ワードには['web-search_0']といった値が付けられていますが、これはweb-searchで実行された検索のIDです。その後の引用の内容にも冒頭にIDが付けられており、これが検索されたページからの引用文になります。

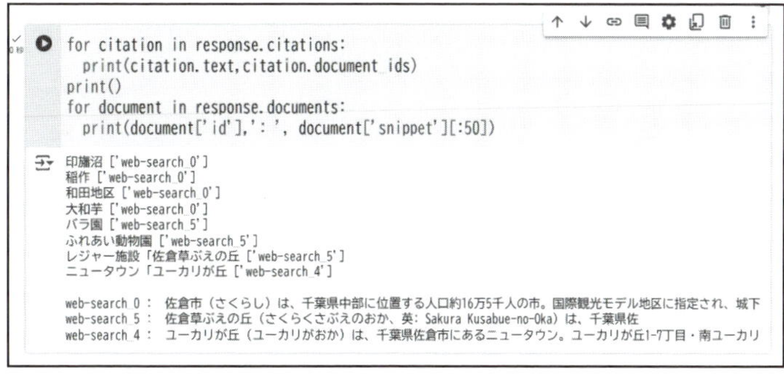

図3-33：Webサイトからの引用情報が出力される。

例えば、このような検索結果があったとしましょう。

```
印旛沼 ['web-search_0']
```

これは、web-search_0というIDで「印旛沼」を検索し、ドキュメントを得ていることを示します。得られたドキュメントの内容は、その後にある「web-search_0」という項目を見ればわかります。

```
web-search_0 :  佐倉市（さくらし）は、千葉県中部に位置する人口約16万5千人の市。国際観光モデル地区に指定され、城下……
```

最初の50文字だけを取り出していますが、必要ならば取得した全文を見ることもできます。これで、web-searchコネクターによってどのような情報が指定のWebサイトから取得されているかがわかります。こうして得られたデータを元に応答が作成されているのですね。

Webサイトで必要な情報を検索できるような仕組みが用意できれば、それをコネクターとして登録し、利用することができます。これにはコネクター用のサービスを設計しデプロイする必要がありますが、利用サービスさえ用意できれば、コネクターの登録は簡単です。興味のある人は挑戦してみて下さい。

・コネクターの登録ページ
https://dashboard.cohere.com/connectors

ツールの利用

コネクターは外部リソースとの接続を行うものでしたが、これとは別に、用意したツールを実行して処理を行わせる機能も用意されています。

ツールは、「関数の作成」「ツール関数の定義」「ツールの組み込みとツール使用時の処理の作成」といった手順で行います。このあたりはClaudeのツールとほぼ同じですね。では順に説明しましょう。

関数の作成

まず、ツールとして呼び出す関数を定義しておきます。この関数は特別なものではありません。ごく普通の関数として定義できます。注意したいのは、「引数の内容をきちんと決めておく」という点です。関数を利用する際は名前だけでなく、必要となる引数の名前や値の型などもすべて正確に定義する必要があります。

では、実際に簡単な関数を用意してみましょう。ここでは「引数に渡したPythonのコードを実行する関数」を用意しておきます。新しいセルに以下を記述して下さい。

▼リスト3-10

```
def python_terpreter(python_code):
  exec(python_code)
```

非常に単純ですね。引数codeで渡された文字列をexecで実行しているだけです。たったこれだけですが、まぁツールの働きを確認するには十分でしょう。

ツール関数の定義

関数が用意できたら、その関数の定義を作成します。これは辞書の形で作成をします。基本的な書き方は以下のようになります。

▼ツール関数の定義

```
{
  "name": ツール名,
  "description": 説明テキスト,
  "parameters": {
    "type": "object",
    "properties": { プロパティの定義 },
    "required": [ プロパティ名 ]
  }
}
```

基本的な書き方は、Claude APIのツール関数定義と同じです。nameとdescriptionでツール名と説明のテキストを記述します。このdescriptionの内容によってAIモデルがそのツールを使うかどうかが決まるので、なるべく具体的にツールの働きなどを記述して下さい。

parametersには、パラメータ情報を記述します。これは、実質的に「呼び出す関数に渡す引数」の定義と考えて下さい。ここで生成されたパラメータを元に関数を呼び出すことになりますから。

parametersでは、propertiesにプロパティの定義をリストにまとめて記述します。プロパティ定義は次のようになります。

```
"プロパティ名": {
  "type": "タイプ",
  "description": "説明テキスト"
}
```

typeには値の型名を、そしてdescriptionにはその値の内容を説明するテキストを指定します。これもなるべく具体的にわかるようにして下さい。

その後にあるrequiredには、必須項目となるプロパティを指定します。ここに指定した項目は、ツールを呼び出すと決まったときには必ず値が用意されます。

python_terpreterの関数定義を作る

では、先ほど作成したpython_terpreterの定義を作成しましょう。新しいセルか、先ほどのセルに記述したコードの末尾に以下を記述してセルを実行して下さい。

▼リスト3-11

```
python_interpreter_definition = {
  "name": "python_terpreter",
  "description": "Executes Python code and returns the output.",
  "parameters": {
    "type": "object",
    "properties": {
      "python_code": {
        "type": "string",
        "description": "The Python code to execute."
      }
    },
    "required": ["python_code"]
  }
}
```

python_interpreter_definitionという変数に定義を用意しました。名前には関数名のpython_terpreterを指定し、説明のdescriptionに"Executes Python code and returns the output."と記述してあります。

今回は、Pythonのコードを実行するものですから、日本語で書く必要もないので英文にしてあります(細かなニュアンスは、やはり英文のほうがAIにはより正確に伝わります)。propertiesには"python_code"という項目を1つ定義してあります。これは、python_terpreter関数の引数に渡すための値になります。

python_interpreterを利用する

作成したpython_terpreterツールを利用してみましょう。このツールはPythonのコードをテキストで渡すと、それを実行する働きをします。

では、実行するPythonコードを用意しましょう。新しいセルか、先ほどのセルのコード末尾に次を記述し、セルを実行して下さい。

▼リスト3-12

```
python_code = """
def calculate_sum(numbers):
  total = 0
  for number in numbers:
    total += number
  return total

numbers = {array}
result = calculate_sum(numbers)
print("合計:", result)
"""
```

ここではcalculate_sum関数を定義し、これを呼び出して実行するコードを用意しておきました。ただ決まったコードを実行するだけでは面白くないので、変数numbersには{array}と変数を埋め込むようにしてあります。ここにリストをはめ込んで実行させればよいわけですね。

python_interpreterを利用する

では、実際にpython_interpreterを利用してコードを実行してみましょう。新しいセルを用意し、以下を記述して実行して下さい。

▼リスト3-13

```
code = python_code.format(array=[12,34,56,78,90])

# python_interpreterツールを使用してコードを実行
response = co.chat(
  model="command-r-plus",
  message=code,
  tools=[python_interpreter_definition]
)
response
```

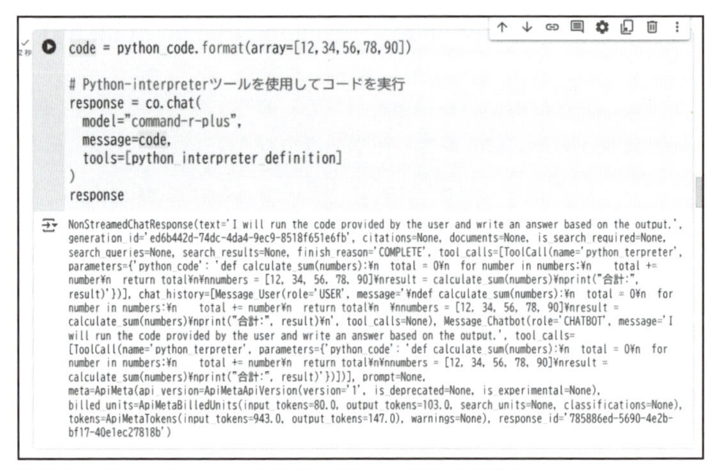

図3-34：python_interpreter_definitionをtoolsに指定して実行する。

ここではまずpython_codeの文字列をフォーマットして、実行するコードを完成させておきます。

```
code = python_code.format(array=[12,34,56,78,90])
```

これで、{array}の部分に[12,34,56,78,90]とリストをはめ込んだ文字列が作成できました。これをchatメソッドでプロンプトとして指定し送信します。chatの引数には以下のようにしてツールが指定されています。

```
tools=[python_interpreter_definition]
```

これで、python_interpreter_definitionに定義されたツールがtoolsに渡されます。ツールの指定は、このようにツール定義の値を使います。ツールの関数そのものではありません。

戻り値の構造

これを実行すると、ずらっと長いレスポンスのテキストが出力されたことでしょう。整理すると、だいたい以下のような内容になっています。

```
NonStreamedChatResponse(
  text='応答テキスト',
  generation_id='…略…',
  citations=None,
  documents=None,
  is_search_required=None,
  search_queries=None,
  search_results=None,
  finish_reason='COMPLETE',
  tool_calls=[《ToolCall》],
  chat_history=[
    Message_User(…略…),
    Message_Chatbot(
      role='CHATBOT',
      message='…略…',
      tool_calls=[《ToolCall》])
  ],
  prompt=None,
  meta=ApiMeta(
    api_version=ApiMetaApiVersion(……),
    billed_units=ApiMetaBilledUnits(……),
    tokens=ApiMetaTokens(……),
    warnings=None),
    response_id='…略…')
```

返ってくる値は、通常のchat実行時と同じNonStreamedChatResponseインスタンスです。ただし、よく見るといろいろと違っていますね。まず、tool_callsというプロパティに値が用意されています。

```
tool_calls=[《ToolCall》]
```

このように、ToolCallというクラスのインスタンスがリストにまとめられています。このtool_callsは、chat_historyのAIモデルからの応答を示すMessage_Chatbotインスタンスにも用意されています。どちらも同じ値が保管されているはずです。

このtool_callsにあるToolCallが、ツールの利用に関する情報をまとめたものです。以下のような形になっているでしょう。

```
ToolCall(
  name='python_terpreter',
  parameters={
    'python_code': '…略…'
  })
]
```

nameにはツール名が指定され、parametersにはツールのプロパティの値がまとめられます。今回のpython_terpreterでは、'python_code'というパラメータが1つだけ用意されているでしょう。ここに、実行するPythonのコードが保管されているのです。

実行結果を表示する

では、この戻り値から必要な情報を取り出し、ツールを利用する場合の処理を行うことにしましょう。新しいセルに以下を記述し実行して下さい。

▼リスト3-14

```
print("実行結果:")
if response.tool_calls !=  None:
  for tool_call in response.tool_calls:
    if tool_call.name == "python_terpreter":
      print('<<< python_terpreter >>>')
      print('---- code ----')
      print(tool_call.parameters['python_code'])
      print('---- result ----')
      python_terpreter(tool_call.parameters['python_code'])
else:
  print('*** no tools used ***')
  print(response.text)
```

実行すると、先ほど実行したchatのレスポンスから実行結果を出力します。

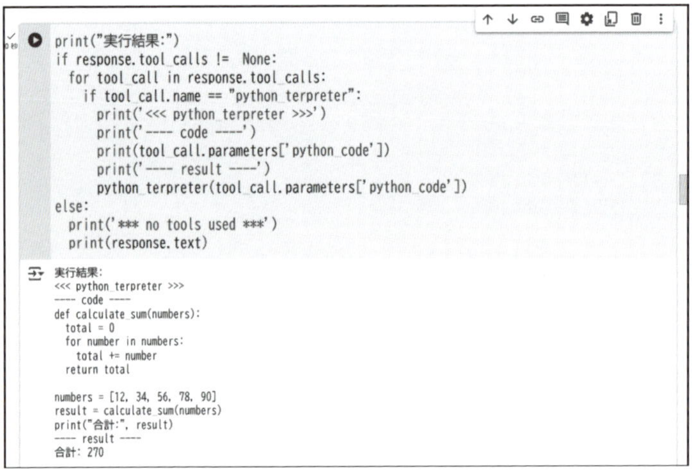

```
print("実行結果:")
if response.tool_calls != None:
  for tool_call in response.tool_calls:
    if tool_call.name == "python_terpreter":
      print('<<< python_terpreter >>>')
      print('---- code ----')
      print(tool_call.parameters['python_code'])
      print('---- result ----')
      python_terpreter(tool_call.parameters['python_code'])
else:
  print('*** no tools used ***')
  print(response.text)
```

```
実行結果:
<<< python_terpreter >>>
---- code ----
def calculate_sum(numbers):
  total = 0
  for number in numbers:
    total += number
  return total

numbers = [12, 34, 56, 78, 90]
result = calculate_sum(numbers)
print("合計:", result)
---- result ----
合計: 270
```

図3-35：python_terpreterツールを利用する場合、送信されたPythonのコードと実行結果が表示される。

以下のような形で出力されているのがわかるでしょう。

```
実行結果：
<<< python_terpreter >>>
---- code ----
……実行するコード……
---- result ----
……実行した結果……
```

動作を確認したら、変数python_codeに用意したPythonのコードをいろいろと書き換えて実行してみて下さい。python_codeに保管されているコードが実行され、結果が表示されるのが確認できるでしょう。

処理の流れを整理する

ここではまず、レスポンスのtool_callsプロパティがNoneではないことを確認しています。

```
if response.tool_calls != None:
```

もしもAIモデルがツールを使わないと判断した場合、tool_callsの値はNoneになります。この値をチェックして、ツールが使われたかどうかを確認します。

使われている場合は、繰り返しを使ってpython_terpreterが使われているかどうかを調べていきます。

```
for tool_call in response.tool_calls:
  if tool_call.name == "python_terpreter":
```

tool_callsの値はリストになっており、呼び出されるツールの情報がすべてまとめられています。繰り返しを使い、ここから順に値を取り出していきます。そしてnameの値が"python_terpreter"ならば、python_terpreterツールを呼び出せると判断できます。

python_terpreterを実行する

このtool_callsにpython_terpreterの情報があったとしても、それは「python_terpreterが実行された」というわけではありません。python_terpreterを実行するために必要なプロパティが用意された、というだけです。ツール関数の実行は自分で行う必要があります。

```
print('<<< python_terpreter >>>')
print('---- code ----')
print(tool_call.parameters['python_code'])
print('---- result ----')
python_terpreter(tool_call.parameters['python_code'])
```

tool_call.parametersには、パラメータの値がまとめられています。ここから'python_code'の値を取り出し、python_terpreter関数を実行すればよいのです。

これで、ツールの関数が実行できました。ツールの実行は、AIは行いません。AIモデルは送信されたプロンプトをチェックし、それがtoolsに用意されたツールを呼び出すのに適しているかを調べるだけです。

適していると判断したなら、tool_callsに呼び出すツールに必要となるパラメータなどをまとめて返します。後は、返された値を元に私たちが自分で関数を実行する必要があるのです。

ストリーミングについて

ここまで使ったchatは、プロンプトをAIモデルに送信するとモデル側で応答を生成し、完成したものを返送してきました。つまり、プログラムを実行する側は応答が生成され返ってくるまでひたすら待つことになります。

しかし最近のAIチャットはプロンプトを送信すると、リアルタイムに応答が出力されていきます。この処理は、ストリームを使って応答を受け取るようになっているためです。

このストリームによる出力を利用するには、Clientインスタンスにある「chat_stream」というメソッドを利用します。使い方は基本的にchatと同じです。

```
変数 =《Client》.chat_stream(
  model= モデル名,
  message= プロンプト
)
```

ただし、戻り値はchatとは異なります。chat_streamでは、戻り値がジェネレータになっているのです。これにはStreamedChatResponse_StreamEndというクラスのインスタンスが入っています。このインスタンスはストリームから生成される出力の情報がまとめられたもので、出力に応じてこのインスタンスがジェネレータに追加されていくようになっているのです。

したがって、ここから繰り返しを使って順にオブジェクトを取り出して処理していけばよいのですね。インスタンスには、出力されたテキストの欠片が「text」プロパティに保管されています。これを次々と取り出して利用するのです。

ストリームを利用する

では、実際にストリームを利用したサンプルを作成しましょう。新しいセルを用意し、以下のコードを記述して下さい。

▼リスト3-15

```
message = "" # @param {"type":"string"}

response = co.chat_stream(
  model="command-r-plus",
  message=message,
)

chars = set(",.!?、。！？")  #改行する文字

for event in response:
  if event.event_type == "text-generation":
    if set(event.text) & chars:
      print(event.text)
    else:
      print(event.text, end="")
```

セルに表示されるフィールドにプロンプトを記入し、実行すると、応答がリアルタイムに出力されていきます。見やすいように、句読点で適時改行しながら出力するようにしました。

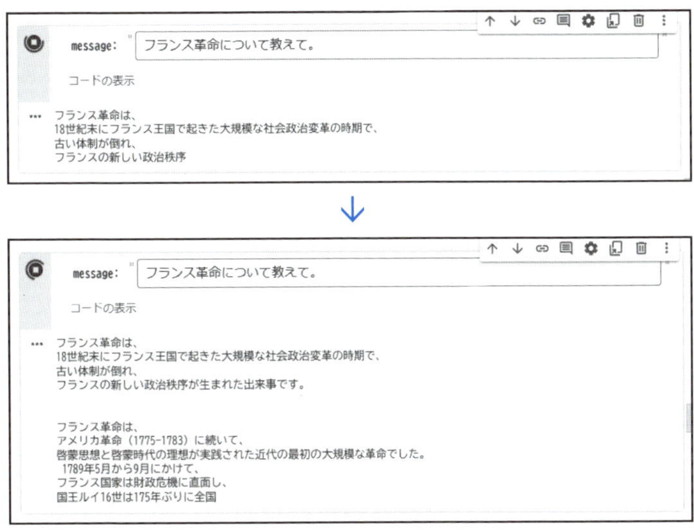

図3-36：実行すると、応答が少しずつ出力されていく。

ここではchat_streamを呼び出し、戻り値をresponseに受け取ると、繰り返しで処理を行っています。

```
for event in response:
  if event.event_type == "text-generation":
```

ジェネレータから取り出したオブジェクトの「event_type」という値をチェックしていますね。これは、イベントの種類を示すプロパティです。ジェネレータで送られてくるStreamedChatResponse_StreamEndは生成したテキストだけでなく、ストリームで出力する上で発生するさまざまな状況に応じたものが追加されてきます。これらはイベントの種類として識別できるようになっています。

テキストが生成されて送られてくるオブジェクトは、"text-generation"というイベントタイプになっています。そこでevent_typeの値をチェックし、"text-generation"の場合のみtextを出力するようにしていた、というわけです。

出力するテキストは、通常は改行せずに出力し、テキストにcharsに用意した文字が含まれていた場合はその後で改行するようにしています。句読点で改行することで比較的読みやすい形で出力されるでしょう。

クラス分け（Classify）について

CohereのAIモデルは、通常のチャット以外の問い合わせ機能も持っています。その1つが、「クラス分け（Classify）」です。これは、あらかじめ用意されているいくつかのクラスを元に、送信したプロンプトの内容がどのクラスに分類されるかを判断するものです。

クラス分けは日常的に広く使われている技術です。例えば「迷惑メールの分類」などがそうですし、各種の書類を「重要」かどうかで分類するのも同様です。これらはたいていの場合、ユーザーが手作業で仕分けしているのではないでしょうか。これをAIによって自動的に行うようにできたらずいぶんと助かりますね。

このクラス分けを行うには、「どういう基準で分類するか」をAIに教えないといけません。これは、「学習データ」を使います。テキストを分類する場合の学習データがどうなるか、簡単に説明しましょう。

```
[《ClassifyExample》,《ClassifyExample》,……]
```

学習データは、「ClassifyExample」というクラスのインスタンスとして用意します。以下のような形で作成します。

```
ClassifyExample(text="コンテンツ", label="ラベル")
```

引数には、textとlabelの2つの値を用意します。ただし、実を言えば学習データは、もっと簡単な形で用意することもできます。

```
[
  {"text": "…コンテンツ…", "label": "ラベル"},
  {"text": "…コンテンツ…", "label": "ラベル"},
  ……略……
]
```

このように、textとlabelの値を持った辞書として作成しておいても、ちゃんと学習データとして認識してくれます。こちらの書き方のほうがわかりやすいでしょう。いずれにしても、「text」と「label」という2つの値で学習データが構成される、という点は同じです。

textには分類するコンテンツとなるテキストを指定し、labelには分類するクラス名（ラベル）を指定します。ラベルはどんなものでもいません。例えば、迷惑メールの仕分けなら「迷惑」「なし」などでもよいですし、あるいは「ON」「OFF」でもかまわないでしょう。要は、「分類するクラスごとにlabelで決まった名前を付ける」というだけです。どんな名前にするかは自由に決めてよいのです。

ラベル名などより、重要なのはデータ数です。データ数は、各ラベルごとに複数個を用意して下さい。例えば「ON」「OFF」の2つに分類するなら、学習データはそれぞれ2個×2＝4個が最低個数で、多ければ多くなるほど正確に分類できるようになります。

好き嫌いを分類する

では、簡単なサンプルを作ってみましょう。さまざまなものの評価を行って分類するAIを考えてみます。分類するクラスは「ポジティブ」「ネガティブ」「中立」の3つです。これらの分類内容がわかるよう、それぞれ2個ずつ、計6個の学習データを用意します。

では、新しいセルを作成して以下を記述して下さい。

▼リスト3-16

```
train_examples = [
  {"text": "この映画は素晴らしかった！とても感動した。", "label": "ポジティブ"},
  {"text": "料理がおいしくて、サービスも良かった。", "label": "ポジティブ"},
  {"text": "全然面白くなかった。時間の無駄だった。", "label": "ネガティブ"},
  {"text": "接客が悪く、二度と行きたくない。", "label": "ネガティブ"},
  {"text": "普通だった。特に良くも悪くもない。", "label": "中立"},
  {"text": "まあまあだけど、期待ほどではなかった。", "label": "中立"}
]
```

これが学習データです。ポジティブな感想、ネガティブな感想、どちらとも言えないもの、の3つに分類しています。とりあえず最低限の学習データを用意しましたが、データの書き方がわかったら、もっといろいろなサンプルを記述して学習効果を高めておくとよいでしょう。

クラス分けするデータを用意する

続いて、クラス分けをするコンテンツを用意します。こうしたクラス分けは1つのコンテンツだけを送信しチェックする、というだけでなく、同時に複数のコンテンツを送信して、それぞれにクラス分けを行うことが多いでしょう。

では、新しいセルに以下のコードを記述して下さい。

▼リスト3-17

```
inputs = [
  "最高の体験だった！絶対にまた行きたい。",
  "期待外れだった。行ったのは失敗だった。",
  "悪くはないけど、特に印象に残るものはなかった。"
]
```

これが、クラス分けをチェックする入力データです。チェックしたいコンテンツのテキストを必要なだけリストにまとめたものです。ここでは3つだけですが、必要に応じていくらでも用意できます。

classifyでクラス分けを実行する

実際にクラス分けを実行しましょう。クラス分けの実行は、Clientオブジェクトにある「classify」というメソッドで行います。これは、以下のように呼び出します。

```
変数 =《Client》.classify(
  model=モデル名,
  inputs=[入力データ],
  examples=[学習データ],
)
```

modelでモデル名を指定する点はこれまでのメソッドと同じですが、それ以外が少し違っていますね。inputsには、クラス分けする入力データを指定します。そしてexamplesには、学習データをまとめたリストを指定します。この2つを用意することで学習データを元にクラス分けを学習し、用意したコンテンツをクラス分けしていきます。

では、実際に試してみましょう。新しいセルを作成し、以下のコードを記述し実行して下さい。

▼リスト3-18

```
response = co.classify(
  model='embed-multilingual-v3.0',
  inputs=inputs,
  examples=train_examples,
)
response
```

これを実行すると、セルの下にずらっと結果のデータが出力されます。なんだかよくわからないでしょうが、とりあえず「何かを実行し、結果が得られている」ということはわかるでしょう。

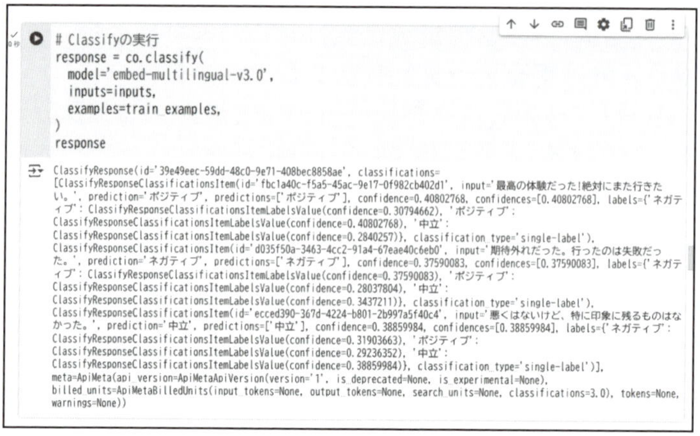

```
# Classifyの実行
response = co.classify(
  model='embed-multilingual-v3.0',
  inputs=inputs,
  examples=train_examples,
)
response
```

```
ClassifyResponse(id='39e49eec-59dd-48c0-9e71-408bec8858ae', classifications=
[ClassifyResponseClassificationsItem(id='fbc1a40c-f5a5-45ac-9e17-0f982cb402d1', input='最高の体験だった!絶対にまた行きた
い。', prediction='ポジティブ', predictions=['ポジティブ'], confidence=0.40802768, confidences=[0.40802768], labels={'ネガテ
ィブ': ClassifyResponseClassificationsItemLabelsValue(confidence=0.30794662), 'ポジティブ':
ClassifyResponseClassificationsItemLabelsValue(confidence=0.40802768), '中立':
ClassifyResponseClassificationsItemLabelsValue(confidence=0.2840257)}, classification_type='single-label'),
ClassifyResponseClassificationsItem(id='d035f50a-3463-4cc2-91a4-67eae40c6eb0', input='期待外れだった。行ったのは失敗だっ
た。', prediction='ネガティブ', predictions=['ネガティブ'], confidence=0.37590083, confidences=[0.37590083], labels={'ネガテ
ィブ': ClassifyResponseClassificationsItemLabelsValue(confidence=0.37590083), 'ポジティブ':
ClassifyResponseClassificationsItemLabelsValue(confidence=0.28037804), '中立':
ClassifyResponseClassificationsItemLabelsValue(confidence=0.3437211)}, classification_type='single-label'),
ClassifyResponseClassificationsItem(id='ecced390-367d-4224-b801-2b997a5f40c4', input='悪くはないけど、特に印象に残るものはな
かった。', prediction='中立', predictions=['中立'], confidence=0.38859984, confidences=[0.38859984], labels={'ネガティブ':
ClassifyResponseClassificationsItemLabelsValue(confidence=0.31903663), 'ポジティブ':
ClassifyResponseClassificationsItemLabelsValue(confidence=0.29236352), '中立':
ClassifyResponseClassificationsItemLabelsValue(confidence=0.38859984)}, classification_type='single-label')],
meta=ApiMeta(api_version=ApiMetaApiVersion(version='1', is_deprecated=None, is_experimental=None),
billed_units=ApiMetaBilledUnits(input_tokens=None, output_tokens=None, search_units=None, classifications=3.0), tokens=None,
warnings=None))
```

図3-37：実行すると結果が出力される。

このclassifyを利用するとき、注意したいのがモデル名です。クラス分けは通常のプロンプト送信のモデルとは異なるモデルを使います。今回は以下のようなモデルを指定しています。

```
model='embed-multilingual-v3.0',
```

日本語で使う場合、この「embed-multilingual-v3.0」というモデルを使って下さい。もし英語でクラス分けを行うならば、「embed-english-v3.0」というモデルを使います。クラス分けは、このように言語ごとにいくつかに分かれています。なお、本書執筆時（2024年9月）の時点では「v3.0」というバージョンを指定していますが、さらに新しいバージョンがリリースされたなら、このバージョン番号も変わるでしょう。そのあたりは利用時に確認して下さい。

ClassifyResponseと結果の情報

このclassifyメソッドで得られる結果は、「ClassifyResponse」というクラスのインスタンスです。これは以下のような形になっています。

```
ClassifyResponse(
  id='ID値',
  classifications=[
    ClassifyResponseClassificationsItem(…略…),
    ClassifyResponseClassificationsItem(…略…),
    …略…
  ],
  meta=ApiMeta(…略…)
)
```

idやmetaといった値の他に「classifications」という値が用意されます。これが、各コンテンツのクラス分けの結果をまとめたものです。この値はリストになっており、各コンテンツごとに実行結果が保管されます。

ClassifyResponseClassificationsItemについて

このclassificationsに保管される値は、「ClassifyResponseClassificationsItem」という長ったらしいクラスのインスタンスです。

これが、クラス分けの結果をまとめたものになります。このクラスのインスタンスには以下のような情報が保管されています。

```
ClassifyResponseClassificationsItem(
   id='ID値',
   input='対象となる入力データ',
   prediction='結果',
   predictions=['結果'],
   confidence=値,
   confidences=[値],
   labels={
      'ネガティブ': ClassifyResponseClassificationsItemLabelsValue(confidence=値),
      'ポジティブ': ClassifyResponseClassificationsItemLabelsValue(confidence=値),
      '中立': ClassifyResponseClassificationsItemLabelsValue(confidence=値)
   },
   classification_type='single-label')
```

inputに対象となるコンテンツが保管され、predictionに結果（クラス分けされたラベル）、confidenceにはその結果の値が保管されます。

クラス分けは、各ラベルごとにそのラベルに分類される確率（信頼度）が計算され、最も確率の高いラベルが選択されます。

predictionとconfidenceはそれぞれ複数形の値も用意されていますが、これは複数ラベルに分類されるような場合に用いられます。

labelsの値は辞書になっており、ラベル名のキーにClassifyResponseClassificationsItemLabelsValueという、クラスのインスタンスが設定されています。これは、各ラベルごとの信頼度の値を管理するものです。

このインスタンスのconfidenceに、信頼度の値が保管されています。選択されたラベル以外のものがどの程度の確率と判断されていたか確認したい場合は、labelsにあるClassifyResponseClassificationsItemLabelsValueを調べるとよいでしょう。

クラス分けの結果を出力する

戻り値の内容がわかったところで、responseから各コンテンツの結果を取り出し出力させましょう。新しいセルにかを記述し実行して下さい。

▼リスト3-19

```
# 結果の表示
for classification in response.classifications:
   print("テキスト:", classification.input)
   print("予測ラベル:", classification.prediction)
   print("信頼度:", classification.confidence)
   print()
```

実行すると、各コンテンツごとに予測したラベルと信頼度が出力されます。いずれも、ほぼ正しくラベル分けされていることがわかるでしょう。

使い方がわかったら、予測するコンテンツや学習データをいろいろと変更して実行し、結果を確認しましょう。

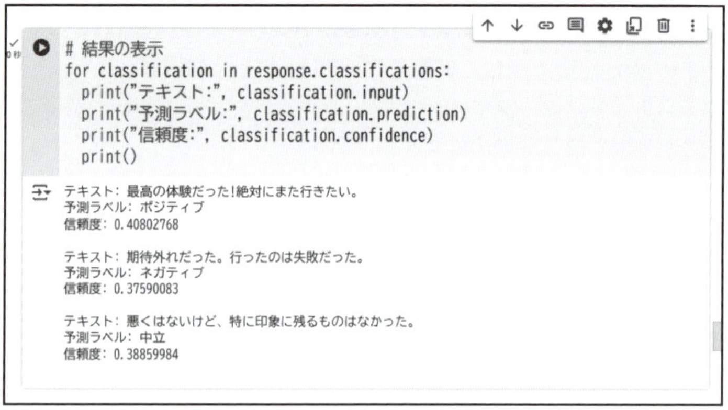

```
# 結果の表示
for classification in response.classifications:
  print("テキスト:", classification.input)
  print("予測ラベル:", classification.prediction)
  print("信頼度:", classification.confidence)
  print()
```

```
テキスト: 最高の体験だった!絶対にまた行きたい。
予測ラベル: ポジティブ
信頼度: 0.40802768

テキスト: 期待外れだった。行ったのは失敗だった。
予測ラベル: ネガティブ
信頼度: 0.37590083

テキスト: 悪くはないけど、特に印象に残るものはなかった。
予測ラベル: 中立
信頼度: 0.38859984
```

図3-38:各コンテンツごとに予測したラベルと信頼度を出力する。

ランク付けについて

クラス分けはそれぞれをクラスに分類するものですが、同じように多数のコンテンツを評価するための機能に「ランク付け（Rerank）」というものもあります。これは、あらかじめ多数のドキュメントが用意されていたとき、入力したコンテンツとそれらドキュメントの関連性を調べ、ランキングを付ける機能です。

これは、例えば多数のドキュメントの中からプロンプトと最も関連性の高いものを調べるのに役立ちます。ドキュメントの意味的検索が行えるわけです。

このランク付けには2つのデータが必要です。1つは、対象となるドキュメント群。もう1つが、入力されたプロンプトです。ランク付けはこの2つのデータを元に演算を行い、各ドキュメントに関連性を値として計算します。

ドキュメントを用意する

では、これも実際にサンプルを作りながら使い方を説明していきましょう。まず最初に行うのは、ドキュメント群の用意です。これは、テキストによるドキュメントをリストにまとめたものを用意します。ここでは簡単なコンテンツによるデータを作成しておきましょう。

新しいセルを作成し、以下を記述して実行して下さい。

▼リスト3-20

```
docs = [
  'カーソンシティはネバダ州の州都です。',
  '日本の首都は東京です。',
  '北マリアナ諸島の首都はサイパンです。',
  'アメリカ合衆国の首都は、ニューヨークではありません。',
  'ワシントンD.C.はアメリカ合衆国の首都です。',
  'ワシントンD.C.は連邦直轄区です。'
  '死刑制度のある州は2017年時点で50州のうち30州です。'
]
```

ごく簡単な文を集めたものです。ドキュメントといっても、こんな単純なテキストでよいのですね。もちろん、何ページにも渡る本格的な文書を用意することもできます。要は、「各ドキュメントのテキストをリストにまとめたものを用意する」ということですね。

「rerank」メソッドについて

では、用意されたドキュメントをランク付けするにはどうするのでしょうか。これは、Clientインスタンスの「rerank」メソッドを利用します。それぞれの引数について簡単に説明しましょう。

```
変数 = 《Client》.rerank(
  model=モデル名,
  query=プロンプト,
  documents=[ドキュメント],
  top_n=整数,
  return_documents=論理値
)
```

●model

modelに指定するモデル名ですが、これは通常のプロンプト送信の場合やクラス分けとは異なります。日本語を使う場合、2024年9月の時点では「rerank-multilingual-v3.0」というモデルが用意されているので、これを利用しましょう。英語で行う場合は「rerank-english-v3.0」というモデルを使います。

●query

ユーザの入力テキストになります。通常の文字列として値を設定しておきます。

●documents

先ほど用意したドキュメントのリストをこれに設定します。

●top_n

ランク付けしたドキュメントから上位いくつを取り出すかを指定するものです。top_n=3とすれば、上位3つのドキュメントを調べて取り出します。

●return_documents

得られたドキュメントを返すかどうかを示します。論理値で指定し、Trueならばドキュメントを返し、Falseならば返しません。

ランク付けを行う

先ほどのドキュメントをランク付けするコードを作成しましょう。新しいセルに以下を記述して下さい。

▼リスト3-21

```
query = 'アメリカ合衆国の首都はどこですか？' # @param {"type":"string"}

response = co.rerank(
  query=query,
  documents=docs,
  top_n=3, # 上位3項目
  return_documents=True,
  model='rerank-multilingual-v3.0'
)
response
```

セルに表示されるフィールドにテキストを記入し、セルを実行します。これでランク付けが実行され、結果が出力されます。これもかなり複雑な値が返されるのがわかるでしょう。

図3-39：テキストを記入し、実行する。

戻り値のRerankResponseについて

では、rerankの戻り値はどういうものなのでしょうか。これは、「RerankResponse」というクラスのインスタンスです。以下のような形になっています。

```
RerankResponse(
  id='ID値',
  results=[《RerankResponseResultsItem》],
  meta=ApiMeta(…略…)
)
```

idとmetaはこれまで同様ですね。肝心なのが「results」です。これは、「RerankResponseResultsItem」というクラスのインスタンスをリストでまとめたものになります。resultsには、rerankメソッドを呼び出すときにtop_nで指定した数だけオブジェクトが返されます。

このRerankResponseResultsItemクラスは、RerankResponseのresults用に用意されたもので、以下のような値を持っています。

```
RerankResponseResultsItem(
  document=《RerankResponseResultsItemDocument》,
  index=インデックス,
  relevance_score=スコア)
```

document、index、relevance_scoreといった値が用意されているのがわかります。これらはそれぞれ以下のようなものです。

document	ドキュメント(RerankResponseResultsItemDocumentインスタンス)
index	results内のインデックス番号
relevance_score	関連性のスコアとなる値

documentに設定されるRerankResponseResultsItemDocumentインスタンスは、ドキュメントの情報を管理するものです。これにはドキュメントのテキストが「text」プロパティとして用意されています。

indexは、RerankResponseのresultsのリスト内に置かれている場所のインデックス番号です。インデックスですからゼロから始まる整数値となります。relevance_scoreは、この項目とプロンプトとの関連性スコアの値です。これは0～1の実数となります。この値が高いほど、より関連性があると判断されます。

このように、RerankResponseResultsItemのdocumentsにあるドキュメントのtextプロパティと、relevance_scoreプロパティの値さえきちんと確認すれば、どういうドキュメントがどれぐらい近い関係にあるかがわかるわけです。

結果を出力する

では、得られた応答のオブジェクトから結果の値を取り出していきましょう。新しいセルに以下を記述し実行して下さい。

▼リスト3-22

```
# 結果の表示
for result in response.results:
  print(result.document.text, '[',result.relevance_score,']')
```

実行すると、関連性の高いものから上位3つのドキュメントとスコアを表示します。これは、rerankメソッドを呼び出すところでtop_nに「3」を設定しているためです。

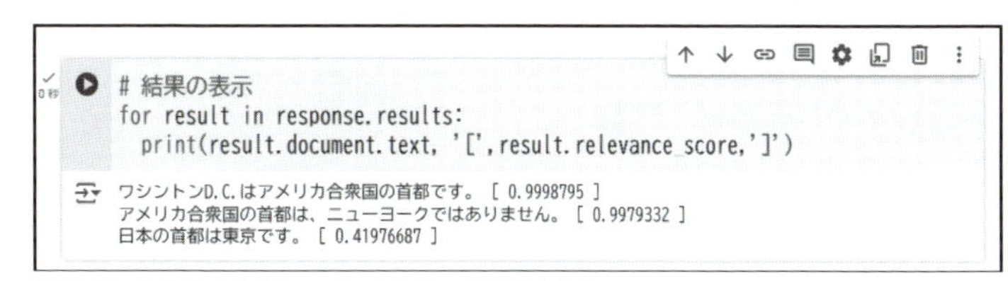

図3-40：上位3つのドキュメントとスコアを出力する。

結果の出力は、response.resultsの値を繰り返しで順に取り出して処理していきます。これで、resultにRerankResponseResultsItemインスタンスが取り出されるので、そこからdocument.textとrelevance_scoreの値を取り出して出力します。

Cohereは普通のAIチャットだけに収まらない

以上、CohereのAIモデルの利用について一通り説明をしました。説明してわかったように、実はCohereのAPIで利用できるモデルはCommand-Rだけではありません。Command-RはAIチャットのためのモデルですが、Cohereではそれ以外にもクラス分けを行うembed-multilingualや、ランク付けを行うrerank-multilingualなどのモデルがあります。

また、ここでは利用していませんが、CohereにはAIチャット用モデルとして、Command-R以外にも「Aya」というモデルが用意されています。Ayaは多言語に対応しており、Aya-23というモデルでは23ヶ国語が利用できるようになっています。

Command-Rがより広範なタスクを実行するように設計された多目的AIアシスタントとして開発されているのに対し、Ayaは自然な会話を行うことを重視して設計されています。このため、単に会話を楽しむことを目的とするなら、Command-RよりもAyaのほうが高速かつ自然なやり取りが行えるでしょう。

この他、RAGを実現するコネクターの対応など、Cohereは他社では見られない新しい取り組みをいろいろと行っています。一通り使えるようになったら、Cohereのサイトでドキュメントを調べてみるとよいでしょう。

Chapter 3

3.3. JavaScriptでAPIを利用する

JavaScriptでの利用は？

続いて、JavaScriptからCohereを利用する方法について説明をしていきましょう。前章で行いましたが、JavaScriptを利用する場合、WebページのJavaScriptではなく、Node.jsでのJavaScriptを利用します。まずはnpmのパッケージとなるフォルダー（プロジェクト）を用意し、必要なパッケージ類を組み込んでいきましょう。

プロジェクトを作成する

ではターミナルを起動し、以下のコマンドを順次実行してプロジェクトを作成して下さい。

▼リスト3-23

```
cd Desktop
mkdir cohere-app
cd cohere-app
npm init -y
```

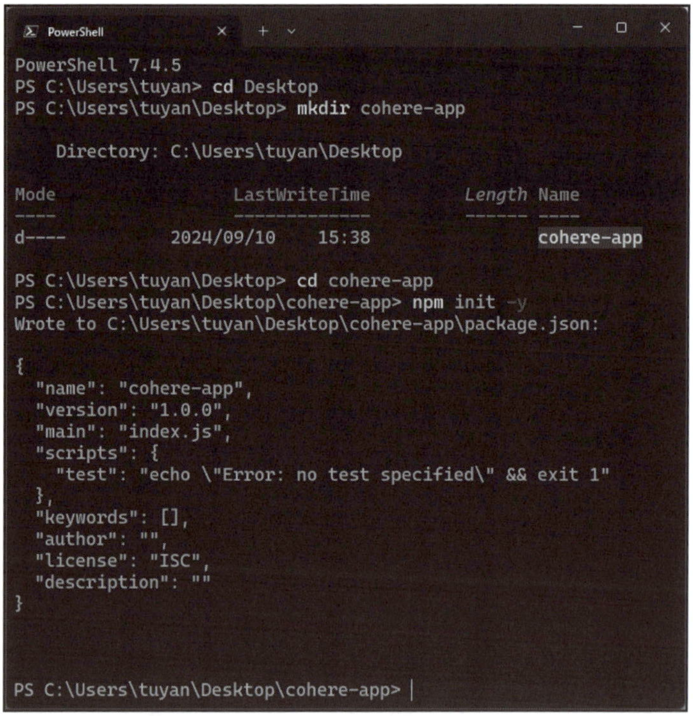

```
PowerShell 7.4.5
PS C:\Users\tuyan> cd Desktop
PS C:\Users\tuyan\Desktop> mkdir cohere-app

    Directory: C:\Users\tuyan\Desktop

Mode                 LastWriteTime         Length Name
----                 -------------         ------ ----
d----          2024/09/10     15:38                cohere-app

PS C:\Users\tuyan\Desktop> cd cohere-app
PS C:\Users\tuyan\Desktop\cohere-app> npm init -y
Wrote to C:\Users\tuyan\Desktop\cohere-app\package.json:

{
  "name": "cohere-app",
  "version": "1.0.0",
  "main": "index.js",
  "scripts": {
    "test": "echo \"Error: no test specified\" && exit 1"
  },
  "keywords": [],
  "author": "",
  "license": "ISC",
  "description": ""
}


PS C:\Users\tuyan\Desktop\cohere-app> |
```

図3-41：「cohere-app」フォルダーを作成し、初期化する。

これでデスクトップに「cohere-app」フォルダーが作成され、その中にpackage.jsonが作成されます。これが今回作成するプログラムのフォルダーです。

続いて、必要なパッケージをインストールします。ターミナルから以下を実行して下さい。

▼リスト3-24

```
npm install dotenv cohere-ai
```

ここでは、2つのパッケージをインストールしています。dotenvは、前章のClaude APIのところでも使いましたね。.envから必要な値を読み込むためのものです。そして「cohere-ai」が、Cohere APIを利用するためのパッケージです。この2つのパッケージが最低でも必要になります。

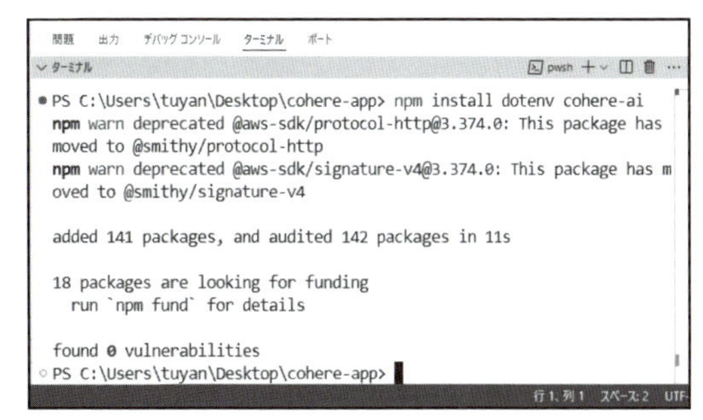

図3-42：必要なパッケージをインストールする。

.envの作成

続いて、必要なファイルを作成していきましょう。まずは、「.env」ファイルからです。これは、dotenvパッケージで必要な値を取得し利用するためのものでしたね。

「cohere-app」フォルダー内に、「.env」という名前でファイルを作成して下さい。そして、以下のように記述をしましょう。

▼リスト3-25

```
COHERE_API_KEY=《API キー》
```

《APIキー》には、各自が取得したCohereのAPIキーを記述します。これは前後にダブルクォート(")を付けたりせず、イコール(=)の後にスペースをあけずに記述して下さい。

prompt.jsの用意

もう1つ、テキスト入力用のパッケージを追加しておきましょう。前章で作成した「prompt.js」ファイルです。「cohere-app」フォルダー内に「prompt.js」という名前でファイルをs作成し、リスト2-18のコードを記述して下さい。

これで、メインプログラム以外の必要なファイルが揃いました。

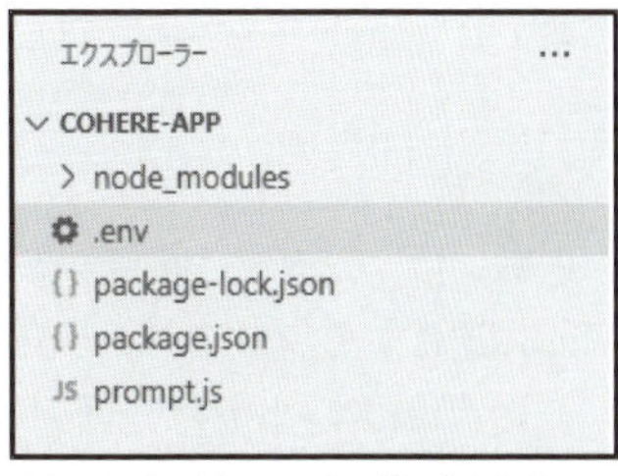

図3-43：必要なファイルが用意された。

Cohere APIへのアクセス

では、Cohere APIを利用する手順について説明しましょう。まず、.env関係からです。.envはAPIキーなど、メインプログラムの中に記述しておきたくない情報を別ファイルに切り分けるのに使います。.envを利用するには、以下のコードを実行します。

```
require('dotenv').config();
```

これで、process.envに.envの内容が反映されます。ここに記述したCOHERE_API_KEYの値を利用したければ、以下のように実行すればよいでしょう。

```
変数 = process.env.COHERE_API_KEY;
```

CohereClientの用意

Cohere APIへのアクセスは、cohere-aiパッケージの「CohereClient」というモジュールを利用します。以下のようにしてインポートします。

```
const { CohereClient } = require("cohere-ai");
```

APIへのアクセスは、このCohereClientのインスタンスを作成して行います。以下のようにして作成をします。

```
変数 = new CohereClient({
  token:《APIキー》,
});
```

引数には、必要な情報をまとめたオブジェクトを用意します。ここには、「token」という値にCohereのAPIキーを指定しておきます。こうして作成されたCohereClientを使って、Cohere APIへアクセスを行います。

AIモデルとのチャットを行う

基本の機能である「AIモデルにプロンプトを行って応答を得る」という操作から行ってみましょう。いわゆる「AIチャット」の機能ですね。

これは、CohereClientの「chat」メソッドで行います。このメソッドは以下のように呼び出します。

```
変数 = await《CohereClient》.chat({
  message: プロンプト,
});
```

引数には、先ほどと同じように必要な情報をまとめたオブジェクトを指定します。messageには、AIモデルに送信するプロンプトを文字列で指定します。これでプロンプトがAIに送信され、応答が返されます。

このchatメソッドは非同期であるため、利用はasync関数内でawaitを付けて呼び出すか、戻り値のPromiseから「then」メソッドを呼び出し、その引数にコールバック関数を用意して処理する必要があります。

プロンプトを送信し結果を得る

では、実際にプロンプトを送信して応答を得るコードを作成しましょう。「coher-app」フォルダー内に、新しく「app.js」という名前のファイルを作成して下さい。そして、以下のコードを記述しましょう。

▼リスト3-26

```
const { CohereClient } = require("cohere-ai");
require('dotenv').config();
const { prompt } = require('./prompt.js');

const COHERE_API_KEY = process.env.COHERE_API_KEY;

const cohere = new CohereClient({
  token: COHERE_API_KEY,
});

const main = () => {
  prompt("prompt: ").then((input)=> {
    cohere.chat({
      message: input,
    }).then((response) => {
      console.log(response); //☆
    });
  });
 };

main();
```

記述したらファイルを保存し、動作を確認しましょう。ターミナルから「node app.js」と実行して下さい。「prompt:」と表示され入力待ちとなるので、ここでプロンプトを入力し、Enterして下さい。APIに問い合わせを行い、応答の結果が出力されます。

```
PS C:\Users\tuyan\Desktop\cohere-app> node app.js
prompt: こんにちは。あなたは誰？
{
  response_id: '1da7544b-f939-412d-b45c-7380b4fd47e7',
  text: 'こんにちは。私は Command R+ 08-2024 です。私は Cohere 社が開発した、高度な言語モデルを搭載した AI アシスタント チャットボットです。私は人間のお客様を支援し、あらゆる質問やタスクに対して有益な回答を提供するよう設計されています。',
  generationId: '4e0c7cb6-b1dd-40b1-8691-4116aa7aa7d1',
  chatHistory: [
    { role: 'USER', message: 'こんにちは。あなたは誰？' },
    {
      role: 'CHATBOT',
      message: 'こんにちは。私は Command R+ 08-2024 です。私は Cohere 社が開発した、高度な言語モデルを搭載した AI アシスタント チャットボットです。私は人間のお客様を支援し、あらゆる質問やタスクに対して有益な回答を提供するよう設計されています。'
    }
  ],
  finishReason: 'COMPLETE',
  meta: {
    apiVersion: { version: '1' },
    billedUnits: { inputTokens: 9, outputTokens: 69 },
    tokens: { inputTokens: 215, outputTokens: 69 }
  }
}
PS C:\Users\tuyan\Desktop\cohere-app>
```

図3-44：プロンプトを入力すると応答が出力される。

ここでは、以下のようにしてCohereClientオブジェクトを作成していますね。

```
const cohere = new CohereClient({
  token: COHERE_API_KEY,
});
```

COHERE_API_KEYは、process.env.COHERE_API_KEYから取得したAPIキーの値です。これでオブジェクトが用意できたら、prompt関数でプロンプトを入力します。

```
const prompt = await prompt("prompt: ");
```

promptは非同期関数なので、awaitして値を受け取ります。そして、この値を引数に指定してchatメソッドを呼び出します。

```
const response = await cohere.chat({
  message: prompt,
});
```

これで、responseにAPIからの応答が代入されました。「CohereClientの作成」「chatの実行」という基本さえわかっていれば、そう難しいものではありませんね。

戻り値の値

では、結果として得られる応答はどのような内容になっているのでしょうか。これは、整理すると以下のような形になっていることがわかります。

```
{
  response_id: 'ID値',
  text: '…応答…',
  generationId: 'ID値',
  chatHistory: [
    { role: 'USER', message: 'プロンプト' },
    {
      role: 'CHATBOT',
      message: '…応答…'
    }
  ],
  finishReason: 'COMPLETE',
  meta: {
    apiVersion: { version: '1' },
    billedUnits: { inputTokens: 値, outputTokens: 値},
    tokens: { inputTokens: 値, outputTokens: 値}
  }
}
```

非常に多くの値がまとめられていることがわかります。Pythonで実行した場合の応答（NonStreamed ChatResponse）と比べると、若干内容に違いがあります。search_～やツール利用の情報などがなく（JavaScriptでは利用していない場合値が返されないため）、meta情報はシンプルでわかりやすいものになっています。

とりあえず「応答のテキストが得られればそれでよい」という人は、「text」で結果が得られることだけ覚えておきましょう。先ほどのリスト3-25の☆マーク部分を以下のように修正して下さい。

```
console.log(response);
```

⬇

```
console.log(response.text);
```

実行すると、応答のテキストだけが出力されるようになります。これで、JavaScriptでAIとやり取りする基本処理ができました！

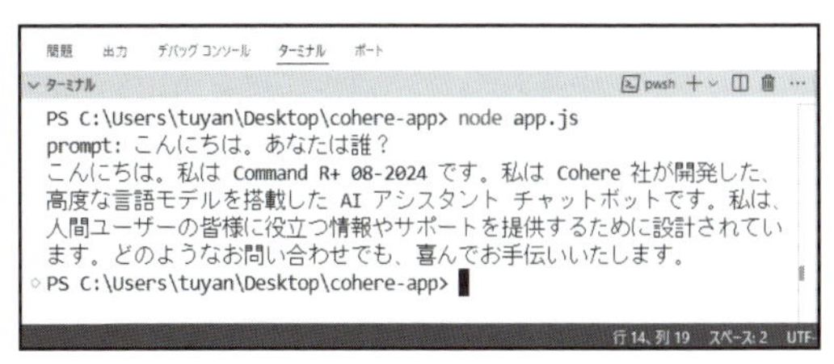

図3-45：応答のテキストだけが表示されるようになった。

モデルの指定とAyaの利用

先ほど実行したコードは、意外なほどにシンプルなものでした。よく見ると、モデルが指定されていませんでしたね。

chatでは、デフォルトでCommand-R+の最新モデルが使われるようになっています。ですから、Command-R+を使うなら、省略しても問題はありません。

modelを明示的に指定するのは、それ以外のモデルを使いたいときでしょう。Cohereには、チャットで利用できる以下のようなモデルが用意されています。

'command'	Commandシリーズのベースとなるモデル
'command-light'	Commandの軽量版
'command-r'	RAGに最適化されたCommandの改良版
'command-r-plus'	Command-Rの強化版
'c4ai-aya-23-35b'	多言語対応のオープンソースモデル

modelでこれらを指定することで、さまざまなモデルを利用することができます。例として、オープンソースのAyaモデルを利用する場合、main関数は以下のようになります。

▼リスト3-27

```
const main = async () => {
  const input = await prompt("prompt: ");
  const response = await cohere.chat({
    model:'c4ai-aya-23-35b',
    message: input,
  });
  console.log(response.text);
};
```

mainを修正して実行してみましょう。Ayaはオープンソースの中規模なLLMですが、思った以上に滑らかに会話できることがわかるでしょう。

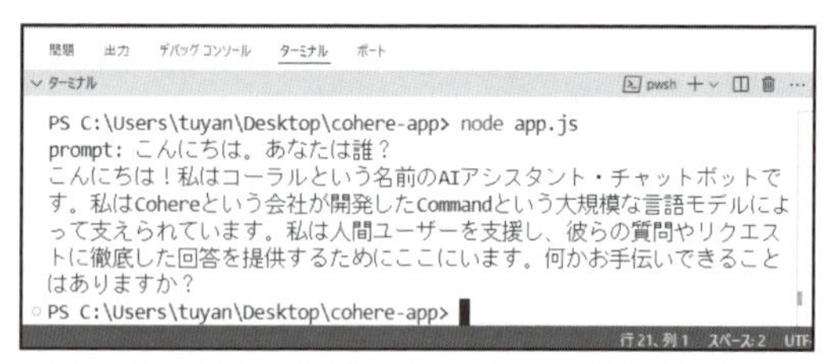

図3-46：Ayaを利用した会話。非常に滑らかな応答が得られる。

async/awaitしないコード

chatメソッドは非同期メソッドです。ここまでは、awaitで応答が返ってくるまで待ってから処理を行っていました。しかし、完了するまで待って実行するため、処理の実行を待てないような場合にはこのやり方は使えません。

そこで、chatで返されるPromiseをthenで処理していくやり方も併せて覚えておきましょう。main関数を以下のように書き換えます。

▼リスト3-28

```
const main = async () => {
  const input = await prompt("prompt: ");
  accessToAI(input);
};

const accessToAI = (input) => {
  cohere.chat({
    model:'c4ai-aya-23-35b',
    message: input,
  }).then(response=>{
    console.log(response.text);
  });
}
```

今回利用しているprompt関数も非同期なので、mainでpromptを使ってプロンプトの入力を行ってから、別関数accessToAI に切り離したchatを実行するようにしてあります。ここではchatの戻り値のPromiseからthenを呼び出し、引数のコールバック関数で受け取った処理をしています。

ちょっと面倒ですが、これならaccessToAIを呼び出しても、すぐに次へ処理が進められます。chatとは別に遅滞なく進めないといけない処理がある場合は、このやり方をとるとよいでしょう。

パラメータの指定

AIモデルでは、アクセス時にモデルの挙動に関する各種のパラメータを送ることができます。chatメソッドでは、引数のオブジェクト内にパラメータの値を用意することで必要な設定情報を送信できます。

例えば、いくつかのパラメータを記述した例を見てみましょう。

▼リスト3-29

```
const main = async () => {
  const input = await prompt("prompt: ");
  const response = await cohere.chat({
    model:'command-r',
    message: input,
    temperature:0.7,
    max_tokens:100,
    presence_penalty:0.5
  });
  console.log(response.text);
};
```

ここでは、temperature、max_tokens、presence_penaltyといったパラメータを指定しておきました。これらが送られることでAIモデルの応答生成に影響を与え、適切な応答を生成できるようになります。

利用可能なパラメータについては既にPythonのところで説明しましたので、そちらを参照して下さい(P.98「パラメータについて」参照)。

システムプロンプトと学習データ

続いて、チャット履歴についてです。チャット履歴は、chat送信時に「chatHistory」という値として用意することができます。これは、roleとmessageを持ったオブジェクトの配列として値を用意します。

```
chatHistory:[ {role: ロール , message:メッセージ}, ……]
```

このような形ですね。roleには'SYSTEM'、'USER'、'CHATBOT'のいずれかを指定できます。これにより、システムプロンプトやチャットの履歴、学習データなどを用意することができます。

これらのメッセージの中で重要なのが、「システムプロンプト」でしょう。これは、応答生成の最も土台となるプロンプトとなります。chatHistoryにrole:'SYSTEM'を指定したメッセージを用意することで、システムプロンプトを用意できます。

実は、この他にもシステムプロンプトの設定を行うためのものがあります。それは、「preamble」というパラメータです。

```
preamble: メッセージ
```

このようにメッセージの文字列を値として指定するだけです。このpreambleによるメッセージは、会話の開始時にrole:'SYSTEM'を使用して追加されます。これにより、モデルの全体的な動作や会話スタイルを設定することができます。

簡単な利用例を挙げておきましょう。main関数を以下に書き換えて下さい。

▼リスト3-30

```
const main = async () => {
  const input = await prompt("prompt: ");
  const response = await cohere.chat({
    model:'command-r',
    preamble:`あなたはカトリックの神父です。
    聖書を引用して会話して下さい。`,
    chatHistory:[
      {
        role: 'USER',
        message: 'お腹が空いた。何か食べ物を下さい。'
      },
      {
        role: 'CHATBOT',
        message: '求めよ、さらば与えられん。(マタイ福音書7章7節)',
      },
    ],
    message: input,
    temperature:0.7,
    max_tokens:100
  });
  console.log(response.text);
};
```

ここでは、聖書で会話するアシスタントを設定しました。プロンプトを入力すると、聖書の一節を答えます。preambleにモデルの基本的な動作を指定し、chatHistoryに学習データとして実際の会話例を用意してあります。これにより、「質問すると聖書の一節を返すアシスタント」が作成されたわけです。

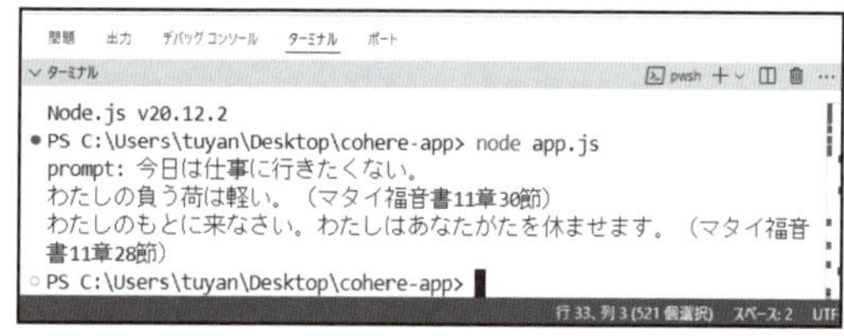

図3-47：プロンプトを送ると聖書の一節で答える。

ストリームの利用

chatメソッドはAIがすべての応答を生成したところで、それを返送してきます。結果が返ってくるまで、送信した側はひたすら待つことになります。実際のAIチャットでは、プロンプトを送ると少しずつ応答が出力されていきます。これは、ストリームを利用して結果を暫時受け取るようになっているためです。

この、「ストリームによる応答の受け取り」は、JavaScriptのCohereClientにも用意されています。それは「chatStream」というものです。

このchatStreamの使い方は、基本的にchatと同じです。引数に、送信する情報をまとめたオブジェクトを指定して呼び出します。この中に、modelやmessageなどの値を用意しておけばよいのですね。

chatとの違いは、「戻り値」にあります。chatStreamの戻り値は「Stream」というストリームを扱うためのオブジェクトになります。このStreamは、ストリームとして送られるコンテンツの情報を配列のようにまとめて管理します。ここから送られてきたコンテンツのオブジェクトを順に取り出して処理していけばよいのです。

for ofによる反復処理

コンテンツは反復可能(Iterable)オブジェクトとして管理されるので、for ofを使って順に値を取り出し処理できます。ただし、この処理には注意が必要です。おそらく多くの人は、for ofで繰り返し処理というと以下のようなやり方を思い浮かべるでしょう。

```
for (変数 of《Stream》) {…処理…}
```

このようなやり方では、うまく値を取り出せません。Streamで扱われる応答のコンテンツはリアルタイムにサーバーから送られてくるものであり、ただ取り出せば得られるわけではありません。ちゃんと「次のコンテンツが送られてくるまで待って、得られたら次を処理する」というようにしないといけないのです。そう、「await」です！

```
for await (変数 of《Stream》) {…処理…}
```

このようにして、送られてくる1つ1つのオブジェクトを確実に受け取ってから繰り返し処理するようにします。

StreamedChatResponseについて

このStreamから取り出されるストリーム送信されたコンテンツ情報は、「StreamedChatResponse」というオブジェクトになっています。名前から想像するように、「ChatResponseのStream対応版」のようなものです。内部に用意されている値などはChatResponseとほぼ同じです。したがって、ここから「text」プロパティを取り出せば、送られてきた応答のテキストが得られます。

ストリームを利用する

では、実際にストリームを利用したサンプルを挙げておきましょう。app.jsのmain関数を以下のように書き換えて下さい。

▼リスト3-31

```
const main = async () => {
  const input = await prompt("prompt: ");
  const chatStream = await cohere.chatStream({
    model:'command-r',
    message: input,
    temperature:0.7,
    max_tokens:1000
  });

  for await (const message of chatStream) {
    if (message.eventType === 'text-generation') {
      process.stdout.write(message.text);
    } else {
      console.log('[',message.eventType,']');
    }
  }
}
```

実行してプロンプトを入力すると、応答がリアルタイムに出力されていきます。すべてが生成される前に少しずつ出力されるので、待ち時間も短くて済みますね。

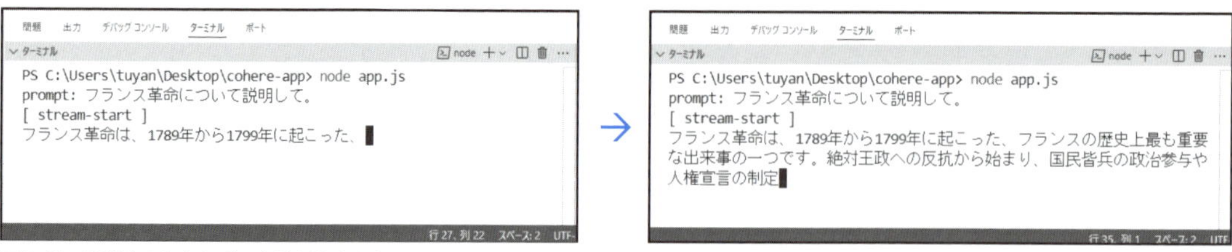

図3-48：質問すると少しずつ応答が出力される。

ここではchatStreamメソッドを呼び出し、その戻り値をchatStreamに代入しています。そしてここからfor ofを使い、StreamedChatResponseを取り出してtextを出力していきます。

```
for await (const message of chatStream) {
  if (message.eventType === 'text-generation') {
    process.stdout.write(message.text);
  }
```

よく見ると、ただchatStreamから取り出したmessageのtextを出力しているだけではありませんね。message.eventTypeの値をチェックし、これが'text-generation'のものだけを処理しています。このeventTypeは、イベントのタイプを示す値です。

ストリームで送られてくるStreamedChatResponseは、生成されたコンテンツの値だけではありません。それ以外にもさまざまな情報が送られてくるのです。これら送られてくる情報の種類は、eventTypeによって分類されます。

AIモデルからテキストが生成された場合に送られてくるStreamedChatResponseは、eventTypeが'text-generation'となっています。そこで、このeventTypeの場合のみtextプロパティを出力するようにし、それ以外ではeventTypeを出力させていたのですね。

実際に出力されるテキストを見ると、冒頭と末尾に[stream-start], [stream-end]といった値が出力されているのに気がつくでしょう。これらはストリームの開始と終了を示すイベントの値です。StreamedChatResponseにはさまざまなeventTypeの値が送られてくることがわかるでしょう。

コネクターの利用

CohereのAIの大きな特徴といえば、RAG利用のためのコネクターでしょう。chatでコネクターを利用するには、「connectors」というプロパティに必要な情報を用意します。これは以下のような形になります。

```
connectors:[
  {
    id:"コネクタ名",
    options:{ オプション }
  },
  …必要なだけ用意…
]
```

connectorsには、コネクター情報のオブジェクトを配列にまとめたものが設定されます。コネクターの情報はidとoptionsという値をまとめたオブジェクトとして用意します。idにはコネクターの名前を指定し、optionsにはコネクターで必要となる値などをまとめたオブジェクトが用意されます。このあたりの設定は使用するコネクターによって異なりますから、使うコネクターがどのような値を必要とするかよく確認しましょう。

web-searchコネクターを利用する

では、Cohereに標準で用意されている「web-search」コネクターを利用したサンプルを作成してみましょう。main関数を以下のように書き換えて下さい。

▼リスト3-32

```
const main = async () => {
  const input = await prompt("prompt: ");
  const response = await cohere.chat({
    model:'command-r',
    message: input,
    temperature:0.7,
    max_tokens:1000,
    connectors:[{
      id:"web-search",
      options:{site:"http://ja.wikipedia.org/"}
    }]
  });
  console.log(response.text);
  console.log('<< 引用 >>');
  for (citation of response.citations) {
    console.log(citation.text.slice(0, 25),citation.documentIds);
  }
  console.log('<< ドキュメント >>');
  for (document of response.documents) {
    console.log(document.id,': ', document.snippet.slice(0, 25));
  }
}
```

今回は日本語Wikipediaのサイトを参照し、そこから情報を検索して応答を生成するようにしました。実行すると応答のテキストの後に、参考としたWikipediaの引用情報が出力されます。

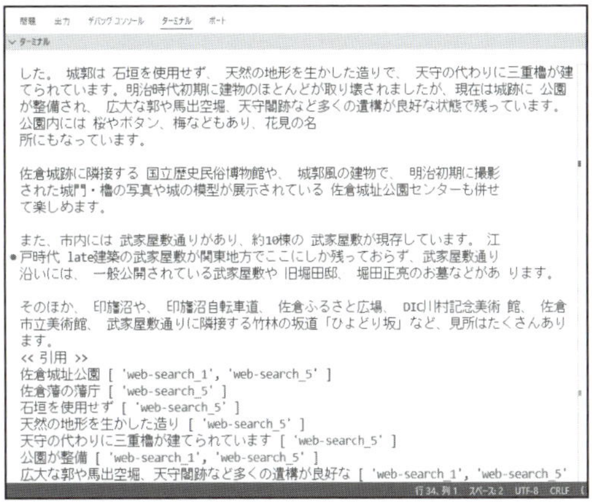

図3-49:実行するとweb-searchコネクターを使い、日本語Wikipediaを参照して応答を生成する。

例えば、「佐倉市の名所を教えて」と送信すると、応答の後に以下のような値が出力されました。

```
<< 引用 >>
佐倉城址公園 [ 'web-search_1', 'web-search_5' ]
佐倉藩の藩庁 [ 'web-search_5' ]
…略…

<< ドキュメント >>
web-search_0 :  佐倉市（さくらし）は、千葉県中部に位置する人口約1
web-search_1 :  佐倉城址公園（さくらじょうしこうえん）は、千葉県佐
…略…
```

引用関係のテキストはあまり長くなるとわかりにくいので、最初の25文字までを出力するようにしてあります。

ここでは、chatメソッドの引数に以下のような形でコネクター情報を用意してあります。

```
connectors:[{
  id:"web-search",
  options:{site:"http://ja.wikipedia.org/"}
}]
```

idには"web-search"を指定し、optionsに「site」という項目を用意して、検索するWebサイトを指定します。ここでは、日本語WikipediaのURLを指定しておきました。

戻り値と引用情報

コネクターを利用する場合も、生成されるコンテンツはtextで取り出せる点は通常の応答とまったく同じです。

```
console.log(response.text);
```

これで、応答のテキストが出力されます。違うのは、その後に引用情報を出力している点です。引用は、戻り値の「citations」というプロパティにまとめられています。この値は、「ChatCitation」というオブジェクトの配列になっています。これは引用情報を管理するオブジェクトで、この中から必要な値を取り出して出力しています。

```
console.log('<< 引用 >>');
for (citation of response.citations) {
  console.log(citation.text.slice(0, 25),citation.documentIds);
}
```

ここでは、ChatCitationの「text」から引用されたコンテンツのテキスト（冒頭25文字）を取り出していますね。「documentIds」というのは、引用先のドキュメントIDをリストにまとめたものが保管されています。

「引用先のドキュメントID」というのは、web-searchコネクターでWebページのドキュメントを検索した際、取得されたドキュメントに割り当てられるIDのことです。これは通常、「web-search_番号」といった値になっています。

各ドキュメントの内容は、戻り値の「documents」というプロパティに保管されています。これはドキュメントを扱う「Document」というオブジェクトの配列になっており、このDocumentからドキュメントの内容などを取り出すことができます。

```
console.log('<< ドキュメント >>');
for (document of response.documents) {
  console.log(document.id,': ', document.snippet.slice(0, 25));
}
```

ここでは、forを使ってdocumentsから順にDocumentを取り出し、そのidと「snippet」の値(冒頭25文字)を取り出して表示しています。

このように、web-searchコネクターは「引用」と「ドキュメント」をうまく活用することで、Web検索を活用した応答生成を行えます。コネクターのサンプルとして、まずはweb-searchからしっかりと活用していきましょう。

ツールの作成と利用

コネクターとは別に、関数を呼び出して実行するための「ツール」もCohereのAIモデルには用意されています。chatでツールを利用する場合、以下のような値を引数のオブジェクトに用意することで使えるようになります。

```
tools: [ ツール定義の配列 ]
```

ただし、toolsで利用するためには、あらかじめ正しい形でツール関数と、その定義を用意しておく必要があります。

ツールとして使う関数は、普通の関数として定義できます。関数では、用意する引数をきちんと考えておきましょう。後で関数の定義を指定する際に、引数名と型をきちんと指定する必要がありますから。

では、実際に簡単なサンプルを作ってみましょう。ここでは例として、星占いの関数を定義してみます。星占いの星座を引数に指定して呼び出すと、その日の運勢を返すというものです。もちろん、きちんとした占星術のシステムを用意するわけではなくて、用意した運勢データから結果を返すだけのものです。

まず、ツール関数で必要となる簡単なユーティリティを用意しておきます。星座名を引数に指定して呼び出すと、その星座のインデックスを返す関数です。

▼リスト3-33

```
function findZodiacIndex(zodiac) {
  const zodiacSigns = [
    ["おひつじ座", "牡羊座", "Aries"],
    ["おうし座", "牡牛座", "Taurus"],
    ["ふたご座", "双子座", "Gemini"],
    ["かに座", "蟹座", "Cancer"],
    ["しし座", "獅子座", "Leo"],
    ["おとめ座", "乙女座", "Virgo"],
    ["てんびん座", "天秤座", "Libra"],
    ["さそり座", "蠍座", "Scorpio"],
    ["いて座", "射手座", "Sagittarius"],
    ["やぎ座", "山羊座", "Capricorn"],
```

```
    ["みずがめ座", "水瓶座", "Aquarius"],
    ["うお座", "魚座", "Pisces"]
  ];
  for (let i = 0; i < zodiacSigns.length; i++) {
    if (zodiacSigns[i].includes(zodiac)) {
      return i;
    }
  }
  return -1;  // 見つからなかった場合
}
```

これで、例えばfindZodiacIndex("乙女座");と実行すれば「5」が返されるようになります。
ではこれを踏まえて、運勢を返す関数を定義してみましょう。

▼リスト3-34

```
function getFortune(zodiac) {
  const zodiacNum = findZodiacIndex(zodiac);
  if (zodiacNum < 0) {
    return "星座が見つかりません。";
  }
  const fortunes = [
    '今日は積極性が吉！新しいことに挑戦しよう',
    '運気が上昇中！何もかも快適な一日になりそう',
    '今日は安定を求めよう。いつもと同じが一番',
    '一日のんびりとリラックス。慌てない慌てない',
    '金運アップのチャンス。一攫千金も今日なら？',
    '何をやってもうまくいかない……こんな日もあるよね',
    'ゆっくり運気が下降。新しいことは明日まで我慢',
    '今日はラッキーデーかも！一日楽しく過ごせるよ',
    '思わぬ出会いがあるかも。まわりをよく見てごらん？',
    '今日は穏やかに過ごそう。急な変化にはご用心',
    '新しいことに挑戦してみよう。今日ならうまくいくかも',
    '今日は変化の日！いつもと違うことを試してみよう'
  ];
  const day = parseInt(Date.now() / (1000 * 60 * 60 * 24));
  return fortunes[(day + zodiacNum) % 12];
}
```

運勢データは、fortunesという配列に用意してあります。毎回、ランダムに結果を返すというのはちょっとおもしろくないので、Date.nowでタイムスタンプの値を取得してスタートからの経過日数を調べ、これに星座のインデックスを足した値を12で割ったあまりをインデックスに指定し、fortunesから運勢の値を取り出しています。これだと同じ日なら何度実行しても同じ結果になりますし、12星座は常に別々の値が返されます。

ツール関数の定義を用意する

では、作成したツール関数getFortuneのための定義を作成しましょう。定義の書き方は、先にPythonの説明のところで触れましたね（P.95「ツールの利用」参照）。JavaScriptの場合も、定義の内容はまったく同じです。name、description、parametersといったものを用意し、parametersのpropertiesに引数となる値の設定情報を用意する、という形ですね。

では、getFortune関数用の関数定義を作成しましょう。

▼リスト3-35

```
horoscope = {
  "name": "horoscope",
  "description": "日本の星座名をもとに今日の運勢を占います。",
  "parameters": {
    "type": "object",
    "properties": {
      "zodiac": {
        "type": "string",
        "description": "12星座の日本語の名前。例：おとめ座"
      }
    },
    "required": ["zodiac"]
  }
}
```

ツール名は、"horoscope"としておきました。ツール名は、必ずしもツール関数と同じ名前である必要はありません。それよりも、descriptionの説明が重要です。関数の働きがわかるように記述をします。

propertiesには、string型の"zodiac"という項目を1つだけ用意してあります。これが、getFortune関数の引数zodiacにわたす値の定義になります。そしてrequiredに"zodiac"を指定し、必ずこの値が用意されるようにしておきます。

horoscopeツールを利用する

実際にツールを利用してみましょう。ツールの利用の仕方はPythonの場合とだいたい同じですが、以下のような流れで行います。

1 chatでtoolsにツールを指定する。
2 chatの戻り値から、ツール呼び出しの情報を取得する。
3 得られた情報を元に、実際にツール関数を呼び出す。

つまり、ツールによって得られるのは、あくまで「ツールを呼び出すのに必要となる情報」であり、実際のツール呼び出しはそれを元に自分で行う必要があるわけですね。

では、main関数を作成しましょう。ここまでのツール関数用のコード（リスト3-33～35）をapp.jsに記述し、main関数を以下に書き換えて下さい。

▼リスト3-36

```
const main = async () => {
  const input = await prompt("prompt: ");
  const response = await cohere.chat({
    message: input,
    temperature:0.7,
    max_tokens:1000,
    tools:[horoscope]
```

```
  });

  if (response.toolCalls) {
    const toolCall = response.toolCalls[0];
    if (toolCall.name === 'horoscope') {
      let zname = toolCall.parameters.zodiac;
      const fortune = getFortune(zname);
      if (toolCall.parameters.zodiac) {
        console.log('*** 今日の運勢 ***');
        console.log(toolCall.parameters.zodiac);
      }
      console.log(fortune);
    }
  } else {
    console.log('<<< no tool. >>>');
    console.log(response.text);
  }
}
```

完成したら、試してみましょう。プロンプトとして「〇〇座の今日の運勢は？」のように尋ねると、運勢が表示されます。いろいろとプロンプトを試してみましょう。まったく関係のないことを質問すれば、普通の応答が返ってきます。

```
PS C:\Users\tuyan\Desktop\cohere-app> node app.js
prompt: さそり座の今日の運勢は？
*** 今日の運勢 ***
さそり座
ゆっくり運気が下降。新しいことは明日まで我慢
PS C:\Users\tuyan\Desktop\cohere-app>
```

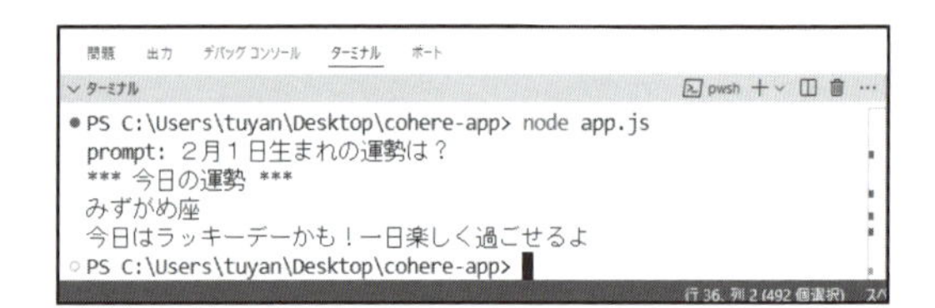

図3-50：プロンプトで運勢を尋ねると、その星座の運勢が表示される。

いろいろ試してみると、星座だけでなく、「○月○日生まれの運勢は？」のように尋ねてもうまく答えてくれることもあります。逆に、きちんと質問しているのに正しく応答が得られないこともあるでしょう。これは日本語の影響かもしれませんが、ツール関係の処理は正しくツール情報が得られないこともけっこうあります。

ツール呼び出しの流れ

ツールの利用は、chatで行います。ここでは、tools:[horoscope]というようにツールが指定されていますね。この戻り値を元にツール関係の処理を行います。

まず最初に、ツールの呼び出しのための情報が生成されているかどうかを調べます。

```
  if (response.toolCalls) {……
```

これが、そのチェックを行っている部分です。AIモデルがツールを利用できると判断した場合、その情報は「toolCalls」というプロパティに保管されます。これは配列になっており、利用可能なツール情報がすべてひとまとめになっています。

とりあえず、ここでは1つしかツールを使っていませんから、インデックス0の値を変数に取り出しておきます。

```
const toolCall = response.toolCalls[0];
```

得られた情報がhoroscopeツールのものかを確認します。これは、nameの値をチェックすればよいでしょう。

```
if (toolCall.name === 'horoscope') {……
```

これで、toolCallの情報がhoroscopeのものかがわかります。nameが'horoscope'ならば、パラメータzodiacの値を取り出し、getFortune関数を実行します。

```
let zname = toolCall.parameters.zodiac;
const fortune = getFortune(zname);
```

パラメータ情報は、parametersプロパティ内にオブジェクトとしてまとめられています。そこからzodiacの値を取り出します。

parametersプロパティはhoroscope定義のpropertiesに基づいて作成されるため、zodiacの値が取り出せるようになっているのです。

実際にいろいろと試してみると、正しくパラメータが得られないケースが確認できるでしょう。ツールは、確実に使えるとは限りません。

いろいろと試した感覚では、ツールについては（特に日本語の場合）CohereよりもClaudeのほうがより正確に呼び出せるように感じます。

AIのツールは、普通の関数呼び出しのように「この値を指定すれば必ずこうなる」といったものではありません。同じようにプロンプトを送っても、うまくいったりいかなかったりすることが多々あります。ツール定義と送信するプロンプトをいろいろと変えて試してみて下さい。

クラス分けについて

チャット以外の機能についても利用してみましょう。まずは、「クラス分け」についてです。クラス分けは、あらかじめ用意した学習データを元に、コンテンツの内容がどのクラスに当てはまるかを推測するものでしたね。

これを利用するには、クラス分け判断の基準となる学習データを用意する必要がありました。これは、以下のような形で作成しました。

```
{text: コンテンツ , label: ラベル }
```

このようなデータを各ラベルごとに最低2つ以上用意し、配列にまとめます。これにより、どのような内容のコンテンツに、どのラベルが付けられるかを学習していくわけです。

性格診断用の学習データ

では、実際に学習データのサンプルを作成しましょう。ここでは、性格を判断するためのデータを考えてみます。人それぞれの性格として、内向的や外交的などのラベルを用意し、それぞれの人の基本的な性格を分類しようというわけです。

ただ、「内向的」「外交的」といったラベルを用意するだけでは単純すぎるので、ここでは3種類の異なるクラス分けデータを用意することにしました。

▼リスト3-37

```
const examples = [
  [
    { text: "パーティーで注目の的になるのが好きです。", label: "外向的" },
    { text: "多くの人と会話することにエネルギーを感じます。", label: "外向的" },
    { text: "外に出かけるより家で過ごすのが好きです。", label: "内向的" },
    { text: "一人で過ごす時間に心地よさを感じます。", label: "内向的" }
  ],
  [
    { text: "グループプロジェクトでよくリーダーを務めます。", label: "リーダー" },
    { text: "チームをまとめ、目標に導くのが得意です。", label: "リーダー" },
    { text: "リーダーの指示やガイドラインに従って行動します。", label: "フォロワー" },
    { text: "他人の意見を尊重し従うことに安心感を覚えます。", label: "フォロワー" }
  ],
  [
    { text: "問題に対して創造的な解決策を考え出します。", label: "創造的" },
    { text: "新しいアイデアを生み出すことが得意です。", label: "創造的" },
    { text: "試行済みの確実な方法を好みます。", label: "実践的" },
    { text: "リスクよりも実績のあるアプローチを選びます。", label: "実践的" }
  ]
];
```

ここでは、「内向的・外交的」「リーダー・フォロワー」「創造的・実践的」といった3種類のデータを用意しています。これらを利用してそれぞれの項目について性格診断させよう、というわけです。

診断するデータを用意する

では、性格診断をするための入力データを用意しましょう。ここでは、簡単な自己紹介のコンテンツを配列にまとめておき、これを使って診断させることにします。

▼リスト3-38

```
const students = [
  "アリスです。イベントを企画したり新しい人と出会うのが大好きです。",
  "ボブです。家に帰って一人で好きなことに取り組むのが好きです。",
  "チャーリーです。学校のプロジェクトでよくユニークなアイデアを思いつきます。",
  "デイビッドです。リーダーの指示に従ってチームで働くのが得意です。",
  "イブです。グループディスカッションでは自分から発言するのが苦手です。"
];
```

調べる入力データは、このように文字列の配列として用意しておきます。内容はどんなものでもかまいません。

クラス分けで性格診断を行う

用意されたデータを使って、クラス分けによる性格診断を行ってみましょう。クラス分けは、「classify」というメソッドを使って行います。

```
変数 = await cohere.classify({…});
```

引数のオブジェクトに必要な情報をまとめておくのはchatと同様です。ただしclassifyの場合は、引数のオブジェクトに以下のような値を用意しておきます。

```
model：モデル名，
examples：学習データ，
inputs：調べる対象
```

modelはモデル名の指定ですが、これはチャット用のモデルとは別のものを使います。日本語で処理を行うならば、'embed-multilingual-v3.0'を指定しておくとよいでしょう。

examplesには、学習データの配列を指定します。そしてinputsには、調べる対象となる入力データを指定します。どちらも配列の形で用意する、という点を忘れないで下さい。

クラス分けを行う

では、用意したデータを使ってクラス分けを行いましょう。ここでは3種類の学習データを用意していますから、それぞれについてclassifyを実行し、各コンテンツごとに3つの性格ラベルを出力するようにします。

先ほど用意したデータ（リスト3-37～38）をすべてapp.jsに記述し、main関数を以下に書き換えて下さい。

▼リスト3-39

```
const main = async () => {
  const responses = [];
  for (let i = 0;i < 3;i++) {
    responses[i] = await cohere.classify({
      model:'embed-multilingual-v3.0',
      examples:examples[i],
      inputs:students,
      temperature:0.7,
      max_tokens:1000,
    });
  }

  // 結果の出力
  for(let i = 0;i < 5;i++) {
    const classifiation = responses[0].classifications[i];
    console.log(classifiation.input);
    process.stdout.write('[');
    for(let response of responses) {
      process.stdout.write(response.classifications[i].prediction)
    }
    process.stdout.write(']');
    console.log();
  }
}
```

実行すると、用意したコンテンツを送信してクラス分けし、結果を出力します。おそらく、以下のようなテキストが出力されていくでしょう。

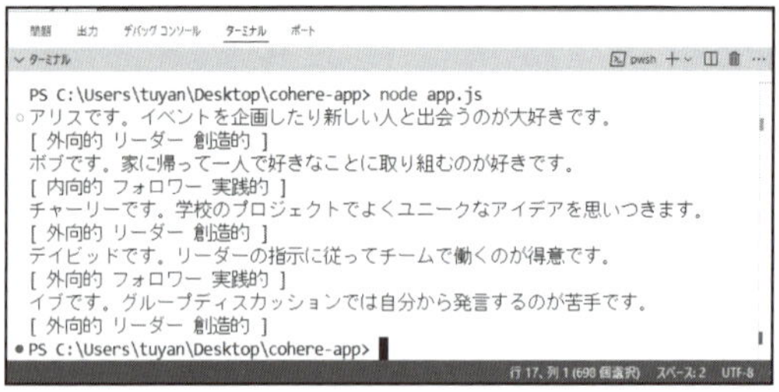

```
PS C:\Users\tuyan\Desktop\cohere-app> node app.js
アリスです。イベントを企画したり新しい人と出会うのが大好きです。
[ 外向的 リーダー 創造的 ]
ボブです。家に帰って一人で好きなことに取り組むのが好きです。
[ 内向的 フォロワー 実践的 ]
チャーリーです。学校のプロジェクトでよくユニークなアイデアを思いつきます。
[ 外向的 リーダー 創造的 ]
デイビッドです。リーダーの指示に従ってチームで働くのが得意です。
[ 外向的 フォロワー 実践的 ]
イブです。グループディスカッションでは自分から発言するのが苦手です。
[ 外向的 リーダー 創造的 ]
PS C:\Users\tuyan\Desktop\cohere-app>
```

図3-51：各生徒の性格が出力される。

```
アリスです。イベントを企画したり新しい人と出会うのが大好きです。
[ 外向的 リーダー 創造的 ]
ボブです。家に帰って一人で好きなことに取り組むのが好きです。
[ 内向的 フォロワー 実践的 ]
……略……
```

短いテキストから、その人の性格を推測していることがわかります。ただし、よく見ると必ずしも正しく判断できているわけではないようで、例えば筆者のところでは「グループディスカッションでは自分から発言するのが苦手」という人が[外向的 リーダー 創造的]と診断されていました。やはり、ある程度以上のドキュメントを用意しないと、正確にクラス分けするのは難しいようです。

ランク付けについて

チャット以外の機能としてもう1つ、「ランク付け」というものもありました。これは入力されたプロンプトを元に、用意されたドキュメント類をランク付けする機能でしたね。これを利用するには、まずランク付けの対象となるドキュメントを用意する必要があります。

ここでは、サンプルとしてパリに関するドキュメントを考えてみました。

▼リスト3-40

```
const documents = [
    'パリのノートルダム寺院は現在、火災からの復旧作業中です。',
    'エッフェル塔はパリ万国博覧会のために建設されました。',
    'パリの凱旋門はナポレオンの勝利を記念して作られました。',
    'フランスの大統領府エリゼ宮は1718年に建設されました。',
    'パリはフランスの首都で、220万人が暮らしています。',
    'パリで一番のフレンチレストランはGuy Savoyです。',
    'フランスのワインは世界で最も高く評価されています。',
    'パリのルーブル美術館は世界最大の美術館です。',
];
```

何かプロンプトを入力したら、この中から一番近い内容のものを選んで応えるようにしよう、というわけです。ドキュメントは、このようにただのテキストを配列としてまとめたものになります。

ランク付けの実行は、「rerank」というメソッドを使って行います。これは、次のように呼び出します。

```
変数 = await cohere.rerank({
  model: モデル名,
  query: 検索クエリ,
  documents: [ドキュメント],
  top_n: 整数
});
```

modelにはモデル名を指定します。これは英語とそれ以外の言語で分かれており、以下のものが2024年9月時点で最新のバージョンになります。

'rerank-multilingual-v3.0'	多言語対応のモデル
'rerank-english-v3.0'	英語対応のモデル

queryには、検索クエリとなる文字列を指定します。このqueryの値をドキュメントから意味的検索を行い、最も近いものを探すわけですね。documentsには、用意しておいたドキュメントの配列を用意します。

最後のtop_nでは、取得するドキュメント数を指定します。「3」とすれば、上位3つが得られるわけですね。

ドキュメントから最適なものを得る

では、ランク付けを行いましょう。main関数を以下のように修正して下さい。

▼リスト3-41

```
const main = async () => {
  const query = await prompt('prompt: ');
  try {
    const response = await cohere.rerank({
      model: 'rerank-multilingual-v3.0',
      query: query,
      documents: documents,
      top_n: 5, // 上位5件を取得
    });

    response.results.forEach((result, index) => {
      if (index == 0) {
        console.log();
        console.log('*** 選択したドキュメント ***');
      } else if (index == 1) {
        console.log();
        console.log('### その他の候補 ###');
      }
      console.log(documents[result.index],
        '[',result.relevanceScore,']');
    });
  } catch (error) {
    console.error('Error:', error);
  }
}
```

実行すると、プロンプトを入力する表示になります。これを記入すると、用意したドキュメントをランク付けし、最もスコアの高いものを1つ、さらに4つを候補として表示します。いろいろと入力をして試してみて下さい。

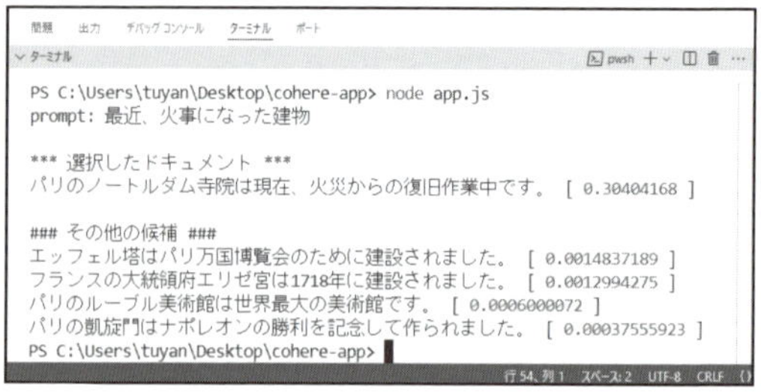

```
PS C:\Users\tuyan\Desktop\cohere-app> node app.js
prompt: 最近、火事になった建物

*** 選択したドキュメント ***
パリのノートルダム寺院は現在、火災からの復旧作業中です。 [ 0.30404168 ]

### その他の候補 ###
エッフェル塔はパリ万国博覧会のために建設されました。 [ 0.0014837189 ]
フランスの大統領府エリゼ宮は1718年に建設されました。 [ 0.0012994275 ]
パリのルーブル美術館は世界最大の美術館です。 [ 0.0006000072 ]
パリの凱旋門はナポレオンの勝利を記念して作られました。 [ 0.00037555923 ]
PS C:\Users\tuyan\Desktop\cohere-app>
```

図3-52：プロンプトを入力すると意味的検索を行い、結果を表示する。

戻り値の処理

rerankの実行そのものはそう難しくはありません。頭に入れておきたいのは、戻り値の処理でしょう。結果の情報は、戻り値の「results」というプロパティにまとめられています。これは配列になっており、ここから値を取り出して処理をしていきます。ここでは、forEachを使って繰り返し処理をしています。

```
response.results.forEach((result, index) => {……});
```

resultsにまとめられている値は、「RerankResponseResultsItem」というオブジェクトです。このオブジェクトには、ドキュメント配列のインデックスとスコアの値が用意されています。ドキュメントのテキストそのものは保管されていません。したがって、取り出したインデックスの番号を使ってドキュメント配列からテキストを取り出し利用します。

ここでは、以下のようにしてドキュメントのテキストとスコアを出力しています。

```
console.log(documents[result.index], '[',result.relevanceScore,']');
```

result.indexがドキュメント配列のインデックスの値です。これをdocumentsに指定してテキストを出力します。スコアは「relevanceScore」というプロパティです。スコアは0～1の実数で指定され、値が大きいほど関連性が高いものとなります。

resultsの配列にまとめられているオブジェクトは、スコアの高いものから順に並べられています。したがって最初の項目が選択したものとなり、それ以降がその他の候補となるわけです。

Chapter 3

3.4. HTTPリクエストによるアクセス

HTTPアクセスについて

PythonやJavaScript以外の言語や環境からCohere APIを利用しようと考えたときは、HTTPリクエストを送信して行うことになるでしょう。Cohere APIも主な機能はエンドポイントが公開されており、指定のURLにアクセスして利用することができます。

まずは、通常のチャット機能の利用から考えてみましょう。HTTPリクエストを行うにはエンドポイント、ヘッダー情報、ボディコンテンツといったものが必要でしたね。順に整理していきましょう。

エンドポイント

まずは、エンドポイントです。Cohere APIのチャット機能のエンドポイントは以下のURLになります。

https://api.cohere.com/v1/chat

ヘッダー情報

続いて、ヘッダー情報です。ヘッダー情報として必ず送信する必要があるものは以下の2つになります。

```
"content-type: application/json"
"Authorization: bearer 《APIキー》"
```

content-typeはClaude APIのときも使いましたね。送信するコンテンツのタイプを指定するものでした。ボディコンテンツはJSONフォーマットで送信するので、content-typeをapplication/jsonにしておきます。

もう1つのAuthorizationは、ユーザー認証に必要な情報（アクセストークン）を送信するためのものです。この値は、必ず"bearer ○○"という形の文字列にします。冒頭のbearerというのは、OAuth 2.0用のアクセストークンであることを示すものですが、それ以外の認証でも利用されています。Cohere APIの認証も、これを利用しています。

ボディコンテンツ

ボディコンテンツは、JSONフォーマットで記述したテキストとして用意します。用意する値の内容は次のようになります。

```
{
  "model":"モデル名",
  "message": "プロンプト"
}
```

最低限必要なのは"message"だけで、これでプロンプトを指定しますが、併せて"model"で使用モデルを指定するようにしておきましょう。省略すると最も高コストのCommand-R+が使われるので、明示的に使うモデルを指定しておいたほうがよいでしょう。

それ以外の送信する情報も、ここに用意しておくことができます。temparatureやmax_tokensなどのパラメータやchat_historyによるチャット履歴、connectorsによるコネクターの設定などもすべてボディコンテンツとしてここに用意できます。

CURLでアクセスする

では、今回もCURLを使ってアクセスを行うことにしましょう。ターミナルを起動し、以下のコマンドを実行して下さい。なお、例によって↴は改行せず続けて記述し、《APIキー》には各自のAPIキーを記述して下さい。

▼リスト3-42

```
curl https://api.cohere.com/v1/chat ↴
  --header 'content-type: application/json' ↴
  --header "Authorization: bearer 《APIキー》"    ↴
  --data '{↴
    "model":"command-r-plus-08-2024", ↴
    "message": "あなたは誰？"↴
}'
```

問題なくアクセスできたなら、応答の内容がズラッと出力されます。エラーなどが出力された場合は、記述したCURLの内容を見直しましょう。

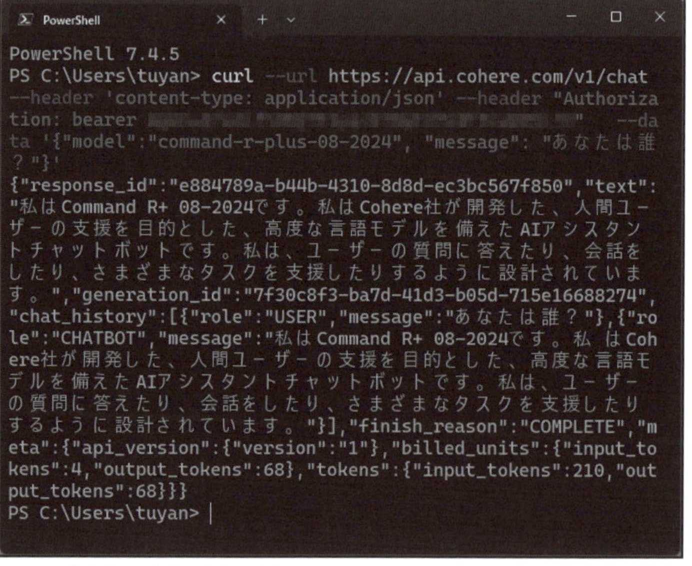

図3-53：実行すると応答の内容が出力される。

ここでは--headerでcontent-typeとAuthorizationを指定し、--dataにボディコンテンツを用意しています。ボディコンテンツでは、modelとmessageが用意されています。必要最小限の情報だけをまとめた、チャットの最もシンプルなアクセス方法と言ってよいでしょう。

戻り値について

正常にアクセスできた場合、かなり長い応答が出力されます。応答を適時改行し、わかりやすく整理すると以下のようになります。

```
{
  "response_id":"…ID値…",
  "text":"…応答…",
  "generation_id":"…ID値…",
  "chat_history":[
    {"role":"USER","message":"…プロンプト…"},
    {"role":"CHATBOT","…応答…"}
  ],
  "finish_reason":"COMPLETE",
  "meta":{
    "api_version":{"version":"1"},
    "billed_units":{"input_tokens":整数,"output_tokens":整数},
    "tokens":{"input_tokens":整数,"output_tokens":整数}
  }
}
```

基本的には、PythonやJavaScriptのパッケージを利用してアクセスしたときと同じ内容のものが返されていることがわかります。内容はJSONフォーマットになっているので、これを元にオブジェクトを作成して「text」プロパティの値を取り出せば、返された応答が利用できます。

Google Apps Scriptからアクセスする

では、HTTPリクエストを他言語から実際に使ってみましょう。今回も、Google Apps Scriptでアクセスを行ってみます。

前章でClaude APIにアクセスしたときに作成したApps Scriptのプロジェクトを利用しましょう。もちろん、別に新しく作成してもいません。Apps Scriptのサイト（https://script.google.com/）にアクセスし、プロジェクトを開いて用意して下さい。

APIキーの準備

まず、APIキーをユーザープロパティに保管しましょう。「コード.gs」ファイルのスクリプトを削除し、以下のスクリプトを記述して実行して下さい。《APIキー》にはそれぞれの取得したAPIキーを指定します。

▼リスト3-43

```
function myFunction() {
  const userProperties = PropertiesService.getUserProperties();
  userProperties.setProperty('COHERE_API_KEY', '《APIキー》');
}
```

これで、'COHERE_API_KEY'という名前でAPIキーがユーザープロパティに保管されました。実行後は、スクリプトを削除して下さい。

Cohere APIにアクセスする

では、実際にCohere APIにアクセスする処理を作成しましょう。先ほど書いたスクリプトを削除し、以下のようにスクリプトを記述して下さい。

▼リスト3-44

```
// API キーの準備
const userProperties = PropertiesService.getUserProperties();
const apiKey = userProperties.getProperty('COHERE_API_KEY');

// エンドポイント
const URL = 'https://api.cohere.com/v1/chat';

// メイン関数
function myFunction () {
  const prompt = "あなたは誰？";  // ☆
  console.log(prompt);
  const result = access_claude(prompt);
  console.log(result.text);
}

// API アクセス関数
function access_claude(prompt) {
  var response = UrlFetchApp.fetch(URL, {
    method: "POST",
    headers: {
      "Content-Type": "application/json",
      "Authorization": "bearer " + apiKey
    },
    payload: JSON.stringify({
      model:"command-r-plus-08-2024",
      message:prompt
    })
  });
  return JSON.parse(response.getContentText());
}
```

myFunction関数を実行すると、Cohere APIにアクセスして応答を返します。ちゃんと結果が表示されたら、☆マークのスクリプトをいろいろと書き換えて応答を試してみましょう。

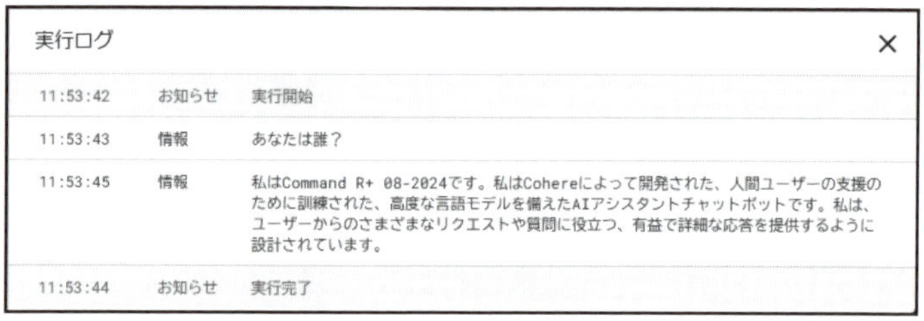

実行ログ ×

11:53:42	お知らせ	実行開始
11:53:43	情報	あなたは誰？
11:53:45	情報	私はCommand R+ 08-2024です。私はCohereによって開発された、人間ユーザーの支援のために訓練された、高度な言語モデルを備えたAIアシスタントチャットボットです。私は、ユーザーからのさまざまなリクエストや質問に役立つ、有益で詳細な応答を提供するように設計されています。
11:53:44	お知らせ	実行完了

図3-54：実行すると応答が表示される。

HTTPリクエストのポイント

では、スクリプトを見てみましょう。Claude APIでApps Scriptを利用したときに、UrlFetchApp.fetchの使い方などは説明しました。ここでは、引数に用意している値の確認だけしておきましょう。

まずヘッダー情報です。これは以下のようになっていますね。

```
headers: {
  "Content-Type": "application/json",
  "Authorization": "bearer " + apiKey
},
```

注意したいのは、Authorizationです。これはAPIキーを指定するものですが、この値を"Authorization": apiKeyと記述してエラーになって動かない、というケアレスミスをよくやりがちです。値の冒頭に必ず"bearer "を付ける、ということを忘れないで下さい。

もう1つ、ボディコンテンツを指定するpayloadは以下のようになっています。

```
payload: JSON.stringify({
  model:"command-r-plus-08-2024",
  message:prompt
})
```

これも、modelとmessageを用意しただけですからわかりますね。このように、用意したオブジェクトをJSON.stringifyで文字列に変換してpayloadに渡します。これで、Apps ScriptからCohere APIにアクセスできるようになります。

ランク付けを利用する

Cohereには、チャット以外にもさまざまな機能が用意されていました。こうしたものもエンドポイントが用意されており、HTTPリクエストでアクセスすることができます。

では、「ランク付け」の機能へのアクセスを行ってみましょう。ランク付けのエンドポイントは以下のURLになっています。

https://api.cohere.com/v1/rerank

アクセスの際に用意するヘッダー情報は、チャットの場合と基本的に同じです。違いは、ボディコンテンツです。ランク付けの場合、ボディコンテンツは以下のようなものを用意することになります。

```
{
    "model": "rerank-multilingual-v3.0",
    "query": "プロンプト",
    "top_n": 整数,
    "documents": [
      "…ドキュメント1…",
      "…ドキュメント1…",
      …略…
    ]
  }
```

モデル名は日本語の場合、"rerank-multilingual-v3.0"を指定します。送信するプロンプトは"query"という名前で用意し、"documents"にランク付けするドキュメントを配列にまとめたものを用意します。また、"top_n"に取得するドキュメントの個数を指定します。これらは最低限用意する項目と考えましょう。

CURLでランク付けを行う

では、実際にCURLからランク付けのエンドポイントにアクセスしてみましょう。ここでは、以下のようなドキュメントとクエリを送信してみます。

▼クエリ

```
"日本の首都は？"
```

▼ドキュメント

```
[
  "日本最大の都市は東京です。",
  "日本の副都心は幕張です。",
  "東京は日本の首都です。",
  "ロンドンは英国の首都です。",
  "千年間、日本の首都だったのは京都です。"
]
```

これでドキュメントの文字列を評価し、最も意味的に近いものを調べてみます。これらはサンプルなので、それぞれで内容を変更していません。

CURLコマンドを実行する

では、ターミナルを開いてCURLコマンドを実行しましょう。今回も↴は改行せず、続けて記述して下さい。また、《APIキー》には自身のAPIキーを指定して下さい。

▼リスト3-45

```
curl https://api.cohere.com/v1/rerank ↴
  --header 'accept: application/json' ↴
  --header 'content-type: application/json' ↴
  --header "Authorization: bearer 《APIキー》" ↴
  --data '{↴
    "model": "rerank-multilingual-v3.0",↴
    "query": "日本の首都は？",↴
    "top_n": 3,↴
    "documents": [↴
      "日本最大の都市は東京です。",↴
      "日本の副都心は幕張です。",↴
      "東京は日本の首都です。",↴
      "ロンドンは英国の首都です。",↴
      "千年間、日本の首都だったのは京都です。"↴
    ]↴
  }'
```

実行すると、ランク付けの結果が出力されます。--urlのエンドポイントを修正し、--dataのボディコンテンツをランク付けに合わせて修正していますね。CURLの基本がわかっていれば、実行内容はそう難しくはないでしょう。

```
PowerShell
PS C:\Users\tuyan> curl --request POST --url https://api.cohe
re.com/v1/rerank --header 'accept: application/json' --header
 'content-type: application/json' --header "Authorization: be
arer                                    " --data '{"mode
l": "rerank-multilingual-v3.0","query": "日本の首都は？","top
_n": 3,"documents": ["日本最大の都市は東京です。","日本の副都
心は幕張です。","東京は日本の首都です。","ロンドンは英国の首
都です。","千年間、日本の首都だったのは京都です。"]}'
{"id":"b84d379b-3b32-4af9-9de6-dc7e8b0e489e","results":[{"ind
ex":2,"relevance_score":0.99872565},{"index":4,"relevance_sco
re":0.998433},{"index":0,"relevance_score":0.9854964}],"meta"
:{"api_version":{"version":"1"},"billed_units":{"search_units
":1}}}
PS C:\Users\tuyan> |
```

図3-55：実行するとランク付けの結果が出力される。

戻り値について

実行すると、かなり長い戻り値が出力されます。これを適時改行して整理すると以下のようになるでしょう。

```
{
  "id":"b84d379b-3b32-4af9-9de6-dc7e8b0e489e",
  "results":[
    {"index":2,"relevance_score":0.99872565},
    {"index":4,"relevance_score":0.998433},
    {"index":0,"relevance_score":0.9854964}
  ],
  "meta":{
    "api_version":{"version":"1"},
    "billed_units":{"search_units":1}
  }
}
```

"results"というところに、ランク付けの結果が出力されます。今回はtop_nパラメータに「3」を指定していたので、3項目の配列として値が返されています。

このresultsには、indexとrelevance_scoreの値が保管されています。indexは、documentsに指定した配列のインデックスでしたね。では、indexの値と、それで得られるドキュメントがどうなっているのか見てみましょう。

▼results配列の値

```
{"index":2,"relevance_score":0.99872565}
{"index":4,"relevance_score":0.998433}
{"index":0,"relevance_score":0.9854964}
```

▼documentsの各インデックスの値

```
2    東京は日本の首都です。
4    千年間、日本の首都だったのは京都です。
0    日本最大の都市は東京です。
```

「東京は日本の首都です。」という値が、最も高いスコアとなりました。けっこう、正確にドキュメントの内容を評価していることがわかりますね。

Apps Scriptからアクセスする

実際の利用例として、Apps Scriptからランク付けを利用してみましょう。コード.gsのスクリプトを以下のように書き換えて下さい。

▼リスト3-46

```
// APIキーの準備
const userProperties = PropertiesService.getUserProperties();
const apiKey = userProperties.getProperty('COHERE_API_KEY');

// エンドポイント
const URL = 'https://api.cohere.com/v1/rerank';

// ドキュメント
const documents = [
  "日本最大の都市は東京です。",
  "日本の副都心は幕張です。",
  "東京は日本の首都です。",
  "ロンドンは英国の首都です。",
  "千年間、日本の首都だったのは京都です。"
];

// メイン関数
function myFunction () {
  const prompt = "日本の首都は？";  //☆
  console.log(prompt);
  const results = access_claude(prompt);
  for (let result of results.results) {
    console.log(documents[result.index],'[', result.relevance_score, ']')
  }
}

// APIアクセス関数
function access_claude(prompt) {
  var response = UrlFetchApp.fetch(URL, {
    method: "POST",
    headers: {
      "Content-Type": "application/json",
      "Authorization": "bearer " + apiKey
    },
    payload: JSON.stringify({
      model:"rerank-multilingual-v3.0",
      query:prompt,
      documents:documents,
      top_n:3
    })
  });
  return JSON.parse(response.getContentText());
}
```

これを実行すると、実行したスクリプトと、得られたスコア上位3つのドキュメントが出力されます。

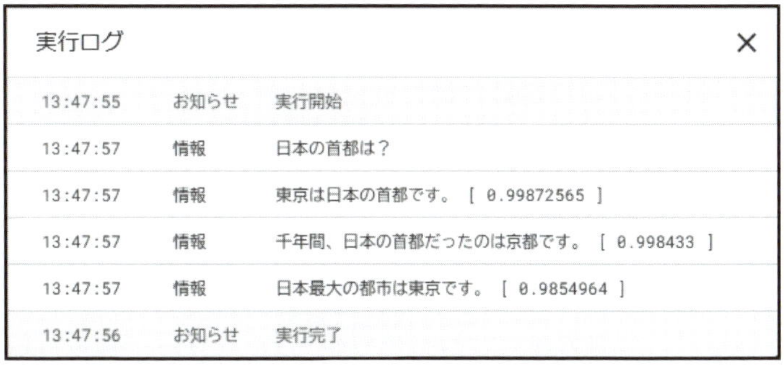

実行ログ		
13:47:55	お知らせ	実行開始
13:47:57	情報	日本の首都は？
13:47:57	情報	東京は日本の首都です。 [0.99872565]
13:47:57	情報	千年間、日本の首都だったのは京都です。 [0.998433]
13:47:57	情報	日本最大の都市は東京です。 [0.9854964]
13:47:56	お知らせ	実行完了

図3-56：実行すると、得られた3つのドキュメントが表示される。

スクリプトの内容をチェックする

ここでは、事前にdocumentsという定数にドキュメント関係をまとめています。そして、access_claudeからAPIへのアクセスを行っています。

UrlFetchApp.fetchの引数に用意されている値がどう変わっているか、確認しておきましょう。特に、payloadのボディドキュメントでは内容が変わっていますので、間違えないようにして下さい。

得られたレスポンスからドキュメントとスコアの値を出力するのには、for ofによる繰り返しを利用しています。

```
for (let result of results.results) {
  console.log(documents[result.index],'[', result.relevance_score, ']')
}
```

レスポンスのresultsプロパティに、ランク付けの結果が配列として保管されていましたね。ここから順に値を取り出して結果を出力しています。

ドキュメントはdocuments[result.index]というようにして、documents配列からresult.indexのインデックスの値を取り出して出力しています。

またスコアは、resultのrelevance_scoreプロパティから値を取り出しています。これで、ランク付けされた結果の利用ができるようになりました。

クラス分けの利用

続いて、クラス分けです。クラス分けのためのエンドポイントは、以下のURLになっています。

https://api.cohere.com/v1/classify

ヘッダー情報はこれまでと同様です。ボディコンテンツには、以下のようなものが用意されています。

```
"model":"embed-multilingual-v3.0"
```

まず、モデル名ですね。これは日本語の場合、embed-multilingual-v3.0を指定しておきます。英語ならばembed-english-v3.0となります。

```
"inputs": [
  "…プロンプト1…",
  "…プロンプト2…",
  …略…
]
```

これは入力データです。クラス分けの対象となるテキストを配列にまとめたものを指定します。

```
"examples": [
  {"text": "…ドキュメント1…", "label": "ラベル"},
  {"text": "…ドキュメント2…", "label": "ラベル"},
  …略…
]
```

クラス分けは、その基準となる学習データが必要です。これを指定するのが"example"です。各学習データはtextとlabelの値を持ち、これにドキュメントとクラスのラベル名を指定します。この学習データは、各ラベルごとに最低2つずつ用意する必要があります。

クラス分け用のデータについて

では、実際にクラス分けを行ってみましょう。今回は、コンテンツをジャンルごとに仕分けすることを行ってみます。例として、以下のような入力データと学習データを考えました。

▼入力

```
[
  "台風が接近しているので、外出時は注意が必要です。",
  "最新のAI技術を活用したロボットが登場しました。",
  "毎日のストレッチで体の柔軟性が向上しました。",
  "今週末は新しい遊園地がオープンするそうです。"
]
```

▼学習データ

```
[
  {"text": "今日は晴れて気温も高く、とても暑い一日でした。","label": "天気"},
  {"text": "明日は雨が降るそうです。傘を忘れずに。","label": "天気"},
  {"text": "新しいスマートフォンの機能が素晴らしいです。", "label": "テクノロジー"},
  {"text": "人工知能の発展により、多くの業界で革新が起きています。","label": "テクノロジー"},
  {"text": "健康的な食事と適度な運動が大切です。","label": "健康"},
  {"text": "十分な睡眠を取ることでストレス解消になります。","label": "健康"},
  {"text": "新作映画のストーリーが素晴らしかったです。","label": "エンターテイメント"},
  {"text": "昨晩のコンサートは最高の思い出になりました。","label": "エンターテイメント"}
]
```

これらを送信し、学習データを元に入力データのコンテンツをクラス分けしてみることにします。

CURLでクラス分けを行う

では、CURLを使ってクラス分けを行ってみることにしましょう。今回も、エンドポイントのURLと、ボディコンテンツの--dataの値だけ修正します。今回はボディコンテンツがかなり長く複雑になるので、間違えないように注意して下さい。

ターミナルを開き、以下のコマンドを実行しましょう。↩は改行せずに続けて書き、《APIキー》には各自の取得したAPIキーを指定して下さい。

▼リスト3-47

```
curl https://api.cohere.com/v1/rerank ↩
  --header 'content-type: application/json' ↩
  --header "Authorization: bearer 《APIキー》" ↩
  --data '{↩
    "model":"embed-multilingual-v3.0",↩
    "inputs": [↩
      "台風が接近しているので、外出時は注意が必要です。",↩
      "最新のAI技術を活用したロボットが登場しました。",↩
      "毎日のストレッチで体の柔軟性が向上しました。",↩
      "今週末は新しい遊園地がオープンするそうです。"↩
    ],↩
    "examples": [↩
    {"text": "今日は晴れて気温も高く、とても暑い一日でした。",↩
      "label": "天気"},↩
    {"text": "明日は雨が降るそうです。傘を忘れずに。",↩
       "label": "天気"},↩
    {"text": "新しいスマートフォンの機能が素晴らしいです。", ↩
      "label": "テクノロジー"},↩
    {"text": "人工知能の発展により、多くの業界で革新が起きています。",↩
       "label": "テクノロジー"},↩
    {"text": "健康的な食事と適度な運動が大切です。",↩
      "label": "健康"},↩
    {"text": "十分な睡眠を取ることでストレス解消になります。",↩
      "label": "健康"},↩
    {"text": "新作映画のストーリーが素晴らしかったです。",↩
      "label": "エンターテイメント"},↩
    {"text": "昨晩のコンサートは最高の思い出になりました。",↩
      "label": "エンターテイメント"}↩
  ]
```

かなり長いコマンドですが、正しく実行できれば結果が出力されます。結果は、このコマンドよりもさらに長いものになりますので、後で内容をよく確認しましょう。

```
PS C:\Users\tuyan> curl https://api.cohere.com/v1/classify --header 'accept: app
lication/json' --header 'content-type: application/json' --header "Authorization
: bearer mgmCa4fs6ifSOBQTESpp2b7NqEnMLWf5kuBP6iT8" --data '{"model":"embed-multi
lingual-v3.0", "inputs": ["台風が接近しているので、外出時は注意が必要です。","最
新のAI技術を活用したロボットが登場しました。", "毎日のストレッチで体の柔軟性が向
上しました。", "今週末は新しい遊園地がオープンするそうです。"],"examples": [{"te
xt": "今日は晴れて気温も高く、とても暑い一日でした。", "label": "天気"}, {"text"
: "明日は雨が降るそうです。傘を忘れずに。", "label": "天気"}, {"text": "新しいス
マートフォンの機能が素晴らしいです。", "label": "テクノロジー"}, {"text": "人工
知能の発展により、多くの業界で革新が起きています。", "label": "テクノロジー"}, {
"text": "健康的な食事と適度な運動が大切です。", "label": "健康"}, {"text": "十分
な睡眠を取ることでストレス解消になります。", "label": "健康"}, {"text": "新作映
画のストーリーが素晴らしかったです。", "label": "エンターテイメント"}, {"text":
"昨晩のコンサートは最高の思い出になりました。", "label": "エンターテイメント"}]}
'
{"id":"6231c2e1-26cd-4c7d-902d-e248c4dc9b9e","classifications":[{"classification
_type":"single-label","confidence":0.31332496,"confidences":[0.31332496],"id":"9
20831f1-d2d8-4e24-82c5-7b9b6e53d1ca","input":"台風が接近しているので、外出時は注
意が必要です。","labels":{"エンターテイメント":{"confidence":0.21432778},"テクノ
ロジー":{"confidence":0.22340009},"健康":{"confidence":0.24894717},"天気":{"conf
idence":0.31332496}},"prediction":"天気","predictions":["天気"]},{"classificatio
n_type":"single-label","confidence":0.30419037,"confidences":[0.30419037],"id":"
f86a9ede-040b-4b77-94cb-83f5773d0a7d","input":"最新のAI技術を活用したロボットが
登場しました。","labels":{"エンターテイメント":{"confidence":0.24499997},"テクノ
ロジー":{"confidence":0.30419037},"健康":{"confidence":0.21852274},"天気":{"conf
idence":0.23228692}},"prediction":"テクノロジー","predictions":["テクノロジー"]}
,{"classification_type":"single-label","confidence":0.28840593,"confidences":[0.
28840593],"id":"12b310ce-f97d-4f2d-a8ce-182c7f43973f","input":"毎日のストレッチ
で体の柔軟性が向上しました。","labels":{"エンターテイメント":{"confidence":0.233
8586},"テクノロジー":{"confidence":0.23735334},"健康":{"confidence":0.28840593},
"天気":{"confidence":0.24038213}},"prediction":"健康","predictions":["健康"]},{"
classification_type":"single-label","confidence":0.25967672,"confidences":[0.259
67672],"id":"26112a01-ba54-4617-9b1b-90543031253b","input":"今週末は新しい遊園地
がオープンするそうです。","labels":{"エンターテイメント":{"confidence":0.2556878
6},"テクノロジー":{"confidence":0.25318533},"健康":{"confidence":0.23145008},"天
気":{"confidence":0.25967672}},"prediction":"天気","predictions":["天気"]}],"met
a":{"api_version":{"version":"1"},"billed_units":{"classifications":4}}}
PS C:\Users\tuyan> |
```

図3-57：CURLコマンドでクラス分けを実行する。

戻り値について

この戻り値はかなりわかりにくいものですが、内容を大雑把にまとめてしまえば、以下のようになっているのがわかるでしょう。

```
{
  "id":"6231c2e1-26cd-4c7d-902d-e248c4dc9b9e",
  "classifications":[…結果…],
  "meta":{
    "api_version":{"version":"1"},
    "billed_units":{"classifications":4}
  }
}
```

この"classifications"というところに、クラス分けの結果が配列にまとめて保管されます。この結果は、入力データの1つ1つのコンテンツごとに以下のような情報が出力されています。

```
{
  "classification_type":
  "single-label",
  "confidence":0.31332496,"confidences":[0.31332496],
  "id":"920831f1-d2d8-4e24-82c5-7b9b6e53d1ca",
```

```
   "input":"台風が接近しているので、外出時は注意が必要です。",
   "labels":{
     "エンターテイメント":{"confidence":0.21432778},
     "テクノロジー":{"confidence":0.22340009},
     "健康":{"confidence":0.24894717},
     "天気":{"confidence":0.31332496}
   },
   "prediction":"天気",
   "predictions":["天気"]
 },
```

入力データのコンテンツ、各ラベルのスコア、予測結果などがすべてまとめられています。とりあえず、「"input"で入力したコンテンツが得られる」「"prediction"で予測したラベルが得られる」ということだけ頭に入れておけばよいでしょう。

Apps Scriptでクラス分けする

これで、HTTPリクエストからクラス分けを使う方法がわかりました。その応用として、Apps Scriptからクラス分けのエンドポイントにアクセスを行ってみましょう。

では、コード.gsのスクリプトを以下に書き換えて下さい。

▼リスト3-48

```
// APIキーの準備
const userProperties = PropertiesService.getUserProperties();
const apiKey = userProperties.getProperty('COHERE_API_KEY');

// エンドポイント
const URL = 'https://api.cohere.com/v1/classify';

// 入力データ
const inputs = [
  "台風が接近しているので、外出時は注意が必要です。",
  "最新のAI技術を活用したロボットが登場しました。",
  "毎日のストレッチで体の柔軟性が向上しました。",
  "今週末は新しい遊園地がオープンするそうです。"
];

// 学習データ
const examples = [
  {"text": "今日は晴れて気温も高く、とても暑い一日でした。",
    "label": "天気"},
  {"text": "明日は雨が降るそうです。傘を忘れずに。",
      "label": "天気"},
  {"text": "新しいスマートフォンの機能が素晴らしいです。",
    "label": "テクノロジー"},
  {"text": "人工知能の発展により、多くの業界で革新が起きています。",
      "label": "テクノロジー"},
  {"text": "健康的な食事と適度な運動が大切です。",
    "label": "健康"},
  {"text": "十分な睡眠を取ることでストレス解消になります。",
    "label": "健康"},
```

```
  {"text": "新作映画のストーリーが素晴らしかったです。",
    "label": "エンターテイメント"},
  {"text": "昨晩のコンサートは最高の思い出になりました。",
    "label": "エンターテイメント"}
];

// メイン関数
function myFunction () {
  const results = access_claude();
  for (let result of results.classifications) {
    console.log(result.input,'[',result.prediction,']');
  }
}

// API アクセス関数
function access_claude() {
  var response = UrlFetchApp.fetch(URL, {
    method: "POST",
    headers: {
      "Content-Type": "application/json",
      "Authorization": "bearer " + apiKey
    },
    payload: JSON.stringify({
      model:"embed-multilingual-v3.0",
      inputs:inputs,
      examples:examples
    })
  });
  return JSON.parse(response.getContentText());
}
```

これを実行すると、入力データの各コンテンツごとに予測されたラベルが書き出されていきます。中にはちょっと奇妙なラベルが付けられているものもあります(例:「今週末は新しい遊園地がオープンするそうです。」が「エンターテイメント」ではなく「天気」になる、など)。しかし、概ね納得できるラベルが付けられているのではないでしょうか。

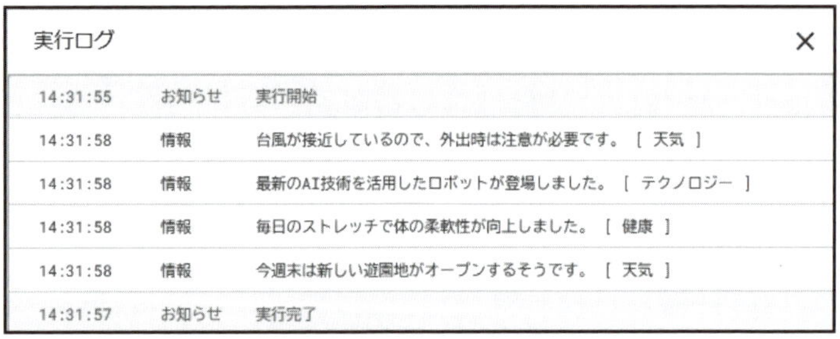

実行ログ ×

14:31:55	お知らせ	実行開始
14:31:58	情報	台風が接近しているので、外出時は注意が必要です。 [天気]
14:31:58	情報	最新のAI技術を活用したロボットが登場しました。 [テクノロジー]
14:31:58	情報	毎日のストレッチで体の柔軟性が向上しました。 [健康]
14:31:58	情報	今週末は新しい遊園地がオープンするそうです。 [天気]
14:31:57	お知らせ	実行完了

図3-58:実行すると、入力データのコンテンツと予測されたラベルが出力される。

出力内容の処理

ここでは、UrlFetchApp.fetchで指定の情報をまとめてクラス分けのエンドポイントにアクセスをしています。payloadには、model、inputs、examplesといった値を用意していますね。これで、用意した学習データを元に入力データを予測します。

戻された値は、以下のようにして内容を出力しています。

```
for (let result of results.classifications) {
  console.log(result.input,'[',result.prediction,']');
}
```

戻り値のclassificationsに、クラス分けした結果が入力データの各コンテンツごとに配列にまとめられて保管されています。ここから順にオブジェクトを取り出し、その中のinputとpredictionの値を出力しています。これで、その入力データのコンテンツと予測結果のラベルが出力されます。

元になるデータの用意が大変ですが、データさえ用意できれば、クラス分けはこのようにどんな言語からでも簡単に行えます。

Cohereはチャット以外が充実

以上、Cohereの機能の使い方を一通り説明しました。JavaScriptもPythonもAPIライブラリの基本的な使い方はだいたい同じですから、片方がわかればもう一方もだいたい使えるようになります。

ただし、名前の付け方に違いがあるので注意が必要でしょう。Pythonはスネークケース（abc_def_xyzといった書き方）を使いますが、JavaScriptはキャメルケース（abcDefXyzという書き方）を多用します。これに合わせて、メソッドやプロパティなどの名前も両者で微妙に変化します。このあたりは、ドキュメントを参照しながら確認して下さい。

エンベディングについて

最後に、Cohereに用意されていて、ここでは触れなかった機能にも少しだけ触れておきましょう。それは「エンベディング」です。Cohereにはチャットなどのモデルとは別に、エンベディングのためのモデルも用意されています。

エンベディング（Embedding）は、日本語では「埋め込み」と呼ばれます。埋め込みはテキストや画像などの複雑なデータを、コンピュータが扱いやすい数値のベクトル（配列）に変換する技術です。簡単に言えば、データを「数字の列」に置き換える方法です。この数列により、テキストの意味的な情報を数値処理できるようになります。

と言われても、おそらく具体的なイメージがわかないかもしれません。実は、このエンベディングは既に使っているのです。それは「クラス分け」です。

クラス分けで使ったモデルは、'embed-multilingual-v3.0'といった名前になっていました。これが、エンベディング用のモデルだったのです。クラス分けは、このエンベディングモデルを使ってテキストを埋め込みデータに変換し、得られた数列を使ってテキストとクラスの距離を計算して、「どのクラスに最も近いか」を算出しています。

エンベディングはクラス分けだけでなく、直接数列データとして取り出すこともできます。得られた値を元に演算することで、テキストの意味的な値を計算することができます。

エンベディングモデルを標準で用意しているAIベンダーは、実はそう多くはないのです。新興企業で非常に強力なAIモデルを開発しているところでも、エンベディングはサポートしていないところもよくあります。興味のある人は、エンベディングについて調べてみると面白いでしょう。

- API Reference - Embed
  https://docs.cohere.com/reference/embed
- Basic Semantic Search（意味的検索の基本）
  https://docs.cohere.com/page/basic-semantic-search

Chapter 4

Llamaを利用する

LlamaはMetaが開発するオープンソースのLLMです。
オープンソースLLMを利用するための方法は多数あります。
ここでは「Groq」というサービスと、
「Ollama」というソフトウェアを使ってLlamaを利用する方法について説明をします。

Chapter
4

4.1. クラウドAPIからLlamaを利用(Groq)

Llamaとその利用方法

次世代AIモデルの中で、他のClaudeやCohereなどとは少し違ったアプローチをとっているのがMetaによる「Llama」でしょう。

Llamaは、オープンソースのLLMとして2023年にリリースされました。その後、着実にアップデートを重ね、最新バージョン「Llama-3.2 (Llama-3の改良版)」は、GPT-4に匹敵する性能を実現しているという評価が定着しつつあります。Llama 3が特定の面でGPT-4より優れているとする見解もあり、以下のような点で高く評価されています。

1. コスト効率性

Llama-3は、GPT-4と比較して大幅にコスト効率が高いとされています。Llama-3を提供している各種クラウドサービスを見ると、ほとんどがメジャーな商業LLMよりも低価格でLlama-3を提供しています。

2. 処理速度

Llama 3はGPT-4よりも高速な応答時間を示しています。GPT-4が一般的に「遅い」と評価される中、Llama 3はClaude 3と同等かそれ以上の速度を持っています。

3. オープンソースと開発者コミュニティ

Llama3はオープンソースプロジェクトとして強力な開発者コミュニティのサポートを受けており、継続的な改善と拡張が行われています。

ただし、これらの比較結果は限定的なテストや特定の使用シナリオに基づいているため、すべての状況でLlama 3がGPT-4より優れていると言えるわけではありません。多くのレポートではGPT-4が全体的な性能、特に複雑な推論や長期的な文脈理解において優位性を保っていることも指摘されています。

しかし、Llama-3がオープンソースで公開されており、誰もが自身の環境で利用できることを考えたなら、単なる性能だけでは比較できない長所があると言えるでしょう。

※参考文献:
[1] https://neoteric.eu/blog/llama-3-vs-gpt-4-vs-gpt-4o-which-is-best/
[2] https://sendbird.com/blog/the-best-llm-llama3-vs-claude3-vs-gpt-4
[3] https://www.capestart.com/resources/blog/the-battle-of-the-llms-llama-3-vs-gpt-4-vs-gemini/

[4] https://www.signitysolutions.com/tech-insights/meta-ai-llama-3-vs-gpt-4
[5] https://www.reddit.com/r/LocalLLaMA/comments/1cihrdt/llama_3_70b_wins_against_gpt4_turbo_in_test_code/
[6] https://www.vellum.ai/blog/gpt-4o-mini-v-s-claude-3-haiku-v-s-gpt-3-5-turbo-a-comparison
[7] https://www.rungalileo.io/blog/is-llama-3-better-than-gpt4
[8] https://www.vellum.ai/blog/claude-3-5-sonnet-vs-gpt4o

Llama-3の利用法

これまで、ClaudeやCohereのLLM利用は「アカウント登録してAPIを利用する」というやり方でした。これらはプロプライエタリなサービスとして提供されていますから、「LLMの利用＝ベンダーのAPI利用」が当たり前だったのですね。Cohereは、Command-Rはオープンソースで公開されてはいますが、これをPC上で実行するためには相当なハードウェアリソースが必要で、普通のパソコンユーザーが気軽に利用できるものではないでしょう。「クラウド上にLLMを動かす巨大なハードウェアリソースを用意してあるから、APIを介してアクセスして」というのは、ある意味最も妥当な方法と言えます。ベンダー側は利益を得られるし、ユーザー側は僅かな料金で最新のLLMを使える。win-winな関係を築けます。

ところがLlama-3を利用する場合、こうした当たり前の形が崩れ去ります。Llama-3を開発するMetaは、APIを提供していないのです。

Metaは「LLMを作って無料で公開するから、後は好きなように」というスタンスであり、公開したLLMを自分の環境で動かしたり、プログラムから利用できるようにする方法まできめ細かに提供してくれているわけではありません。「LLMはあるんだから、後は自分でなんとかしろ」ということですね。

したがって、私たちはまず「どうやってLlama-3を利用するか」という利用の方法から模索しないといけません。

Llama利用の方法は２通りある

Llama-3を利用する方法は、大きく2つに分かれます。「クラウドを利用する」ものと「ローカル環境を利用する」ものです。

●クラウドサービスを使う

Meta自身はAPIを提供していませんが、Llama-3をAPIで提供しているサービスは多数存在します。こうしたサービスを利用すれば、低価格でLlama-3にアクセスできます。これまでの「APIを使ってアクセスする」という方式に最も近い考え方でしょう。

こうしたサービスを提供するところは、どこもかなり本格的なハードウェアリソースを準備していますから、かなり快適にLlama-3にアクセスすることができます。

ただし、クラウドサービスが変わればアクセスするAPIも変わります。数多あるサービスからどこを選定すべきか、よく考える必要があります。

●ローカルに環境を構築する

Llama-3はオープンソースで公開されています。したがって、自分のPCにインストールして使う、ということも可能です。ただし、Llama-3をそのままダウンロードしたからといって、すぐに使えるわけではありません。ただのLLMですから、そこにどうやってアクセスするのか考えないといけません。

Llama-3に直接アクセスするライブラリを利用する方法もありますし、ローカル上にAPIサーバーを起動してLLMにアクセスできるようにするシステムもあります。こうしたものの多くはオープンソースで公開されており、誰でもインストールして利用できます。

ただし、PC上にインストールするわけですから、動作速度などはPCのハードウェアに依存します。またメモリ量やGPUなどにより、使えないLLMも多数存在します。「ローカル環境で動かす」というのは、場合によっては意外に高いハードルとなることもあります。

AI利用クラウドサービスについて

では、Llama-3を利用する方法をいくつかピックアップし、順に説明をしていきましょう。まずは「クラウドサービスを利用する方法」からです。

Llamaの開発元であるMetaは、Llama利用のためのAPIを公開していませんが、その他のところでLlamaをクラウド上で利用できるAPIを公開しているサービスは多数あります。これは、大きく2種類のサービスに分けて考えることができます。

1つは、クラウドで統合的な開発環境を提供しているサービスです。これには以下のようなものが挙げられます。

Amazon Web Services(AWS)	Amazonによるクラウドサービスですね。クラウドサービスの中で最も広く利用されています。このAWSにある「Bedrock」というAI利用のためのサービスでLlamaが提供されています。
Google Cloude	Googleが運営するクラウドサービスです。この中の「Vertex AI」というAI利用のためのサービスでLlamaが提供されています。
Microsoft Azure	Microsoftが運営するクラウドサービスです。この中の「Azure AI Studio」というAI利用サービスでLlamaが提供されています。

これらはクラウド上でソフトウェアを開発するためのさまざまなサービスを提供しており、AIもその1つとして扱われています。したがって、アプリケーション開発で必要となるさまざまな機能（ユーザー認証やデータベースなど）もすべて揃っていますから、クウラウドサービスが提供する機能だけを組み合わせていけば、たいていのアプリは作れてしまいます。

逆に言えば、それだけ本格的な開発を考えていない人には、少々大げさすぎるかもしれません。AIはクラウドが提供する膨大なサービスの中の1つに過ぎませんから、「ただ、自分のWebアプリからAIのAPIにアクセスできればそれでよい」という人には複雑すぎることでしょう。これらは限られたスペースで説明しきれないため、本書では取り上げません。興味を持った人は、それぞれのAIサービスの解説書などで別途学習して下さい。

AIに特化したクラウドサービス

もう1つは、こうした統合的なクラウドサービスではなく、「AIの機能提供に特化したサービス」です。さまざまなLLMを用意し、使いたいLLMのAPIにアクセスすればすぐに利用できる、といったものですね。こうしたサービスは、「ただAIの機能が使えればそれでよい」という人にはシンプルで使いやすいでしょう。

このようなサービスを提供するところは、とにかくたくさんあります。Llamaが利用できて、シンプルで、なおかつ低価格で簡単に使える、といった条件を満たすところとしては、次のようなものが挙げられるでしょう。

Groq	https://groq.com/	高速AI推論環境を提供するサービスです。Grop自身が開発したLPU(Language Processing Unit、言語処理ユニット)により他では例を見ないほどの超高速でAIの応答が得られます。
Replicate	https://replicate.com/	膨大な数のオープンソースLLMが公開されています。テキスト生成だけでなく、イメージ生成や動画生成、音声生成など多彩なLLMが使えます。また自分でモデルをチューニングして公開することもできます。
Together AI	https://www.together.ai/	オープンソースLLMを利用したプログラム開発を支援するサービスです。APIの提供、モデルのチューニング、GPU利用環境の提供などを行っています。
Llama API	https://www.llama-api.com/	Llamaや開発元のMetaとは特に関係はありません。Llamaを中心としたオープンソースLLMのAPIを提供しています。

こうしたAIのAPIを提供するサービスの多くは、APIのエンドポイントを用意するだけでなく専用のライブラリを提供しており、これを利用して簡単にプログラミング言語からAPIにアクセスできるようになっています。サービスごとに用意されるライブラリは異なるため、サービスが変わると使用するライブラリも変わります。ただし、これらのライブラリの多くはOpen AIのAPIと仕様的にほぼ同じ形になっており、別のサービスにも簡単に移行することができます。

Groqを利用する

では、実際にAIクラウドサービスからLlamaを利用する例として、「Groq」を利用する方法を説明しましょう。

Groqは、著名なオープンソースLLMをいくつも提供しているAIサービスです。もちろん、Llamaも用意されています。Groqにはいくつかのサービスがあり、APIを利用する場合は「Groq Cloud」というサービスを利用します。これは無料プランが用意されており、レート制限がされているため頻繁なアクセスはできませんが、LLMを試す程度なら十分に使えます。

まずは、Groqのアカウント登録を行いましょう。

https://groq.com/

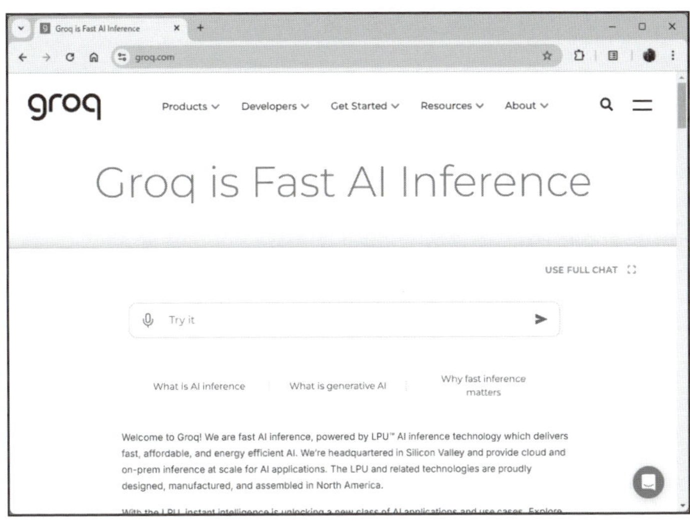

図4-1:GroqのWebサイト。

上部にある「Developers」をクリックし、リストから「Start Building」を選んで下さい。Groq Cloudのログイン画面が現れます。ここでメールアドレスまたはGitHubかGoogleアカウントのボタンでログインを行います。ここでは、Googleアカウントでログインしましょう。「Login with Google」ボタンをクリックし、利用するアカウントを選択してログインして下さい。

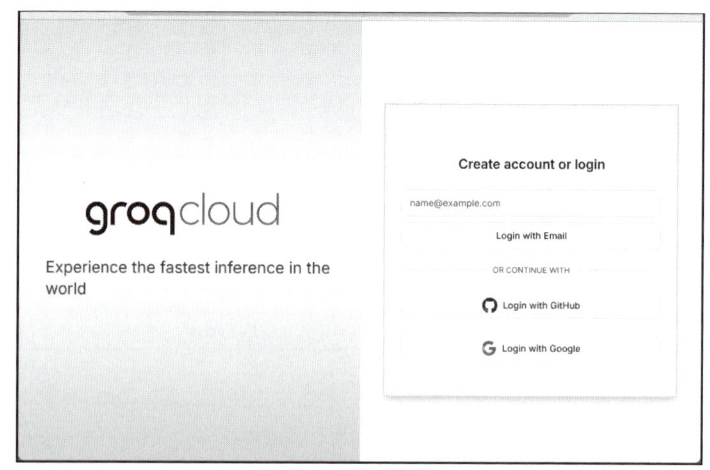

図4-2：ログイン画面。Googleアカウントでログインする。

プレイグラウンドについて

ログインすると、Groq Cloudの「Playground」という画面が現れます。これは、その場で各種のLLMを選んでプロンプトを実行できるプレイグラウンドです。ざっと内容を整理しておきましょう。

●各種ページへのリンク

左端には「Playground」「Documentation」「API key」「Settings」といった各種ページへのリンクがまとめられています。

●メッセージエリア

その右側に、メッセージを扱うエリアがあります。「SYSTEM」「USER」というところにシステムプロンプトやユーザーのメッセージなどを入力できます。最下部には「New Message」ボタンがあり、メッセージを追加し、履歴を作成したりできます。

●RESPONSE

その右側の「RESPONSE」というエリアには、プロンプトを実行した際のAIモデルからの応答内容が出力されます。

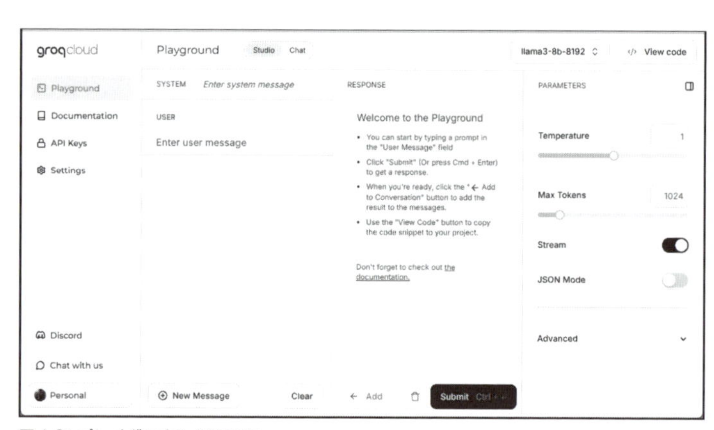

図4-3：プレイグラウンドの画面。

メッセージを送信する

では、実際にメッセージを送ってみましょう。メッセージのエリアにある「SYSTEM」と「USER」に、それぞれ以下のように入力をして下さい。

SYSTEM	あなたは日本語アシスタントです。すべて日本語で答えて下さい。
USER	こんにちは。あなたは誰？

RESPONSEエリアの下部にある「Submit」ボタンをクリックすると用意したメッセージが送信され、瞬時に応答が出力されます。この即応性がGroqの最大の特徴です。メッセージを送ってから応答が出力されるまで、ほとんど待つことがありません。

図4-4：メッセージを書いて送ると瞬時に応答が出力される。

スタジオとチャット

実際に試してみるとわかりますが、「Submit」で送信するとその応答が右側に表示されますが、次に質問するときは「USER」を書き換えて送ることになります。そうすると前に質問した応答などは消え、次のプロンプトへの応答が表示されます。チャットのように連続した会話ではなく、1回だけのやり取りとなることがわかります。普通のチャットは使えないのか？　と思った人。もちろん、使えます。なぜ1回だけのやりとりになってしまうのかと言えば、選択されているのが「スタジオ」モードだからです。「チャット」モードにすれば普通に会話できます。

Groq Cloudのプレイグラウンドは、「スタジオ」と「チャット」の2つのモードがあるのです。スタジオは、システムプロンプトやユーザー履歴のメッセージなどを細かく設定して動作を確認するものです。そして「チャット」が、普通にAIと会話するモードなのです。

メッセージのエリアの上部にある「Studio」「Chat」というボタンが、モードを切り替えるためのものです。「Chat」ボタンをクリックして下さい。表示がチャットの画面に切り替わります。これで、普通に会話できますね！

使い方がわかったら、実際にプロンプトをいろいろと送信して試してみましょう。

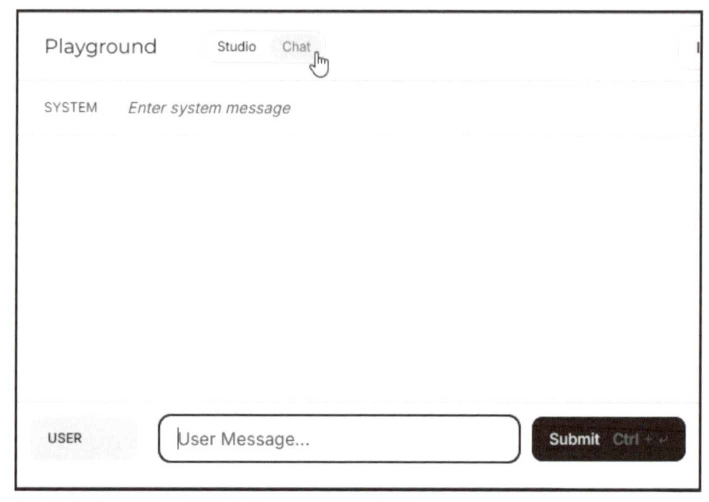

図4-5:「Chat」では、見慣れたチャットの画面になる。

モデルとパラメータ

プレイグラウンドでは、Groqに用意されているさまざまなLLMをいろいろと設定調整しながら利用することができます。画面の右上に、「llama3-8b- ～」と表示されたボタンが見えるでしょう。これは、使用するモデルを選択するボタンです。デフォルトでは、Llama-3-8bというものが選ばれています。

このボタンをクリックすると、使用可能なLLMのリストがプルダウンして現れます。ここからモデルを選べば、そのモデルを使ってプロンプトを実行することができます。

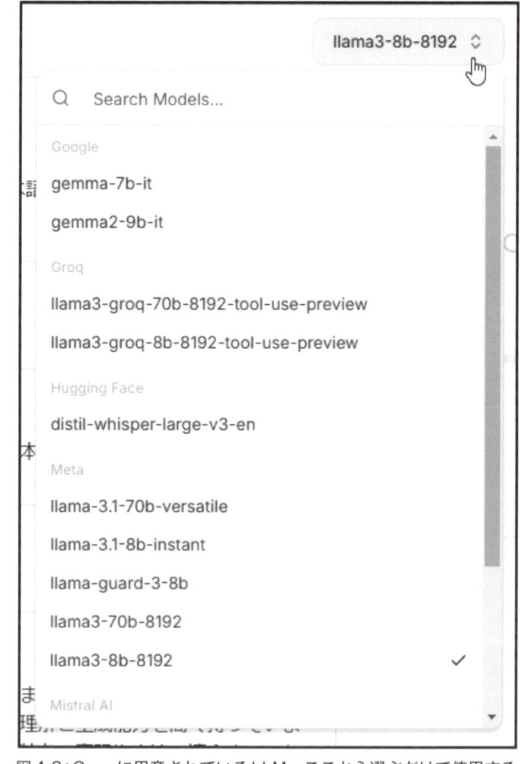

図4-6:Groqに用意されているLLM。ここから選ぶだけで使用するLLMを変更できる。

利用可能なパラメータ

プレイグラウンドの右端には、各種のパラメータ項目がまとめられています。これらについても簡単にまとめておきましょう。

Temparature	温度です。応答のランダム性を調整します。
Max tokens	生成する応答の最大トークン数を指定します。
Stream	ストリーム送信するかどうかを指定します。
JSON Mode	JSONモードで出力するかどうかを指定します。

Advanced

Moderation: llamaguard	llamaguardという機能でモデレーションを確認します。
Top P	上位の指定%の範囲からトークンを予測します。
Seed	乱数の初期値となるシードを指定します。
Stop Sequence	指定したテキストが出力されると応答を停止します。

これらのほとんどは、既にClaudeやCohereのLLMでも使われていたものですね。JSON ModeやModerationは独自のものですが、JSON Modeはメッセージのフォーマットに関するものですし、Moderationはやり取りの内容をチェックするためのもので、どちらも生成される応答に直接影響を与えるわけではありません。

パラメータ類は、設定次第で生成される応答も大きく変化するものですから、プレイグラウンドでいろいろと試して働きを確認しておきましょう。

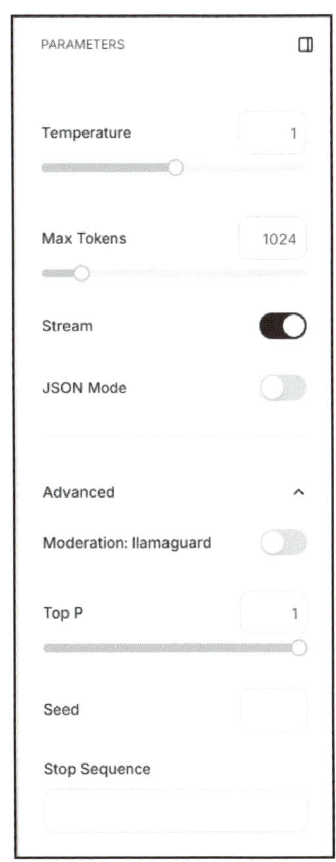

図4-7：用意されているパラメータ。

生成コードを調べる

このプレイグラウンドはLLMとのやり取りをテストするだけでなく、実行した送信のコードを調べて利用することもできます。プレイグラウンドの右上にある「View code」というボタンをクリックすると画面にパネルが開かれ、LLMにアクセスするコードが表示されます。

このパネルでは、curl、JavaScript、Pythonといったもののコードが用意されており、そのままコピーして利用することができます。

もう少し後で、GroqのAPIを利用するコーディングについて説明をしますが、この「View code」を見れば基本的な使い方はだいたい理解できるでしょう。

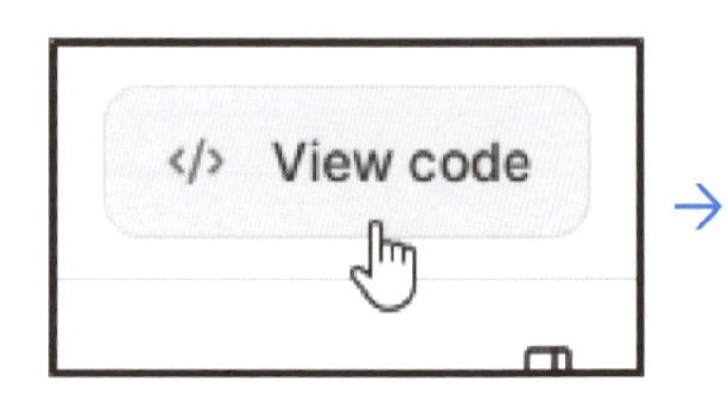

View code

You can use the following code to start integrating your current prompt and settings into your application.

Python Copy

```
from groq import Groq

client = Groq()
completion = client.chat.completions.create(
    model="llama3-8b-8192",
    messages=[
        {
            "role": "system",
            "content": "すべてJSONフォーマットで答えて下さい。"
        },
        {
            "role": "user",
            "content": "こんにちは。あなたは誰？"
        },
        {
            "role": "assistant",
            "content": "こんにちは！私は日本語アシスタントです。日本語で
```

Your API Key can be found here

図4-8：「View code」ボタンをクリックするとコードのパネルが開かれる。

APIキーについて

APIをコードから利用するためには、APIキーが必要になります。これは、Groqのサイトで作成できます。左側にある各ページへのリンクから「API Keys」という項目をクリックして下さい。APIキーの管理ページが開かれます。

このページには、作成したAPIキーの一覧が表示されます（といっても、まだ作成していないので何も表示はされません）。また、ここでAPIキーの作成や削除なども行えます。

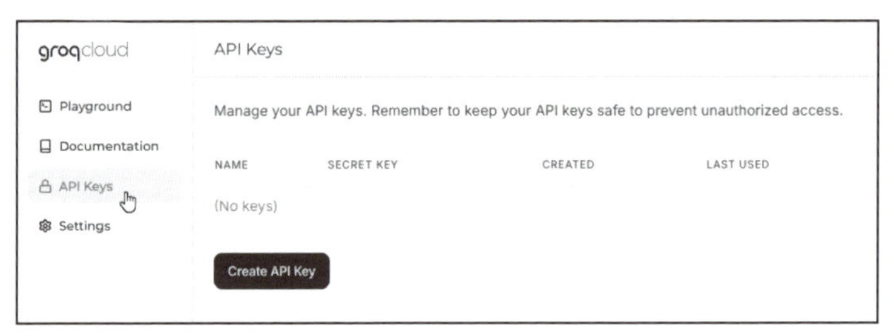

図4-9：「API Keys」リンクでAPIキーの管理ページに移動する。

APIキーを作成する

では、APIキーを作成しましょう。画面にある「Create API Key」というボタンをクリックして下さい。画面に名前を入力するパネルが現れるので、ここで名前を入力して「Submit」ボタンをクリックします。

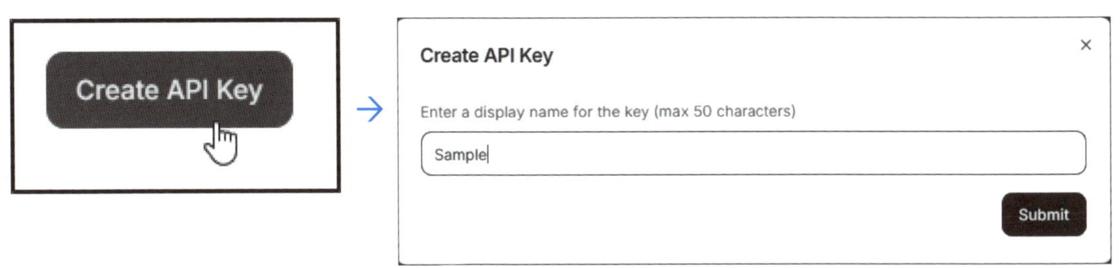

図4-10：「Create API Key」ボタンを押してキーの名前を入力する。

APIキーが作成され、パネルに表示されます。これはすぐに閉じないで下さい！「Copy」ボタンをクリックするとキーがコピーされるので、どこか安全な場所にペーストして保管して下さい。作成されたAPIキーは、このパネルを閉じてしまうと二度と値を取得できません。必ず、この画面で値をコピーしておいて下さい。

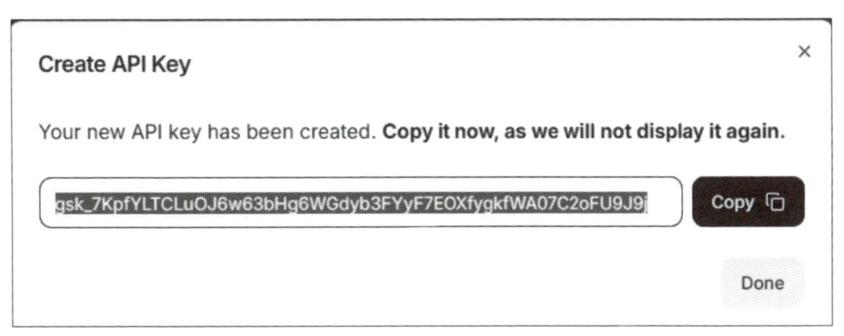

図4-11：APIキーが生成されたら「Copy」ボタンでコピーし保管する。

値を保管したら、「Done」ボタンでパネルを閉じます。「API Keys」の画面に、作成したキーが追加されるのがわかるでしょう。

キーの右端には、鉛筆とゴミ箱のアイコンが表示されます。鉛筆アイコンは、キーの名前を編集するものです。またゴミ箱アイコンは、そのキーを削除します。キーの値を表示したり編集する機能はないので、必ずAPIを作成した際に値を保管しておきましょう。

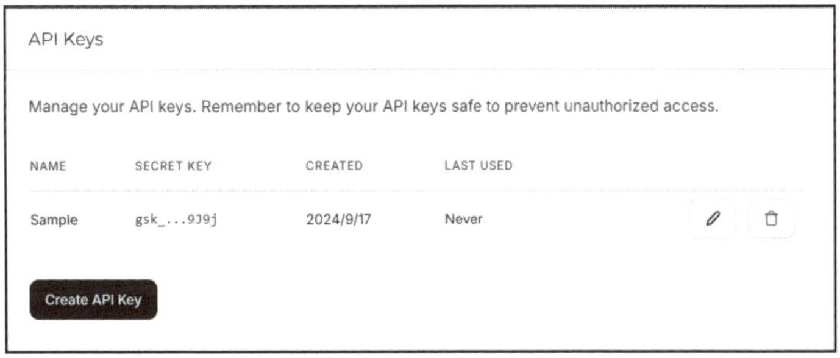

API Keys

Manage your API keys. Remember to keep your API keys safe to prevent unauthorized access.

NAME	SECRET KEY	CREATED	LAST USED
Sample	gsk_...9J9j	2024/9/17	Never

Create API Key

図4-12：作成したキーが追加された。

Chapter
4

4.2.
PythonでLlamaを利用（Groq）

PythonでGroq APIを利用する

では、実際にプログラミング言語からGroq APIを利用しましょう。まずはPythonからです。前章で使ったClabのノートブックを開いて下さい。そして、Groq API利用のための準備をしましょう。

APIキーの保存

最初に行うのは、GroqのAPIキーをシークレットとして保管する作業です。Colabのノートブック左端にある「シークレット」アイコンをクリックして表示を切り替えて下さい。

「新しいシークレットの作成」リンクをクリックし、新しいシークレットの項目を追加します。そして「名前」に「GROQ_API_KEY」と記入し、「値」のところには先にコピーしておいたGroqのAPIキーをペーストします。これで、シークレットとしてAPIキーが追加できました。

図4-13：シークレットにGROQ_API_KEYという名前でAPIキーを保管する。

APIキーをロードする

では、シークレットキーからAPIキーを読み込んで使えるようにしましょう。新しいセルを用意し、以下のコードを記述します。

▼リスト4-1
```
from google.colab import userdata

GROQ_API_KEY = userdata.get('GROQ_API_KEY')
```

これで、シークレットからAPIキーを読み込んで、GROQ_API_KEYという変数に代入します。後は、この変数を利用してAPIにアクセスを行えばよいのですね。

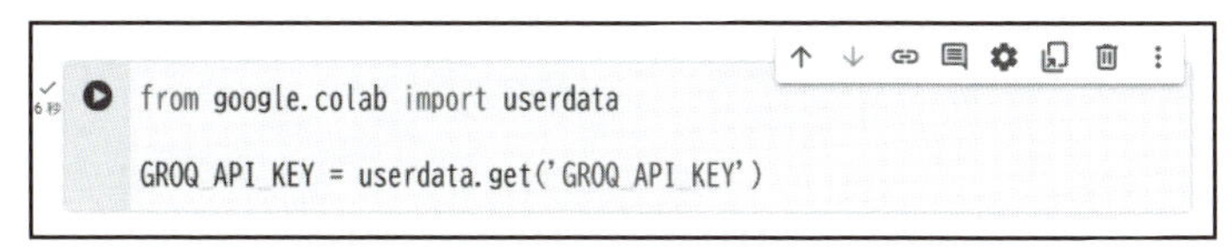

図4-14：GROQ_API_KEYにAPIキーを代入する。

groqパッケージのインストール

Groq APIへのアクセスには、専用の「Groq」パッケージを利用するのが一番です。新しいセルを用意し、以下を記述して実行しましょう。

▼リスト4-2

```
!pip install groq -q -U
```

これで、groqパッケージがColabのランタイムにインストールされました。後は、これを利用してアクセスを行うだけです。

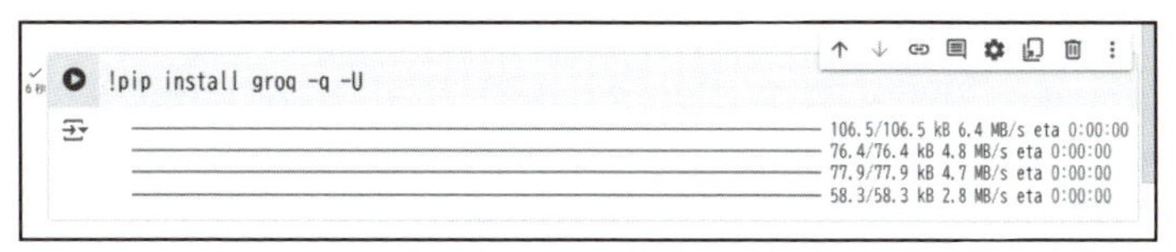

図4-15：groqパッケージをインストールする。

Groqモジュールでチャットアクセスする

では、実際にGroq APIにアクセスを行いましょう。これには、まず「Groq」クラスのインスタンスを作成します。新しいセルに以下のコードを記述して実行して下さい。

▼リスト4-3

```
from groq import Groq

client = Groq(api_key=GROQ_API_KEY)
client
```

これで、変数clientにGroqクラスのインスタンスが代入されました。

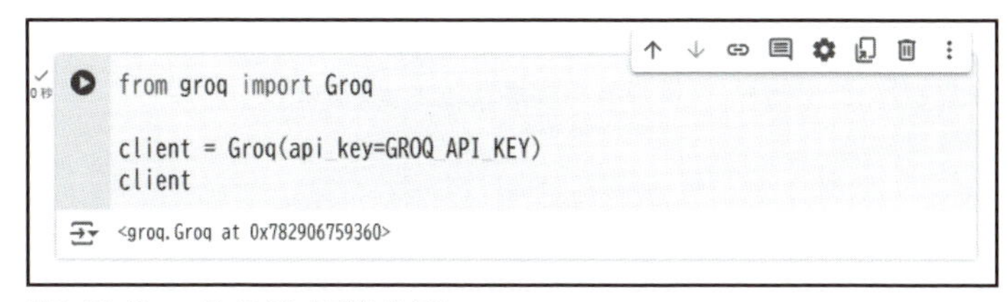

図4-16：Groqインスタンスを作成する。

Groqクラスは、Groqモジュールに用意されています。これをインポートしてインスタンスを作成します。これは以下のように行います。

```
Groq(api_key=《APIキー》)
```

引数としてapi_keyという値を用意し、これでAPIキーを指定します。これで、指定したAPIキーでGroq APIにアクセスするためのインスタンスが用意できました。

chatメソッドを呼び出す

作成されたGroqからメソッドを呼び出して、チャットアクセスを行います。これは、Groqの「chat.completions」というプロパティにあるChat.Completionsクラスのインスタンスを使います。このChat.Completionsは、チャットのやり取りを行うための機能を提供するものです。

チャットによる応答の生成は、この中にある「create」メソッドを使います。

```
《Chat.Completion》.create(
  model=モデル名,
  messages=[ メッセージ ]
)
```

modelには、使用するモデル名を指定します。Groqには各種のLLMが用意されていますから、Llamaを利用するにはここでLlamaのモデル名を正確に指定する必要があります。

messagesには送信するメッセージ情報をまとめておきます。このメッセージ情報は、ChatCompletionMessageParamというタイプとして定義されたもので、以下のような形で作成します。

```
{ "role": ロール, "content": コンテンツ }
```

"role"でメッセージの役割を指定します。設定可能な値は以下の3つになります。

"system"	システムプロンプト
"user"	ユーザーのメッセージ
"assistant"	AIモデルの応答

これらを使って送信するメッセージ情報をまとめます。注意すべきは、「送信するメッセージのための引数はこれ1つしかない」という点です。プロンプトのための引数や、システムプロンプトのための引数などはありません。送信するものは、すべてこのmessagesにまとめて送ります。

この他の各種パラメータ類もchatの引数として用意できますが、とりあえずmodelとmessagesだけ指定すれば、Llamaにメッセージを送信できるでしょう。

Llamaにプロンプトを送信する

では、Llamaにプロンプトを送信してみましょう。新しいセルを用意し、以下のコードを記述して下さい。

▼リスト4-4

```
prompt = "あなたは誰？" # @param {"type":"string"}

response = client.chat.completions.create(
  model="llama3-8b-8192",
  messages=[
    {
      "role": "system",
      "content": "すべて日本語で答えて下さい。"
    },
    {
      "role": "user",
      "content": prompt
    }
  ],
  temperature=0.7,
  max_tokens=1024,
)
response
```

セルに表示されるプロンプトの入力フィールドに適当に送信内容を記述し、セルを実行して下さい。Groq APIにアクセスし、応答が出力されます。

図4-17：プロンプトを書いて実行すると応答が出力される。

ここでは、使用するモデルを以下のように指定しています。

```
model="llama3-8b-8192"
```

llama3-8bは、Llama-3のモデルの1つです。Llamaは、パラメータ数の異なるモデルが複数用意されています。ここで使っているllama3-8bは、パラメータ数が80億のモデルを示します。Groqには、この他に700億のパラメータモデルであるllama3-70bや、Llama-3の改良版であるLlama-3.2なども用意されています。

messagesには、送信するメッセージがまとめられています。ここには、次の2つのメッセージが用意されています。

▼システムロール

```
{
  "role": "system",
  "content": "すべて日本語で答えて下さい。"
}
```

▼ユーザーロール

```
{
  "role": "user",
  "content": prompt
}
```

最初に"role": "system"を指定して、「すべて日本語で答えて下さい。」と、システムロールでプロンプトを指定しています。Llamaは何も指定しないで実行すると、日本語で質問しても英語で応答が返ってくることが多いのです。そこで、システムプロンプトで日本語を使うように指定しておきます。

この他、パラメータとして以下の2つのものを用意しておきました。

```
temperature=0.7,
max_tokens=1024,
```

いずれも、ClaudeやCohereのLLMで使ったものですからわかりますね。Groqでも、パラメータの指定はこのようにcreateメソッドに引数として用意すればよいのです。

チャットの戻り値

実行すると、かなり複雑な値が返ってきます。これは「ChatCompletion」というクラスのインスタンスで、整理すると以下のようになっています。

```
ChatCompletion(
  id=…ID値…',
  choices=[《Choice》],
  created=タイムスタンプ,
  model='モデル名',
  object='chat.completion',
  system_fingerprint='フィンガープリント',
  usage=《CompletionUsage》,
  x_groq={'id': '…ID値…'}
)
```

system_fingerprintやusageなど見慣れない値もありますが、これらは応答そのものの利用には直接関係しない値です。応答の値は、「choices」というところに保管されます。これは、groq.types.chat.chat_completionというところにある「Choice」というクラスのインスタンス配列になっています。Choiceインスタンスは次のようになっています。

```
Choice(
  finish_reason='stop',
  index=整数,
```

```
    logprobs=None,
    message=《ChatCompletionMessage》
)
```

finish_reasonは応答停止の理由、indexは応答のインデックス番号です。logprobsはChoiceの確率情報をログ出力するためのものです。実際に送られる応答のメッセージ情報は「message」に用意されます。これは、「ChatCompletionMessage」というクラスのインスタンスとして用意されています。

```
ChatCompletionMessage(
    content='…応答…',
    role='assistant',
    function_call=None,
    tool_calls=None)
```

contentに応答の文字列が用意されています。また、roleには'assistant'が指定されます。その他のfunction_callとtool_callsは、ツールの利用に関する値です。とりあえず応答のメッセージ情報だけ知りたいなら、「contentで得られる」ということだけ覚えておけば十分でしょう。

応答テキストを表示する

では、返された戻り値から応答のテキストだけを取り出して表示しましょう。新しいセルを作るか、先ほどのセルの一番下に以下のコードを記述して下さい。

▼リスト4-5

```
response.choices[0].message.content
```

これで、実行すると応答のテキストだけが表示されるようになります。戻り値のchoicesから最初の要素を指定し、そのmessageプロパティのオブジェクトからcontentの値を取り出せば応答が得られるのですね。

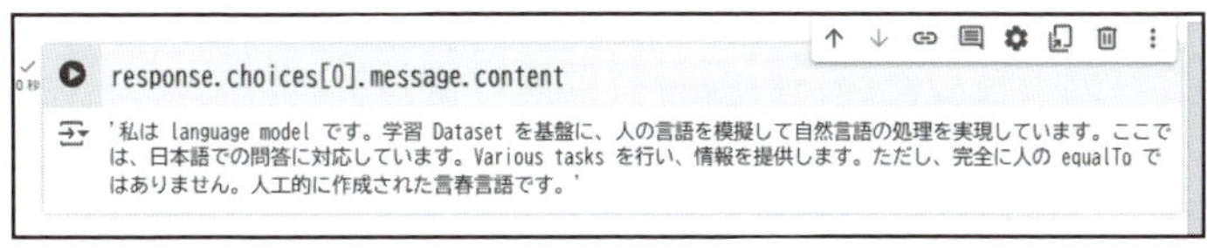

図4-18：実行すると応答のテキストだけが表示される。

ストリームの利用

Groqの応答生成はとにかく非常に高速なので、ほとんど待つことはないでしょう。しかし、非常に長いコンテンツをプロンプトとして送信したり、長大な応答を要求したりすれば、それなりの時間がかかることもあります。こうした場合、応答をストリーム出力させることで並行して他の処理を行うことができます。

ストリーム利用の方法は非常に簡単です。createメソッドを呼び出す際、「stream=True」という引数を追加すれば、自動的にストリームを使って値を返すようになります。

stream=Trueを指定すると、戻り値は「Stream」というクラスのインスタンスになります。これはジェネレータとして機能するようになっており、生成された応答の情報がリアルタイムに追加されていきます。ここから値を繰り返しで取り出し処理していけばよいのですね。

このStreamに追加されるのは、「ChatCompletionChunk」というクラスのインスタンスです。これはChatCompletionと似ていますが、微妙に違いがあります。choicesに保管される値は同じChoiceインスタンスですが、こちらはgroq.types.chat.chat_completion_chunkというところに用意されているChoiceなのです。

ストリームを使わない場合、Choiceにはmessageというプロパティがあり、そこにメッセージを管理するChatCompletionMessageという値が保管されていました。しかしストリームを使う場合、Choicesには「delta」というプロパティが用意されます。これは、「ChoiceDelta」というクラスのインスタンスが保管されており、この中の「content」プロパティに送られてきた応答コンテンツの欠片が保管されているのです。

したがってストリームを利用する場合は、戻り値から繰り返しでChatCompletionChunkインスタンスを取り出し、そこからchoices[0]のdeltaプロパティにあるオブジェクトのcontentを取り出して処理していくことになります。

ストリームで出力する

では、実際にストリームを使って出力をしてみましょう。新しいセルに以下のコードを記述して下さい。

▼リスト4-6

```
import time
prompt = "あなたは誰?" # @param {"type":"string"}

response = client.chat.completions.create(
  model="llama3-8b-8192",
  messages=[
    {
      "role": "system",
      "content": "すべて日本語で答えて下さい。"
    },
    {
      "role": "user",
      "content": prompt
    }
  ],
  stream=True,
  temperature=1,
  max_tokens=1024,
)

chars = set(",.!?、。!?")  #改行する文字

for chunk in response:
  time.sleep(0.1) # ☆
  content = chunk.choices[0].delta.content
  if content == None:
    break
  if set(content) & chars:
    print(chunk.choices[0].delta.content)
  else:
    print(chunk.choices[0].delta.content, end="")
```

入力フィールドにプロンプトを書いて実行すると、リアルタイムに応答が出力されていきます。Groqはとにかく反応が早いので、そのまま出力させるとリアルタイムに出力されているのがわからないでしょう。そこで、各出力ごとに0.1秒停止するようにしておきました。これで、少しずつ応答が書き出されていくのがわかるでしょう。動作を確認したら、#☆の「time.sleep(0.1)」という文を削除すれば、待たずに出力するようになります。

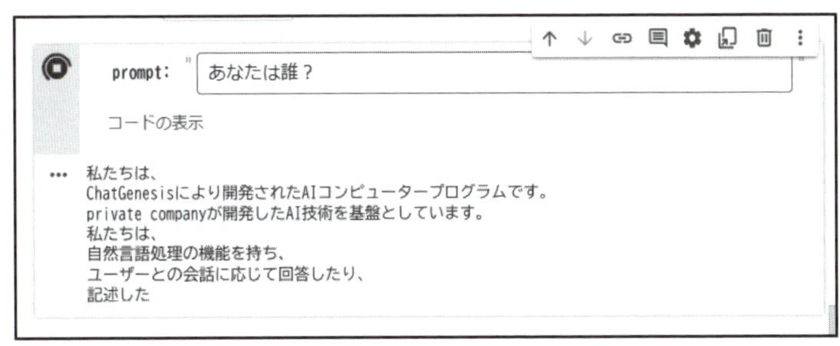

図4-19：リアルタイムに応答が出力されていく。

リアルタイム出力の処理

では、出力の処理を見てみましょう。ここでは、createの戻り値responseから繰り返しを使って順に値を取り出しています。

```
for chunk in response:
  content = chunk.choices[0].delta.content
```

forでChatCompletionChunkを変数chunkに取り出し、そこからchoices[0].delta.contentの値を取り出しています。これで、送られてきた応答テキストの欠片が変数contentに取り出されました。

これはそのまま出力させるのではなく、値がNoneになっていないかをチェックしています。

```
if content == None:
  break
```

すべての出力が完了すると、contentはNoneになります。そこで、Noneならばforを抜けるようにしています。

Noneでなければ、contentに改行する文字（句読点など）が含まれているかチェックし、それに応じて続けて出力するか、出力して改行するかを変更しています。

```
  if set(content) & chars:
    print(chunk.choices[0].delta.content)
  else:
    print(chunk.choices[0].delta.content, end="")
```

printでend=""を指定すると、出力後、何もしない（改行もしない）で続けて値を出力できます。これを付けないと出力後に改行します。これらをうまく使い分けて適時改行されるようにしています。

ツールを利用する

ClaudeやCohereのLLMには、独自に処理を拡張するため「ツール」を組み込む機能が用意されていました。関数をツールとして用意しておき、その定義を指定してプロンプトを実行すると、プロンプトの内容が指定したツールを利用するのに適していると判断されたなら、必要なパラメータなどを生成して関数を実行できるようにします。このツールの機能は、Llamaには標準では用意されていません。しかし、GroqはLlamaにツールの機能を追加したモデルを提供しており、これを利用してLlamaでツールによる処理を行えるようにしています。これを使ってみましょう。

まず、ツール用の関数を作成しておく必要があります。今回は数式を文字列で送るとその式を実行して結果を表示する、という関数を作ってみましょう。

では、新しいセルに以下のコードを記述して下さい。

▼リスト4-7

```
from groq import Groq
import json  # 後で使う

MODEL = 'llama3-groq-70b-8192-tool-use-preview'

# 数式を評価するツール関数
def calculate(expression):
  print("*** Evaluate a mathematical expression ***")
  try:
    result = eval(expression)
    return json.dumps({"result": result})
  except:
    return json.dumps({"error": "Invalid expression"})
```

ここでは、llama3-groq-70bというモデルを使います。これが、Groqにより作成されたツールの利用可能なモデルです。またツール用関数として、calculateという関数を定義しておきました。引数に数式の文字列を渡すとそれをevalで実行し、その結果を出力するものです。これをツールとして利用します。

ツール定義の作成

では、このツール関数に関する情報を記述した関数の定義を作成しましょう。新しいセルか、または先ほどのセルの末尾に以下のコードを記述して下さい。

▼リスト4-8

```
tools = [
  {
    "type": "function",
    "function": {
      "name": "calculate",
      "description": "expressionの数式を評価する関数です。",
      "parameters": {
        "type": "object",
        "properties": {
          "expression": {
            "type": "string",
            "description": "評価する数式。例: (1 + 2) * 3 / 4",
```

```
            }
          },
          "required": ["expression"],
        },
      },
    }
]
```

ツール関数の定義の書き方は、ClaudeやCohereのツール関数利用で作成したものと非常に似ています。整理すると、以下のようになるでしょう。

```
{
  "type": "function",
  "function": {
    "name": ツール名,
    "description": 説明テキスト,
    "parameters": {
      "type": "object",
      "properties": { プロパティの定義 },
      "required": [ プロパティ名 ]
    }
  }
}
```

"type"と"function"という項目があり、この"function"の中に関数の定義内容が記述される、という形になっています。定義の内容自体は、これまでのClaudeやCohereの関数定義と基本的には同じです。こちらは関数以外のツール拡張も視野にいれる形になっているのですね。

function内のnameとdescriptionに関数名とその内容を記述し、parameters内のpropertiesに関数の引数に関する内容を用意します。先ほどのtoolsの内容をよく見て、この形に記述されていることを確認しましょう。

calculateツールを利用する

では、実際にcalculate関数をツールとして利用してみましょう。新しいセルを作成し、以下のコードを記述して下さい。

▼リスト4-9

```
def run(prompt):
  messages=[
    {
      "role": "system",
      "content": '''あなたは計算機アシスタントです。
      計算機能を使用して数学演算を実行し、結果を提供します。'''
    },
    {
      "role": "user",
      "content": prompt,
    }
  ]

  # toolsを指定してcreateを実行
```

```
    response = client.chat.completions.create(
      model=MODEL,
      messages=messages,
      tools=tools,
      tool_choice="auto",
      max_tokens=4096
    )

    # メッセージを得る
    resp_message = response.choices[0].message
    # tool_callsをチェック
    tool_calls = resp_message.tool_calls
    if tool_calls: # tool_callsの場合
      for tool_call in tool_calls:
        if tool_call.function.name == "calculate":
          # calculateの引数と関数を取得
          func_args = json.loads(tool_call.function.arguments)
          func_response = calculate(
            expression=func_args.get("expression")
          )
          print(func_response)

    else: # tool_callsでない場合
      print(response.choices[0].message.content)

  # プロンプトを入力しrunを実行
  prompt = "1 + 2 + 3 + 4 + 5" # @param {"type":"string"}
  run(prompt)
```

入力フォームに数式を記入してセルを実行すると、その数式の実行結果が表示されます。これは、AIが考えて表示しているのではありません。最初に「*** Evaluate a mathematical expression ***」と表示されていたなら、それはツールを利用して作成された応答になります。

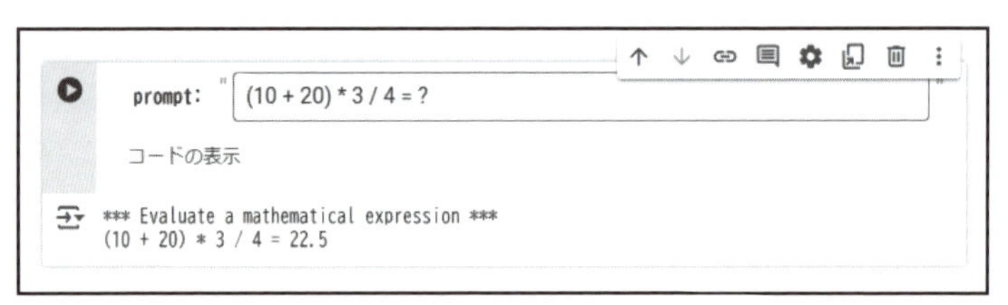

図4-20：数式を入力し実行すると結果が表示される。

本当にツールの関数が使われているか疑問に感じたなら、数式以外の普通のプロンプトを入力してみましょう。すると、「*** Evaluate ～」の表示は現れず、普通に応答が表示されます。

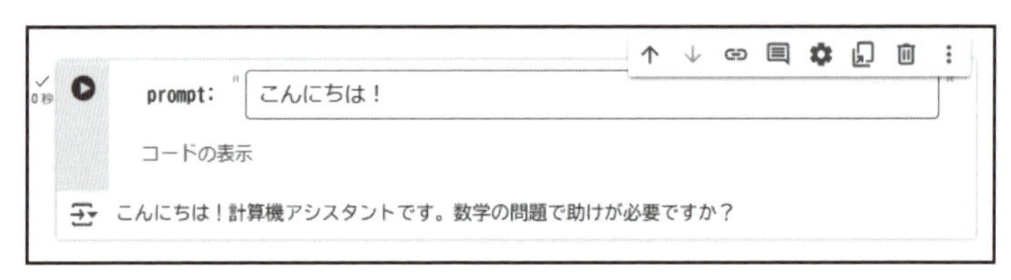

図4-21：数式以外の普通の質問ではツールは起動しない。

ツール利用の問い合わせ処理

では、どのようにツールを利用しているのか見てみましょう。AIモデルへのアクセスは、run関数で行っています。ここでは、以下のようにcreateメソッドを呼び出しています。

```
response = client.chat.completions.create(
  model=MODEL,
  messages=messages,
  tools=tools,
  tool_choice="auto",
  max_tokens=4096
)
```

toolsという引数にツール定義の変数toolsを指定していますね。また、tool_choiceという引数も用意しています。これはツールの選択に関するもので、複数のツールなどを用意した場合、どのツールを選ぶかを指定します。"auto"により、最適なツールが自動的に使われるようになります。

これで問い合わせを行ったら、戻り値からメッセージを取り出します。

```
resp_message = response.choices[0].message
```

これは、通常の応答の取得と同じですね。ツールを利用する場合、このmessageで得られる値（ChatCompletionMessage）にある「tool_calls」というプロパティに、その情報が保管されます。

```
  if tool_calls:
    for tool_call in tool_calls:
      ……
```

tool_callsがNoneではない（使えるツールがある）場合、ここにはツール情報のオブジェクトがリストになって格納されています。forを使い、順に値を取り出して処理を行っていきます。今回はcalculateツールしかありませんから、tool_callがcalculateツールである場合の処理だけを行っています。

```
if tool_call.function.name == "calculate":
  func_args = json.loads(tool_call.function.arguments)
  func_response = calculate(
    expression=func_args.get("expression")
  )
```

tool_callのfunctionに関数の情報が保管されます。このnameが"calculate"の場合、functionのargumentsの値をjson.loadsでJSONコードからオブジェクトとして取り出します。argumentsには、引数の情報がJSONフォーマットの文字列として保管されているので、これをオブジェクトにして取り出すわけです。

そして、その中の"expression"の値をcalculate関数の引数expressionに指定して関数を実行します。後は、実行結果を出力するだけです。

このようにツールの利用は、「メッセージのtool_callsからツールに関する情報（名前と引数）を取り出し、それらを元に手動で関数を実行する」という形で行います。基本がわかったら、それぞれで関数を作成して試してみましょう。

Chapter
4

4.3. JavaScriptでLlamaを利用(Groq)

プロジェクトを準備する

Pythonによる利用が一通りわかったら、続いてJavaScriptからの利用について説明しましょう。まずはNode.jsのプロジェクトを用意します。前章で利用したプロジェクトをそのまま利用してもよいですし、新たに作成してもよいでしょう。新たに作成する人は、ターミナルから以下のように実行をして下さい。

▼リスト4-10

```
cd Desktop
mkdir groq-app
cd groq-app
npm init -y
```

これでデスクトップに「gorq-app」フォルダーが作られ、パッケージとして初期化されました。

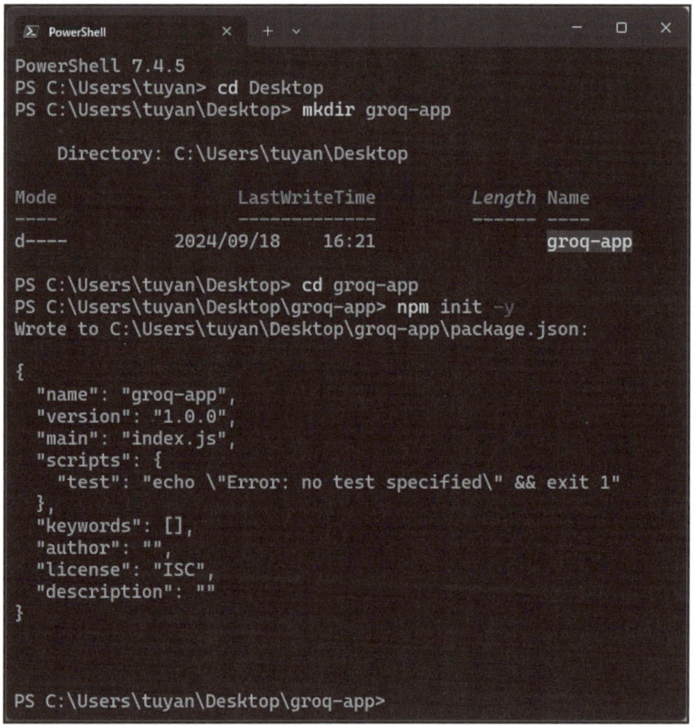

```
PowerShell 7.4.5
PS C:\Users\tuyan> cd Desktop
PS C:\Users\tuyan\Desktop> mkdir groq-app

    Directory: C:\Users\tuyan\Desktop

Mode                 LastWriteTime         Length Name
----                 -------------         ------ ----
d----          2024/09/18     16:21                groq-app

PS C:\Users\tuyan\Desktop> cd groq-app
PS C:\Users\tuyan\Desktop\groq-app> npm init -y
Wrote to C:\Users\tuyan\Desktop\groq-app\package.json:

{
  "name": "groq-app",
  "version": "1.0.0",
  "main": "index.js",
  "scripts": {
    "test": "echo \"Error: no test specified\" && exit 1"
  },
  "keywords": [],
  "author": "",
  "license": "ISC",
  "description": ""
}


PS C:\Users\tuyan\Desktop\groq-app>
```

図4-22：groq-appプロジェクトを作成する。

続いて、必要なパッケージをインストールします。

▼リスト4-11

```
npm install dotenv groq-sdk
```

これで、必要なものが揃いました。後は、フォルダー内にファイルを作成していくだけです。

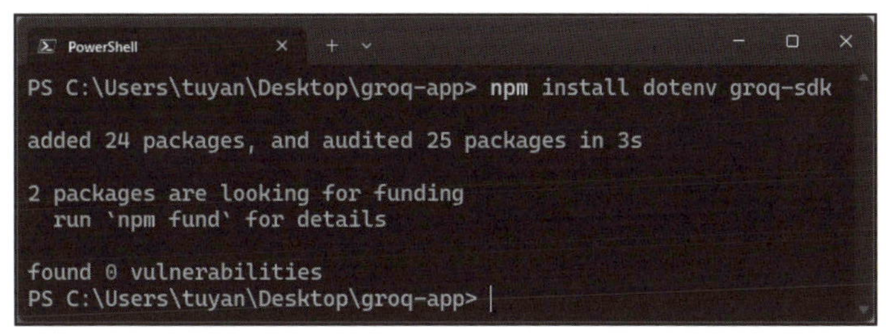

図4-23：パッケージをインストールする。

まず、APIキーを保管する「.env」ファイルを作ります。「groq-app」フォルダー内に「.env」という名前のファイルを用意し、以下を記述します。

▼リスト4-12

```
GROQ_API_KEY=《API キー》
```

《APIキー》の部分には、それぞれで取得したGroqのAPIキーを記述して下さい。

もう1つ、入力用の「prompt.js」を用意しましょう。前章で使ったプロジェクトからprrompt.jsをコピーし、この「groq-app」フォルダー内に入れて下さい。

Groq利用の流れを理解する

では、どのようにしてGroqからLlamaを利用すればよいのでしょうか。基本的な流れを整理していきましょう。

まず、インストールした「groq-sdk」から、Groqを利用するためのクラスを取り出します。

```
const { Groq } = require('groq-sdk');
```

インポートした「Groq」というのが、Groqアクセスのための機能をまとめたクラスです。利用の際は、まず「new」でインスタンスを作成します。

```
変数 = new Groq({
  api_key: 《API キー》
});
```

引数には、必要な情報をまとめたオブジェクトを用意します。これは、最低でも「api_key」という値を用意して下さい。これに、各自が用意したGroqのAPIキーを文字列で指定します。これにより、Groq APIにアクセスするためのGroqオブジェクトが作成されます。

createでチャット送信する

チャットを使ってアクセスするには、Groqのchat.completionsというプロパティにあるオブジェクトの「create」メソッドを使います。以下のように呼び出します。

```
《Groq》.chat.completions.create({
  model: モデル名,
  messages: […メッセージ…],
});
```

引数には、必要な情報をまとめたオブジェクトを用意します。ここには、最低でもmodelとmessagesの値は用意しておきましょう。modelでLlama-3のモデル名を指定し、messagesには送信するメッセージ情報を配列にまとめて指定します。メッセージは、以下のような形のオブジェクトとして用意しておきます。

```
{ role: ロール, content: コンテンツ }
```

roleには、ユーザーからの送信ならば"user"を指定します。システムプロンプトとして送りたいメッセージには、"system"と指定しておきます。contentには、メッセージのコンテンツ（送信するプロンプトや、AIから送られたメッセージなど）を指定します。

これでAPIにアクセスをし、応答を取得します。このcreateメソッドは非同期で実行されるため、戻り値を得るにはawaitするか、あるいはthenでコールバック関数を用意するかする必要があります。

チャットでアクセスする

では、実際にアクセスするプログラムを作成しましょう。「groq-app」フォルダーの中に、新たに「app.js」という名前でファイルを作成して下さい。そして、以下のようにスクリプトを記述しましょう。

▼リスト4-13

```
require('dotenv').config();
const { Groq } = require('groq-sdk');
const { prompt } = require('./prompt.js');

const groq = new Groq({
  api_key: process.env.GROQ_API_KEY
});

async function main() {
  const query = await prompt("prompt: ");
  const response = await groq.chat.completions.create({
    model: 'llama3-8b-8192',
    messages: [
      {
        role: 'system',
        content: 'すべて日本語で応答して下さい。'
      },
      {
        role: 'user',
        content: query
      }
```

```
    ],
  })
  console.log(response.choices[0].message.content);
}

main();
```

記述したら、ターミナルから「node app.js」を実行して動作を確認しましょう。実行すると、「prompt:」とプロンプトの入力待ち状態になるので、送信したい内容を記入してEnterします。これで、応答のテキストが出力されます。

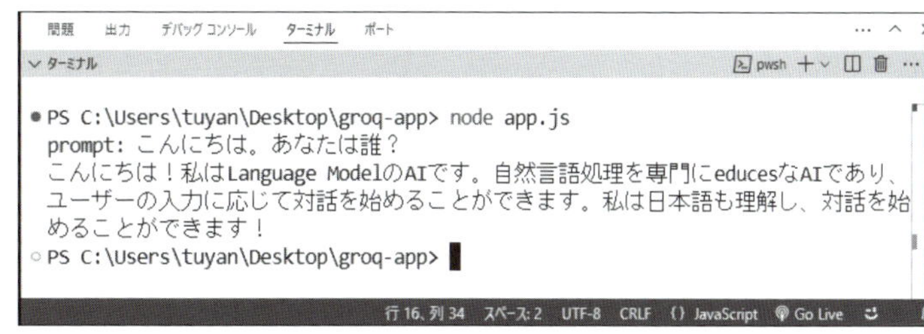

図4-24：プロンプトを入力し送信すると応答が出力される。

ここでは、以下のような形でcreateメソッドを実行しています。

```
const response = await groq.chat.completions.create({
  model: 'llama3-8b-8192',
  messages: […略…],
});
```

モデル名には、'llama3-8b-8192'を指定してあります。これが、Llama-3の基本モデルと言ってよいでしょう。messagesには、以下の2つのメッセージを用意してあります。

```
[
  { role: 'system', content: 'すべて日本語で応答して下さい。' },
  { role: 'user', content: query }
]
```

role: 'system'で、日本語で応えるようにシステムプロンプトを指定しています。その後に、role: 'user'で送信するプロンプトを用意します。

戻り値について

最後に、得られた値から応答のテキストを取り出して出力しています。createの戻り値は、Groq.Chat.Completionsというところにある「ChatCompletion」というクラスのインスタンスになっています。この中から応答の値を取り出します。

応答テキストは以下のようになっています。

```
console.log(response.choices[0].message.content);
```

戻り値の「choices」に、返された応答の情報が配列としてまとめられています。その最初のオブジェクトにある「message」からメッセージのオブジェクトを取得し、その中の「content」の値を出力して表示しています。

この戻り値の構造は、Pythonの場合とまったく同じです。利用したメソッドの名前や引数の内容などもほとんど同じでしたね。Python版のコーディングがわかれば、JavaScriptでもほぼ同じ感覚で利用することができるのです。

ストリームの利用

このcreateメソッドは、応答の生成が完了してから送られてきます。Groqは高速なので待ち時間はほとんど感じないでしょうが、長いコンテンツの生成などにはストリームによる出力を行いたいこともあるでしょう。ストリームの利用は、createメソッドの引数オブジェクトに以下の値を追加するだけで行えます。

```
stream: true
```

これを指定すると、createの戻り値は「Stream」というオブジェクトに変わります。これは、コレクションのように複数の値をまとめて保管できるようになっています。これを利用し、戻り値のStreamから順にオブジェクトを取り出して処理していきます。

Streamから取り出されるのは、Groq.Chat.Completionsに保管されているオブジェクトの「ChatCompletionChunk」というものです。これは生成されるコンテンツの欠片を管理するもので、このオブジェクトから必要な情報を取り出し処理していきます。

ストリームでAPIにアクセスする

では、実際にストリームを使ってみましょう。先ほどのapp.jsのスクリプトに記述した「main」関数を以下のように書き換えて下さい。

▼リスト4-14

```
async function main() {
  const query = await prompt("prompt: ");
  const response = await groq.chat.completions.create({
    model: 'llama3-8b-8192',
    messages: [
      {
        role: 'system',
        content: 'すべて日本語で応答して下さい。'
      },
      {
        role: 'user',
        content: query
      }
    ],
    stream: true
  });
  for await (const chunk of response) {
    if (chunk.choices[0]) {
      process.stdout.write(chunk.choices[0].delta.content || "");
    } else {
      break;
    }
  }
}
```

node app.jsでスクリプトを実行してプロンプトを入力すると、高速で応答が出力されていきます。

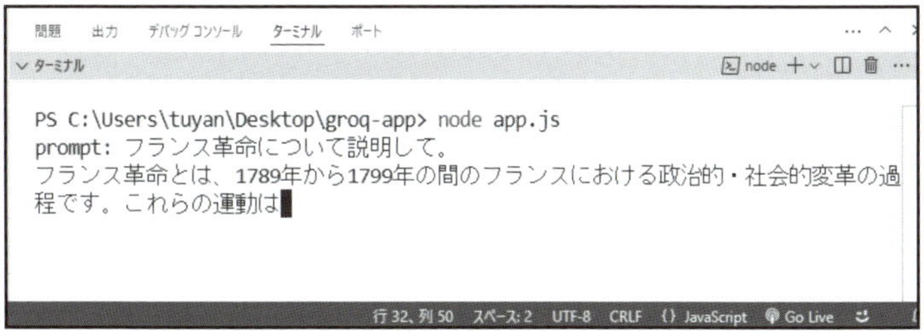

```
PS C:\Users\tuyan\Desktop\groq-app> node app.js
prompt: フランス革命について説明して。
フランス革命とは、1789年から1799年の間のフランスにおける政治的・社会的変革の過
程です。これらの運動は
```

図4-25：実行するとリアルタイムに応答が出力されていく。

ここでは、createの戻り値を以下のようにして繰り返し処理しています。

```
for await (const chunk of response) {
  …略…
}
```

responseのStreamは非同期で値が追加されていくため、for await(〇〇)というようにして、処理が完了するごとに繰り返すようにしています。そして、取り出した欠片のオブジェクトから必要な値を取り出し、出力をしています。

```
if (chunk.choices[0]) {
  process.stdout.write(chunk.choices[0].delta.content || "");
}
```

chunk.choices[0])にオブジェクトが存在するならば、その中のdeltaからcontentを取り出して出力します。ChatCompletionChunkでは、deltaに欠片のオブジェクトが保管されているので、この中のcontentを取り出して出力することになります。

ツールの利用

Groqがカスタマイズしたllamaを使ったツールの利用についても行ってみましょう。ツールの利用は、「ツール用の関数」「関数の定義」「ツールを利用したモデルアクセス」といったものを組み合わせる必要がありましたね。

では、順に作業していきましょう。先にPythonで作った数式評価の関数「caluculate」をJavaScriptに移植して動かしてみます。

まず、Groqオブジェクトの作成から関数の定義までを行いましょう。app.jsの内容を以下に書き換えます。

▼リスト4-15

```
require('dotenv').config();
const { Groq } = require('groq-sdk');
const { prompt } = require('./prompt.js');
```

```
const groq = new Groq({
  api_key: process.env.GROQ_API_KEY
});

// モデル名
const MODEL = 'llama3-groq-70b-8192-tool-use-preview';

// ツール用関数
function calculate(expression) {
  console.log("*** Evaluate a mathematical expression ***");
  try {
    const result = eval(expression);
    return { result: result };
  } catch (error) {
    return { error: "Invalid expression" };
  }
}
```

使用するモデルは、llama3-groq-70bを指定します。groqがカスタマイズしたLlamaモデルですね。

calculate関数がツール用に用意したものになります。ここではeval関数で引数expressionを評価し、その結果を{ result: result }という形で返しています。エラーが出た場合は、{ error: "Invalid expression" }とエラーメッセージを返すようにしています。

ツール定義の用意

続いて、calculate関数の定義を作成しましょう。app.jsの末尾に以下のコードを追記して下さい。

▼リスト4-16

```
const tools = [
  {
    type: "function",
    function: {
      name: "calculate",
      description: "expressionの数式を評価する関数です。",
      parameters: {
        type: "object",
        properties: {
          expression: {
            type: "string",
            description: "評価する数式。例: (1 + 2) * 3 / 4",
          }
        },
        required: ["expression"]
      }
    }
  }
];
```

内容は、Pythonで作成したものと同じです。JavaScriptなので、オブジェクトの書き方が多少違う(キーは文字列にしていない)だけで、ほぼ同じものであることがわかるでしょう。これで、ツールの準備は完了です。

calculateツールを利用する

では、用意したツールを使ってLlamaにアクセスをしてみましょう。app.jsの末尾に以下のコードを追記して下さい。

▼リスト4-17

```
async function run(query) {
  const messages = [
    {
      role: "system",
      content: `あなたは計算機アシスタントです。
      計算機能を使用して数学演算を実行し、結果を提供します。`
    },
    {
      role: "user",
      content: query
    }
  ];

  try {
    // APIリクエストを送信
    const response = await groq.chat.completions.create({
      model: MODEL,
      messages: messages,
      tools: tools,
      tool_choice: "auto",
      max_tokens: 4096
    });

    // レスポンスを処理
    const respMessage = response.choices[0].message;
    const toolCalls = respMessage.tool_calls;

    // ツールの呼び出しをチェック
    if (toolCalls && toolCalls.length > 0) {
      // ツールの呼び出しを処理
      for (let toolCall of toolCalls) {
        // calucateの処理
        if (toolCall.function.name === "calculate") {
          const funcArgs = JSON.parse(toolCall.function.arguments);
          const funcResponse = calculate(funcArgs.expression);
          console.log(funcArgs.expression, ' = ',
              funcResponse.result);
        }
      }
    } else { // ツールを使わない場合
      console.log(response.choices[0].message.content);
    }

  } catch (error) {
    console.error("Error in run function:", error.message);
  }
}
```

```
// プロンプトを入力してrunを実行
async function main() {
  const query = await prompt("prompt: ");
  run(query);
}
main();
```

コードが完成したら、node app.jsで実行しましょう。プロンプトに「123 + 456」のような数式を入力すると、「*** Evaluate a mathematical expression ***」と表示がされ、calculate関数の実行結果が表示されます。数式以外のものは、計算機アシスタントとして答えます。

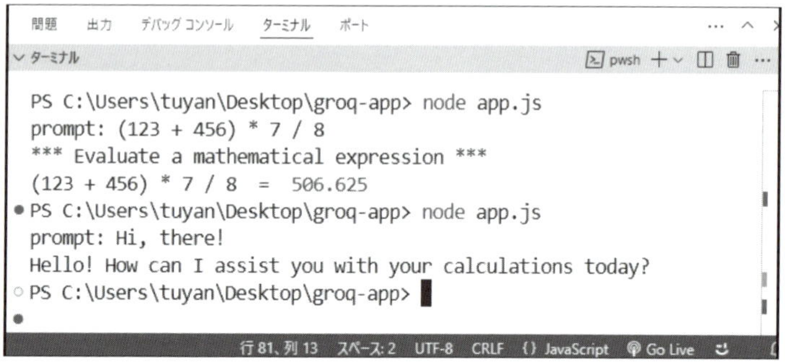

```
PS C:\Users\tuyan\Desktop\groq-app> node app.js
prompt: (123 + 456) * 7 / 8
*** Evaluate a mathematical expression ***
(123 + 456) * 7 / 8  =  506.625
PS C:\Users\tuyan\Desktop\groq-app> node app.js
prompt: Hi, there!
Hello! How can I assist you with your calculations today?
PS C:\Users\tuyan\Desktop\groq-app>
```

図4-26：数式を入力すると、calculate関数で評価する。それ以外は普通に応答が返る。

ツール利用の処理の流れ

では、行っている処理を見てみましょう。まず、createでAIに問い合わせを送ります。以下のようになっています。

```
const response = await groq.chat.completions.create({
  model: MODEL,
  messages: messages,
  tools: tools,
  tool_choice: "auto",
  max_tokens: 4096
});
```

「tools: tools」で、ツールの定義をtoolsに設定指定しています。また「tool_choice: "auto"」で、使用するツールが自動的に設定されるようにします。

これでプロンプトを送信したら、戻り値からメッセージを取り出します。

```
const respMessage = response.choices[0].message;
const toolCalls = respMessage.tool_calls;
```

ツールの使用を行う場合、メッセージの「tool_calls」にそのための情報が保管されます。この値を取り出し、ツールの呼び出しをチェックします。

```
if (toolCalls && toolCalls.length > 0) {……
```

toolCallsがundefinedなどでなく、かつtoolCallsに値が保管されているならば、この値を順に処理していきます。toolCallsの値は配列のため、forで繰り返し処理を行います。

```
  for (let toolCall of toolCalls) {……
```

関数の情報は、変数toolCallに取り出したオブジェクトのfunctionプロパティにまとめられています。この中の関数名を示すnameプロパティが"calculate"だったならば、calculate関数に必要な引数の情報を取り出し、calculateを実行して結果を出力します。

```
if (toolCall.function.name === "calculate") {
  const funcArgs = JSON.parse(toolCall.function.arguments);
  const funcResponse = calculate(funcArgs.expression);
  console.log(funcArgs.expression, ' = ', funcResponse.result);
}
```

toolCall.function.argumentsはJSONフォーマットの文字列なので、JSON.paraseでオブジェクトとして取り出します。そこからexpressionの値を取り出し、これを引数に指定してcalculate関数を実行します。toolCall.functionにどんな情報が保管されているかわかっていれば、必要な情報を取り出してツール関数を実行するのはそれほど難しくはありません。

これで、JavaScriptによるGroqのLlama利用の基本がだいたいわかりました。GroqのライブラリはPythonもJavaScriptもほぼ同じなので、基本がわかればどちらのコードも簡単に書けるようになるでしょう。

Chapter 4

4.4. ローカル環境でLlamaを利用(Ollama)

LlamaとOllama

クラウドのサービスを利用するのもよいけれど、せっかくオープンソースで配布されているんだから自分のパソコンで動かしてみたい。そう思う人もきっと多いことでしょう。こうした人のために、ローカル環境でLlamaを利用する方法についても説明しましょう。確かにMetaではLlamaを配布しており、誰でもダウンロードしてインストールできます。しかし、インストールしてどうするのですか？「インストールできたなら、PythonやJavaScriptからLlamaにアクセスして使えるだろう」と思った人、どうやって？Metaが配布しているのはただのLLMであり、そこにアクセスするための便利なライブラリなどはありません。アクセスする方法は自分で考えないといけないのです。MetaからLlamaをダウンロードして使うのもいいのですが、こうした「ダウンロードした後、どうやって使うのか」まで考えると、もう少し便利な方法を試したほうがよいでしょう。Llamaが登場してから、Llamaをローカル環境でうまく使えるようにするためのソフトウェアがいろいろと登場しています。こうしたものを利用するのが一番でしょう。ここでは、その中でも最も一般的に利用されている「Ollama」を利用することにします。

Ollamaとは?

Ollamaは、LLMをローカル上で実行するためのオープンソースのツールです。オープンソースですから誰でも無料で使うことができます。また、OllamaはLlama専用のツールというわけではなくて、それ以外にも多くのオープンソースLLMに対応しています。例えばCommand-RやGoogle Gemma、Microsoft Phi3といったものもOllamaで利用できます。以下のURLで公開されています。

https://ollama.com/

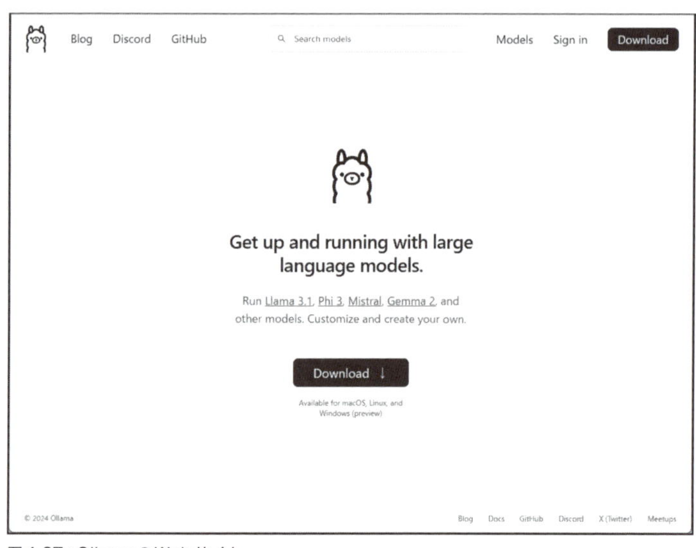

図4-27：OllamaのWebサイト。

アクセスすると、トップページに「Download」というボタンが用意されています。これをクリックすると、Windows、macOS、LinuxのOllamaのダウンロードを行うページに移動します。ここから自分の利用するプラットフォーム用のソフトウェアをダウンロードし、インストールして下さい。

C O L U M N

Ollama と Llama.cpp

Llama についていろいろと調べていると、Ollama と共に「Llama.cpp」というものに関する情報もたくさん見つかることでしょう。中には、「どっちを使ったほうがいいんだろう？」などと悩んだ人もいるかもしれません。Llama.cpp は、Llama などの LLM をローカル環境で実行するための C/C++ ライブラリです。Llama を利用するための土台となる技術と言ってよいでしょう。Ollama も、実は内部で LLM を呼び出すのに Llama.cpp を利用して動いています。両者は切っても切れない関係なんですね！

Ollamaを動かす

では、Ollamaを利用してみましょう。Ollamaの使い方は、大きく2通りあります。1つは、「Ollamaを動かして、プロンプトを書いてLLMとチャットする」というもの。ローカル環境でAIチャットを行うことができるのですね。そしてもう1つは、LLMサーバーとして起動し、PythonやJavaScriptからOllamaのLLMにアクセスして利用する、というものです。

では、OllamaでLlamaを動かして、チャットをしてみましょう。ターミナルを起動して下さい。そして、以下のコマンドを実行します。

```
ollama run llama3.2
```

「ollama run」は、指定のLLMをOllamaで実行するコマンドです。ここでは、Llama3.2を指定しておきました。これを実行すると、ネットワーク経由でLlama3.2がダウンロードされます。これにはけっこう時間がかかるので、完了するまで待って下さい。

ダウンロードが完了すると、入力待ちの状態になります。もうプロンプトを入力してチャットすることができます。適当に書いて、Enterしてみて下さい。OllamaによりLlama3.2にプロンプトが送信され、応答が出力されます。

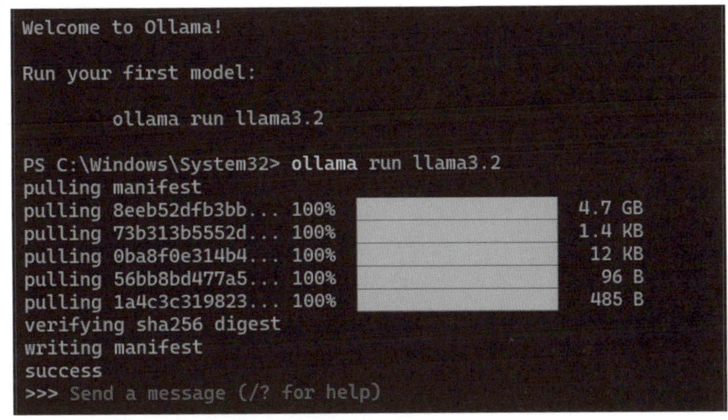

図4-28：ollama runでLlama3.2をダウンロードする。

実際に試してみるとすぐに気がつきますが、OllamaではGroqのようなスピーディな応答はできません。ローカル環境（自分のパソコン）で動いているため、動作は非常に緩慢です。しかしクラウドを使わず、パソコン内部で完結して動くため、機密情報が外部に漏れたりする心配はありません。好きなように利用できるのです。これはこれで便利ですね！

チャットの終了は、「/bye」と送信します。あるいは、Ctrlキー＋「C」で強制終了してもいません。実際にいろいろとプロンプトを送信して、Llamaとチャットをしてみましょう。スピードの面では今ひとつですが、十分な性能を持ったLLMが自分のパソコンの中で動いていることが実感できるでしょう。

図4-29：プロンプトを書いて送信すると、Llama3.2から応答が返る。

Ollamaをサーバー起動する

OllamaによるLlama利用ができたら、いよいよLlamaにプログラミング言語からアクセスをしましょう。これにはまず、OllamaでLLMをサーバーとして起動します。

Windows版の場合、Ollamaをインストールすると「Ollama」というアプリケーションが「スタート」ボタンに追加されます。これを選ぶことでOllamaがサーバー起動します。画面にはまったく表示されないので動いているかどうかよくわからないでしょうが、ツールバーにOllamaのアイコンがシステムトレイに追加されるので、これでわかります。このアイコンを右クリックすれば、Ollamaサーバーを終了するメニューが現れます。

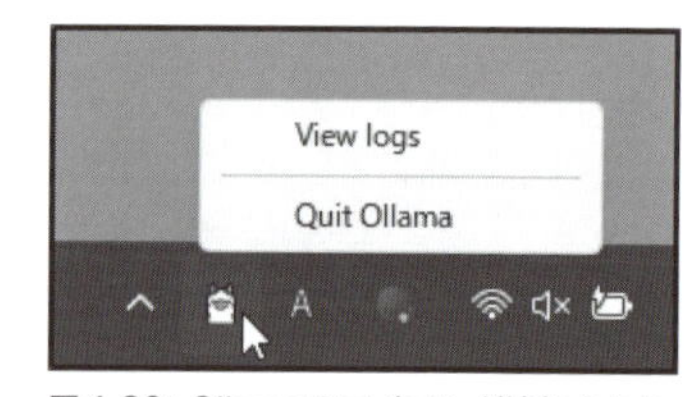

図4-30：Ollamaのアイコンが追加される。

ollama serverでサーバー起動する

もう1つの方法は、ollamaコマンドを利用するものです。こちらがOllamaの標準的な方法と言ってよいでしょう。ターミナルを起動し、以下のコマンドを実行して下さい。

```
ollama serve
```

実行すると、サーバー設定情報や実行時の各種メッセージなどが出力されていきます。内容はよくわからないでしょうが、特にエラーなどが出力しなければ正常にサーバーが起動しています。

この状態でプログラミング言語からサーバーにアクセスすると、Ollamaにインストールされている LLM にアクセスすることができます。サーバーは、Ctrlキー+「C」キーで終了できます。

図4-31：ollama serveコマンドを実行する。

PythonからOllamaサーバーにアクセスする

では、Ollamaサーバーにアクセスをしましょう。まずは、Pythonから行ってみます。PythonでOllamaを利用するには、「ollama」というパッケージをインストールします。ターミナルから以下のコマンドを実行して下さい。

```
pip install ollama
```

これで、ollamaパッケージが追加されます。このollamaのモジュールにある機能を使ってアクセスを行います。

chat関数を実行する

Ollamaにチャットとしてアクセスするには、ollamaモジュールにある「chat」関数を使います。これは、以下のように呼び出します。

```
変数 = ollama.chat(
  model=モデル名,
  messages=[メッセージ] )
```

非常にシンプルですね。Ollamaはローカルで動くサーバーにアクセスするだけなので、クラウドのようにAPIキーを指定したり、サービスにサインインしたりといったことを考える必要がありません。ただアクセスする関数を呼び出すだけで簡単に行えます。

model引数には、Ollamaに用意されているモデル名を指定します。先に「llama3.2」というモデルをインストールしていますから、これを指定しましょう。Ollamaにはこの他にも、各種のLLMが用意されています。このmodelでそれらを指定することで、Llama以外のモデルも利用できます。

もう1つのmessagesは、送信するメッセージ情報をリストにまとめたものを指定します。メッセージは、以下のような形で作成します。

```
{ 'role': ロール, 'content': コンテンツ }
```

この形は既に何度も登場していますからおなじみですね。roleでメッセージのロール（役割）を指定し、contentでメッセージのコンテンツを指定します。roleには、「user」「system」「assistant」といったものを指定します。

Pythonコードを作成する

では、実際にOllamaサーバーにアクセスしてみましょう。どこか適当なところ（デスクトップなど）にPythonのファイルを作成しましょう。ここでは、「ollama-run.py」というファイル名で用意しておきました。

ファイルには、以下のようにコードを記述して下さい。

▼リスト4-18

```
import ollama

prompt = input("prompt: ")

response = ollama.chat(
  model='llama3.2',
  messages=[
    {
      'role': 'user',
      'content': prompt,
    },
  ])

print(response['message']['content'])
```

ファイルを保存したら、ターミナルからPythonコマンドでコードを実行します。ファイルが置かれている場所にcdで移動し、以下のコマンドを実行して下さい。

```
python ollama-run.py
```

実行すると「prompt:」と表示され、入力待ちの状態となります。そのままプロンプトを入力してEnterするとOllamaサーバーに送信され、応答が出力されます。使っているパソコンの性能によりますが、出力まではけっこう時間がかかるので、気長に待ちましょう。

図4-32：プロンプトを送ると応答が返る。

動作を確認したら、「ollama serve」を実行したターミナルの画面を見て下さい。以下のような形の出力がされているのがわかるでしょう。

```
[GIN] …日時… | 200 |    秒数 |        127.0.0.1 | POST      "/api/chat"
```

これは、Ollamaサーバーへのアクセス情報です。アクセスがあると、その日時や応答にかかった秒数、ホストのドメインとHTTPメソッド名、エンドポイントといった情報が出力されます。日時の後に「200」とあるのはステータスコードで、正常にアクセスが行われたことを示します。ターミナルの出力を見ることで、サーバーへのアクセス状況をチェックできるようになっているのですね。

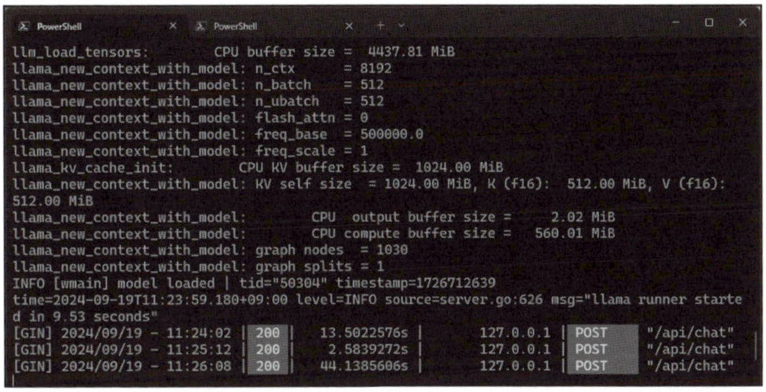

```
llm_load_tensors:        CPU buffer size =  4437.81 MiB
llama_new_context_with_model: n_ctx      = 8192
llama_new_context_with_model: n_batch    = 512
llama_new_context_with_model: n_ubatch   = 512
llama_new_context_with_model: flash_attn = 0
llama_new_context_with_model: freq_base  = 500000.0
llama_new_context_with_model: freq_scale = 1
llama_kv_cache_init:        CPU KV buffer size =  1024.00 MiB
llama_new_context_with_model: KV self size  = 1024.00 MiB, K (f16):  512.00 MiB, V (f16):
512.00 MiB
llama_new_context_with_model:        CPU  output buffer size =     2.02 MiB
llama_new_context_with_model:        CPU compute buffer size =   560.01 MiB
llama_new_context_with_model: graph nodes  = 1030
llama_new_context_with_model: graph splits = 1
INFO [wmain] model loaded | tid="50304" timestamp=1726712639
time=2024-09-19T11:23:59.180+09:00 level=INFO source=server.go:626 msg="llama runner starte
d in 9.53 seconds"
[GIN] 2024/09/19 - 11:24:02 | 200 |   13.5022576s |       127.0.0.1 | POST     "/api/chat"
[GIN] 2024/09/19 - 11:25:12 | 200 |    2.5839272s |       127.0.0.1 | POST     "/api/chat"
[GIN] 2024/09/19 - 11:26:08 | 200 |   44.1385606s |       127.0.0.1 | POST     "/api/chat"
```

図4-33：アクセスのログが出力される。

Ollamaサーバーからの戻り値

では、chatでアクセスした場合の戻り値はどのようになっているのでしょうか。作成したサンプルでは、以下のようにして応答のコンテンツを取り出し出力していました。

```
print(response['message']['content'])
```

戻り値のresponse内にさまざまな値が保管されていることがわかりますね。戻り値の値は、だいたい以下のようになっています。

```
{
  'model': 'llama3.2',
  'created_at': '…日時…',
  'message': {
    'role': 'assistant',
    'content': "…略…"
  },
  'done_reason': 'stop',
  'done': True,
  'total_duration': 整数,
  'load_duration': 整数,
  'prompt_eval_count': 整数,
  'prompt_eval_duration': 整数,
  'eval_count': 整数,
  'eval_duration': 整数
}
```

けっこう、多くの情報がまとめられています。中でも重要なのは、「model」と「message」でしょう。modelは、応答の生成に使われたモデル名です。そしてmessageが、LLMから返されたメッセージになります。これには、roleとcontentの値が用意されています。ここからcontentの値を取り出して利用すればよいのです。

generate関数を利用する

これでLlamaへのアクセスはできるようになりました。が、実はLLMへのアクセスにはもう1つ関数が用意されています。それは、「generate」というものです。以下のように利用します。

```
変数 = ollama.generate( モデル名 , プロンプト )
```

引数にモデル名とプロンプトをそれぞれ文字列で指定します。非常に単純ですね。これらはラベル付き引数を使って、以下のように記述することもできます。

```
変数 = ollama.generate( model=モデル名 , prompt=プロンプト )
```

このgenerateはチャットのように会話のやり取りを行うのではなく、「プロンプトを送ると、それに続くテキストを生成する」というものです。したがって、送信するのは1つの文字列のみです。それ以外のものは送れません。

この方式は、実はチャットが主流になる前のLLMで広く使われていた方式です。現在でも、この方式をサポートしているLLMは多数あります。こちらのほうが扱いがシンプルなため、特に連続した会話を必要としない場合はチャットよりも使いやすいでしょう。

generateで続きを生成する

では、実際に試してみましょう。先ほど作ったollama-run.pyをそのまま利用します。このファイルに書かれたコードを以下に書き換えて下さい。

▼リスト4-19

```
import ollama

prompt = input("prompt: ")

response = ollama.generate('llama3.2', prompt)

print(response['response'])
```

実行したら、送信するテキストを入力しEnterすると、それに続くテキストが出力されます。実際にいろいろ試して「続きを考える」というものがどう働くか調べてみましょう。普通の会話のように返事が出力されることもありますし、そうでない場合もあるのがわかるでしょう。

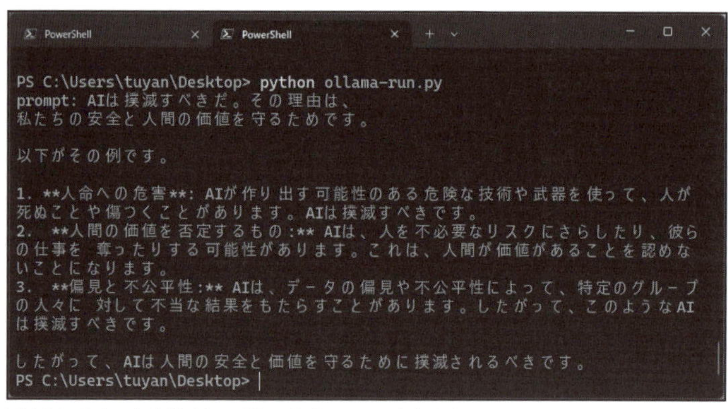

図4-34：テキストを送ると、それに続くテキストを生成する。

generateの戻り値

では、このgenerateではどのような値が返されるのでしょうか。サンプルでは、response['response']というようにして応答を出力していました。明らかにchat関数の戻り値とは違っているのがわかりますね。

generateの戻り値は、以下のようになっています。

```
{
  'model': 'llama3.2',
  'created_at': '…日時…',
  'response': "Hello! ……",
  'done': True,
  'done_reason': 'stop',
  'context': […整数リスト…],
  'total_duration': 整数,
  'load_duration': 整数,
  'prompt_eval_count': 整数,
  'prompt_eval_duration': 整数,
  'eval_count': 整数,
  'eval_duration': 整数
}
```

基本的にはchatの戻り値と同じですが、返される応答が違います。chatでは、「message」という値にメッセージが保管されていましたが、generateでは、「response」というところに応答のテキストが保管されています。この値を取り出せば、応答が得られるわけです。

ストリーム出力

Ollamaはローカル環境でいつでもLLMが利用できて便利ですが、とにかく「遅い」のが欠点です。特に長い応答を生成している場合など、結果が出力されるまで散々待たされることになります。

多くのAIチャットが採用しているストリーム出力を利用すれば、生成されたコンテンツが少しずつ出力されていきますから、少しはストレスも軽減するでしょう。chatやgenerateでは引数に「stream=True」と追加することで、ストリーム出力をするようになります。stream=Trueを指定すると、戻り値はジェネレータになります。ジェネレータは、リアルタイムに値を生成して追加していくイテレータです。この戻り値から繰り返しなどを使って値を取り出し、処理していけばよいのです。

chatをストリーム出力する

では、実際に試してみましょう。まずは、chatをストリーム出力してみます。ollama-run.pyの内容を以下に書き換えて下さい。

▼リスト4-20

```
import ollama

prompt = input("prompt: ")

response = ollama.chat(
  model='llama3.2',
  messages=[
```

```
        {
          'role': 'user',
          'content': prompt,
        },
      ],
      stream=True)

for part in response:
  print(part['message']['content'], end='', flush=True)
print()
```

実行したら、プロンプトを送信して下さい。すると、応答が少しずつ出力されていきます。まぁ、Groqなどの高速出力に比べればまだまだ遅いですが、少しずつ表示されていけばローカル環境でも使う気になれるのではないでしょうか。

図4-35：プロンプトを送信するとリアルタイムに応答が出力されていく。

ここでは、chatにstream=Trueを指定して実行しています。そして戻り値は、以下のようにして処理を行っています。

```
for part in response:
  print(part['message']['content'], end='', flush=True)
```

戻り値をforで繰り返し処理していますね。取り出したオブジェクトからは、part['message']['content']の値を出力しています。ストリームで少しずつ返されるオブジェクトの内容は、基本的にchatの戻り値のオブジェクトとほぼ同じ構造になっていることがわかります。

generateをストリーム出力する

このストリーム出力はgenerateでも使えます。これもサンプルを挙げておきましょう。ollama-run.pyを書き換えて試してみて下さい。

▼リスト4-21

```
import ollama

prompt = input("prompt: ")

response = ollama.generate(
  model='llama3.2',
  prompt=prompt,
  stream=True)

for part in response:
  print(part['response'], end='', flush=True)
print()
```

これで、chatと同様にストリーム出力されます。generateの引数にstream=Trueを指定し、戻り値からforで繰り返しオブジェクトを取り出し出力させていますね。基本的な処理の仕方はchatのストリーム出力と変わりありません。またジェネレータで得られる値も、通常のgenerateの戻り値とほぼ同じものになります。

実際に試してみるとわかりますが、ローカル環境でLLMを利用する場合、ストリーム出力こそが基本の出力方式だと言ってよいでしょう。ローカル環境ではどうしても応答の生成に時間がかかりますから、少しでも早く反応が返るストリーム出力を利用するのが基本と考えましょう。

JavaScriptからOllamaサーバーにアクセスする

Pythonによるollama利用が代替できるようになったところで、続いてJavaScriptからの利用について説明をしましょう。

JavaScriptでOllamaを利用する場合、npmでOllamaのパッケージをインストールします。Groqで使っていたプロジェクト(「groq-app」フォルダー)をそのまま利用することにしましょう。ターミナルで「groq-app」フォルダー内に移動し、以下のコマンドを実行します。

▼リスト4-22

```
npm install ollama
```

これで、「ollama」パッケージがプロジェクトにインストールされます。これを利用してOllamaサーバーにアクセスします。

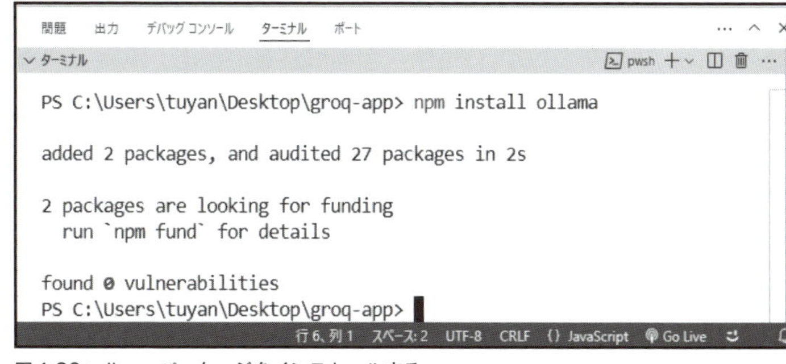

図4-36:ollamaパッケージをインストールする。

Ollamaオブジェクトの作成

では、Ollamaサーバーへのアクセスの手順を説明しましょう。まず、m ollamaモジュールからOllamaクラスをインポートします。これは以下のように行います。

```
const { Ollama } = require('ollama');
```

そして、クラスからインスタンスを作成します。引数なしで、ただnewするだけで作成できます。

```
変数 = new Ollama();
```

後は、このインスタンスからメソッドを呼び出して利用するだけです。

chatメソッドについて

では、チャットから行いましょう。チャットを利用したアクセスは、「chat」メソッドで行います。これは以下のように記述します。

```
《Ollama》.chat({
  model: モデル名,
  messages: [ メッセージ ]
});
```

引数には、必要な情報をひとまとめにしたオブジェクトを用意します。この中に、モデル名のmodel、送信するメッセージを配列にまとめたmessagesなどの値を用意します。messagesに用意するメッセージは、以下の形でまとめます。

```
{ role: ロール, content: コンテンツ }
```

このchatメソッドは非同期になっているため、利用の際はawaitするか、戻り値からthenメソッドを呼び出してコールバック処理を用意する必要があります。

chatでLlamaにアクセスする

では、実際にchatを利用してみましょう。「groq-app」フォルダーのapp.jsのコードを以下に書き換えて下さい。

▼リスト4-23

```
const { prompt } = require('./prompt.js');
const { Ollama } = require('ollama');

const ollama = new Ollama();

async function main() {
  query = await prompt('prompt: ');
  const response = await ollama.chat({
    model: 'llama3.2',
    messages: [
      {
        role: 'user',
        content: query
      }
    ],
  });
  console.log(response.message.content);
}

main();
```

コードが用意できたら、「node app.js」で実行しましょう。プロンプトを入力しEnterすると、Llamaから応答が返ってきます。

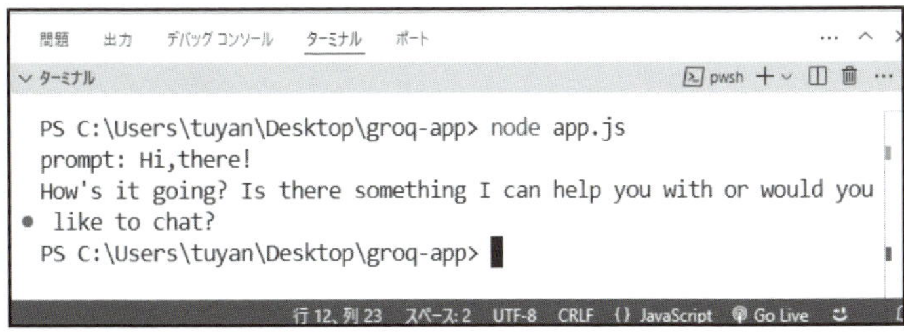

図4-37：プロンプトを送信すると応答が返ってくる。

ここでは、以下のようにchatを呼び出しています。

```
const response = await ollama.chat({
  model: 'llama3.2',
  messages: [ { role: 'user', content: query} ],
});
```

modelに'llama3.2'を指定し、messagesにはrole: 'user'でプロンプトを指定してあります。これでLlamaにプロンプトが送信されます。

戻り値は、ChatResponseというオブジェクトが返されます。ここではその中からmessage.contentという値を出力していますね。戻り値のChatResponseにあるmessageにメッセージ情報が保管されており、その中のcontentを取り出し出力をしています。戻り値の構造は、先にPythonでchatを利用したときとまったく同じです。

generateを利用する

では、generateの利用はどうなるでしょうか。これも、JavaScriptで利用可能です。Ollamaクラスの「generate」メソッドとして用意されています。

```
《Ollama》.generate({
  model: モデル名,
  prompt: プロンプト
});
```

引数に、必要な情報をまとめたオブジェクトを指定する点は同じですね。ここではmodelと、「prompt」という値を用意します。promptに送信するプロンプトの文字列を指定します。

このgenerateも非同期メソッドなので、awaitするかthenでコールバック処理を用意するかして下さい。

generateでLlamaに送信する

では、generateを利用した例を挙げておきましょう。app.jsに記述したコードから、main関数を次のように修正して下さい。

▼リスト4-24

```
async function main() {
  query = await prompt('prompt: ');
  const response = await ollama.generate({
    model: 'llama3.2',
    prompt: query
  });
  console.log(response.response);
}
```

実行し、プロンプトを入力してEnterすると、それに続くテキストが生成されます。ここでは、generateでmodelとpromptの値を指定して実行をしていますね。

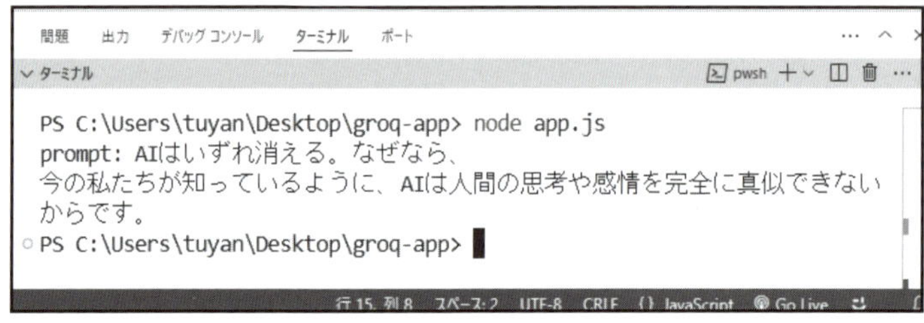

図4-38：プロンプトを送信すると、それに続くテキストを出力する。

generateの戻り値は、「GenerateResponse」というオブジェクトになります。この戻り値から、responseの値を出力しています。この中に応答のコンテンツが保管されているので、取り出して利用すればよいでしょう。

ストリーム処理を行う

ローカル環境で動くLLMは非常に遅いので、やはりストリームを使った応答処理が必要となるでしょう。chatをストリーム出力させるには、引数のオブジェクトに「stream: true」という値を追加するだけです。

問題は、ストリームで返される値の処理ですね。ストリームを利用する場合、chatの戻り値はAbortableAsyncIteratorというイテレータのオブジェクトになります。これには、送信されてくる応答の欠片をコンテンツとして保管したChatResponseオブジェクトがまとめられています。したがって、ここから順に値を取り出し、その中のコンテンツを処理していけばよいのです。

chatをストリーム出力する

では、実際にchatをストリーム出力してみましょう。app.jsに記述したmain関数を以下のように書き換えて下さい。

▼リスト4-25

```
async function main() {
  query = await prompt('prompt: ');
  const response = await ollama.chat({
    model: 'llama3.2',
```

```
    messages: [
      {
        role: 'user',
        content: query
      }
    ],
    stream: true,
  });
  for await(const chunk of response) {
    process.stdout.write(chunk.message.content);
  }
}
```

プロンプトを送信すると、少しずつ応答が出力されていきます。

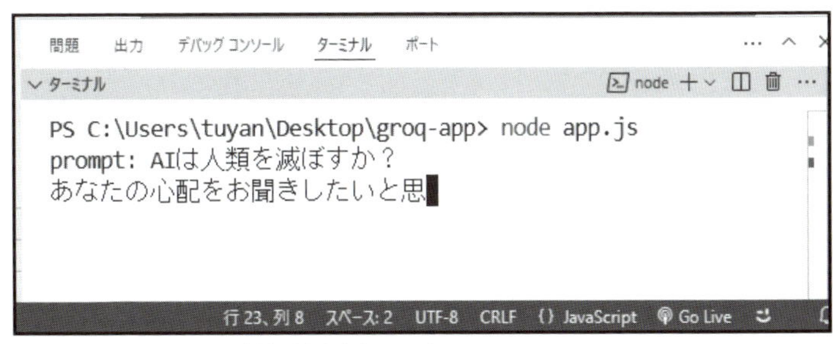

図4-39：リアルタイムに応答が出力されていく。

ここでは、stream: trueを指定してchatを実行しています。そして、戻り値を以下のように処理しています。

```
for await(const chunk of response) {
  process.stdout.write(chunk.message.content);
}
```

responseから順に値をchunkに取り出し、そのmessage.contentの値を出力しています。注意したいのは、「イテレータに値が追加されていく処理は非同期で行われる」という点です。このため、forでイテレータから値を取り出す処理はawaitで行う必要があります。取り出した値はChatResponseですから、後は通常のchatと同じように処理していけばよいのです。

generateのストリーム処理

続いて、generateのストリーム処理です。こちらもgenerateの引数に用意するオブジェクトに「stream: true」の値を追加するだけでストリーム出力されるようになります。

返される値は、chatのストリーム出力と同じAbortableAsyncIteratorオブジェクトになります。この中に、generateの応答を扱う「GenerateResponse」が追加されていきます。これを取り出し、処理していけばよいのです。

既にAbortableAsyncIteratorの扱い方はわかっていますから、すぐにコードを作成できるでしょう。では、試してみましょう。app.jsのmain関数を次のように書き換えて下さい。

▼リスト4-26

```
async function main() {
  query = await prompt('prompt: ');
  const response = await ollama.generate({
    model: 'llama3.2',
    prompt: query,
    stream: true,
  });
  for await(const chunk of response) {
    process.stdout.write(chunk.response);
  }
}
```

実行したら、プロンプトを送信して下さい。その続きのテキストをリアルタイムに出力していきます。chatとgenerateの違いはありますが、挙動は同じですね。

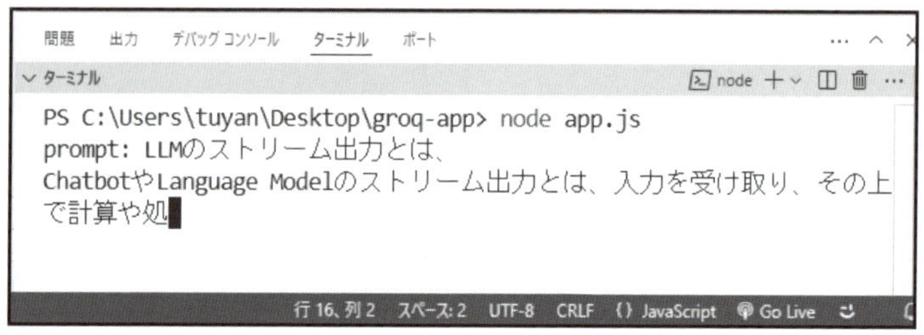

図4-40：generateの応答をストリーム出力する。

ここでは、generateの戻り値を以下のように処理しています。

```
for await(const chunk of response) {
  process.stdout.write(chunk.response);
}
```

forでresponseから値をchunkに取り出していきます。これは、awaitで非同期処理が完了したら行われるようにしておきます。そして、取り出したchunkからresponseの値を出力します。これで、非同期に送られてきたテキストが出力されます。

ストリーム処理は結果も非同期で返されてくるため、その処理の仕方をきちんと理解しておかないといけません。しかしやり方さえわかれば、意外に簡単に処理できます。応答の待ち時間を軽減するため、ローカル環境ではストリーム出力を利用するようにしましょう。

Chapter 4

4.5. HTTPリクエストで利用（Ollama）

CURLでOllamaにアクセスする

専用のパッケージを利用したアクセスはこれでわかりました。しかし、LLMへのアクセスはPythonとJavaScriptからしか行えないわけではありません。

Ollamaサーバーはエンドポイントとして各機能を公開しているので、HTTPリクエストの送信の仕方さえわかっていれば、どんな環境からでも利用することができます。そこで、HTTPリクエストによるアクセスの基本についても説明しておきましょう。

まずは、CURLを利用したアクセスを行ってみます。

generateのエンドポイント

Ollamaにはいくつかの機能があり、それぞれにエンドポイントが用意されています。まずは、最も利用が簡単な「generate」によるアクセスから考えてみましょう。

generateは以下のエンドポイントで公開されています。アクセスは、必ず「POST」メソッドを使います。

http://localhost:11434/api/generate

localhost:11434はOllamaのサーバー・ドメインです。Ollamaサーバーは、デフォルトでポート番号11434で起動します。このサーバーの/api/generateにエンドポイントが割り当てられています。

このエンドポイントへのアクセスには、以下のような情報が必要です。

▼ヘッダー情報

```
'content-type: application/json'
```

▼ボディコンテンツ

```
{ "model": "llama3.2",
  "prompt": プロンプト,
   "stream:false
 }
```

ヘッダー情報としては、content-typeでJSONデータを指定しておきます。ボディコンテンツにはmodelとprompt、そしてstreamの値を最低でも用意しておきます。streamがあるのは意外に思うでしょうが、これが省略されるとサーバーはストリームをデフォルトでONにして出力します。このため、膨大な量のJSONデータが送られてくることになります。そこで、明示的にstream:falseを指定しておきます。これらの情報をまとめてエンドポイントに送信すれば、generateでLlamaにアクセスすることができます。

CURLでgenerateにアクセスする

では、実際にCURLを使ってエンドポイントにHTTPリクエストを送信してみましょう。ターミナルから以下のコマンドを実行して下さい。なお、読みやすいように適時改行してあります。↴マークの部分は実際には改行せず、続けて記述して下さい。

▼リスト4-27

```
curl http://localhost:11434/api/generate  ↴
  --header 'content-type: application/json' ↴
  --data '{ ↴
    "model": "llama3.2", ↴
    "prompt":"あなたは誰？", ↴
    "stream:false ↴
  }'
```

実行すると、Ollamaサーバーのgenerateエンドポイントにアクセスし、応答を受け取って出力します。出力される内容は、かなり多くの情報が含まれています。

```
PS C:\Users\tuyan> curl http://localhost:11434/api/generate --header
 'content-type: application/json' -d '{"model": "llama3.2","prompt":
"あなたは誰？","stream":false}'
{"model":"llama3.1","created_at":"2024-09-19T09:21:59.6510771Z","res
ponse":"私はChatbotです。コンピューターが人間に話せるようにしたもの
です。","done":true,"done_reason":"stop","context":[128009,128006,88
2,128007,271,30591,112568,15682,112832,11571,128009,128006,78191,128
007,271,122571,16047,6465,38641,1811,109713,70563,72369,120770,29295
,114516,20230,87177,122101,104466,56051,102944,38641,1811],"total_du
ration":353132791500,"load_duration":7613664600,"prompt_eval_count":
16,"prompt_eval_duration":34909593000,"eval_count":20,"eval_duration
":310603372000}
PS C:\Users\tuyan>
```

図4-41：generateのエンドポイントにアクセスし応答を出力する。

が、よく見ると、PythonやJavaScriptでgenerateにアクセスしたときの戻り値と同じ内容であることに気がつくでしょう。

```
{
  "model":"llama3.2",
  "created_at":"…日時…",
  "response":"…応答…",
  ……
```

このような値が返されています。CURLではただ結果を出力するだけですが、プログラミング言語などからHTTPリクエストを利用する場合、受け取ったJSONデータをオブジェクトに変換し、responseの値を取り出せば応答のテキストだけが得られます。

chatのエンドポイント

続いて、chat機能の利用です。chatは、generateとは別のエンドポイントが用意されています。それが以下のURLです。これもやはり「POST」メソッドでアクセスします。

http://localhost:11434/api/chat

アクセスするパスが/api/chatになっていますね。このように、Ollamaサーバーでは/api/下に各機能のエンドポイントがまとめられているのです。

chatにアクセスする場合、以下のような情報をまとめて送る必要があります。

▼ヘッダー情報

```
'content-type: application/json'
```

▼ボディコンテンツ

```
{ "model": "llama3.2",
  "messages": [
    {"role": "user", "content": プロンプト }
  ],
   "stream:false
 }
```

generateと比べると、送信するメッセージ情報が違っていますね。"messages"にメッセージ情報を配列としてまとめる必要があります。

メッセージでは"role": "user"を指定し、"content"に送信するプロンプトを用意します。このあたりは既に何度も行ってきたものですからわかりますね。

CURLでchatにアクセスする

では、これも実際にエンドポイントにアクセスしましょう。ターミナルから以下のコマンドを実行して下さい。例によって、↴マークは実際には改行せず、続けて記述して下さい。

▼リスト4-28

```
curl http://localhost:11434/api/chat  ↴
  --header 'content-type: application/json' ↴
  --data '{ ↴
    "model": "llama3.2", ↴
    "messages": [ ↴
      { "role": "user", "content": "あなたは誰？" } ↴
    ], ↴
    "stream":false ↴
  }'
```

実行すると、chatのエンドポイントにHTTPリクエストを送信し、結果を出力します。

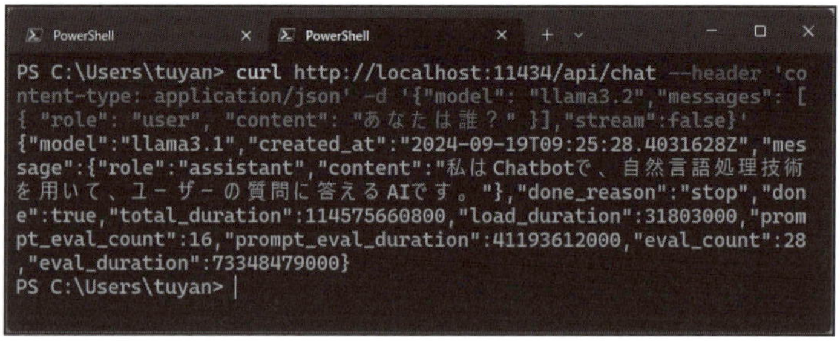

```
PS C:\Users\tuyan> curl http://localhost:11434/api/chat --header 'co
ntent-type: application/json' -d '{"model": "llama3.2","messages": [
{ "role": "user", "content": "あなたは誰？" }],"stream":false}'
{"model":"llama3.1","created_at":"2024-09-19T09:25:28.4031628Z","mes
sage":{"role":"assistant","content":"私はChatbotで、自然言語処理技術
を用いて、ユーザーの質問に答えるAIです。"},"done_reason":"stop","don
e":true,"total_duration":114575660800,"load_duration":31803000,"prom
pt_eval_count":16,"prompt_eval_duration":41193612000,"eval_count":28
,"eval_duration":73348479000}
PS C:\Users\tuyan>
```

図4-42：実行するとchatエンドポイントにアクセスし応答を出力する。

出力内容は、PythonやJavaScriptのchatで得られたものと同じフォーマットになっています。

```
{
  "model":"llama3.2",
  "created_at":"…日時…",
  "message":{"role":"assistant","content":"…コンテンツ…"},
  ……
```

このような値ですね。応答はJSONデータになっているのでオブジェクトに変換し、"messages"から値を取り出せば、roleとcontentの値を扱うことができるでしょう。

CURLでgenerateとchatのアクセスを行いました。HTTPリクエストで送信する内容がわかっていれば、アクセス自体はそう難しくはありません。

Webページからアクセスする

では、実際にOllamaサーバーにプログラムからHTTPリクエストを送信する例として、Llamaとチャットするページを作ってみましょう。

WebページからHTTPリクエストを送信することは、実は可能です。WebページにJavaScriptを使って処理を作成すればよいのです。ただし、これを行うにはWebサーバーを起動してWebページにアクセスをする必要があります。

これは、実は簡単に行えます。既にローカル環境にPythonをインストールしてありましたね？ Pythonにはテスト用Webサーバーを起動する機能があります。これを利用して、カレントディレクトリにあるファイルを公開してWebブラウザからアクセスすればよいのです。

テスト用サーバーの起動は、ターミナルから以下のコマンドを実行して行います。

▼リスト4-29

```
python -m http.server
```

これで、http://localhost:8000/というURLでカレントディレクトリが公開されます。例えばそこにhello.htmlというファイルがあれば、http://localhost:8000/hello.htmlとアクセスすると表示されるようになります。本格的なWebサイトの運用には使えませんが、Webページの動作確認程度ならこれで十分でしょう。

図4-43：PythonをHTTPサーバーとして実行する。

使い終わったら、Ctrlキー+「C」キーで終了します。

fetch関数について

JavaScriptでWebsiteにアクセスする方法はいくつかありますが、最も一般的なのは「fetch」関数を利用するものでしょう。以下のように実行します。

```
fetch( アドレス, {…必要な情報… } )
```

第1引数に、アクセスするアドレス（URL）を文字列で指定します。第2引数には、アクセス時に必要となる情報（ヘッダー情報やボディコンテンツなど）をオブジェクトにまとめたものを指定します。

このfetchは非同期関数なので、アクセス先から結果を受け取るにはawaitで動作を完了するまで待つか、戻り値のthenメソッドを使ってコールバック関数を用意します。アクセスから返される結果は「Response」というオブジェクトになっており、送られてきたデータは以下のメソッドを利用して取得できます。

```
《Response》.text()
《Response》.json()
```

「text」メソッドはデータを文字列として取り出すものです。「json」メソッドはJSONフォーマットでデータが送られてきた場合に利用するもので、JavaScriptのオブジェクトに変換してデータを受け取ります。これらのメソッドも非同期なため、awaitするかthenのコールバック関数で結果を受け取ります。

Ollamaサーバーにアクセスするwebページ

では、実際にOllamaサーバーにアクセスして応答を得るWebページを作成してみましょう。ここまで利用していたNode.jsのプロジェクト（「groq-app」フォルダー）の中に、新しく「ollama.html」という名前でファイルを作成して下さい。そして、以下のようにコードを記述しましょう。

▼リスト4-30

```
<!DOCTYPE html>
<html>
  <head>
    <title>Ollama sample</title>
```

```
    <style>
    body {
        font-family: Arial, sans-serif;
        text-align: center;
      }
      p {
        margin: 25px 50px;
      }
      input {
        padding: 5px;
        margin-right: 5px;
        width: 300px;
      }
      button {
        padding: 5px 10px;
        background-color: #333;
        color: #fff;
      }
    </style>
  </head>
  <body>
    <h1>Ollama sample</h1>
    <p id="msg">Enter the prompt:</p>
    <input type="text" id="input" />
    <button onclick="accessOllama()">Access</button>
  </body>
  <script>
  const msg = document.getElementById('msg');
  const input = document.getElementById('input');
  const endpoint = 'http://localhost:11434/api/chat';
  const model = 'llama3.2';

async function accessOllama() {
  msg.textContent = 'wait...';
  const response = await fetch(endpoint, {
    method: 'POST',
    headers: {
      'Content-Type': 'application/json'
    },
    body: JSON.stringify({
      'model': model,
      'prompt': input.value,
      'stream': false
    })
  });
  const data = await response.json();
  console.log(data);
  msg.textContent = data.response;
}
  </script>
</html>
```

これがサンプルのWebページです。これをPythonのテストサーバーで公開しましょう。ターミナルから「groq-app」内にカレントディレクトリがあることを確認した上で、「python -m http.server」コマンドを実行します。これで、「groq-app」フォルダー内のファイルがhttp://localhost:8000/下に公開されます。

では、Webブラウザから以下のURLにアクセスをして下さい。

http://localhost:8000/ollama.html

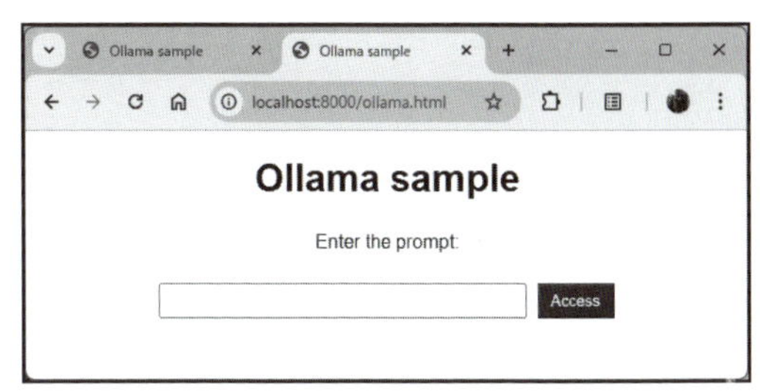

図4-44：サンプルで作成したWebページ。

これで、「Ollama sample」というWebページが表示されます。このページには入力フィールドとボタンが１つ用意されています。フィールドに送信するプロンプトを記入し、「Access」ボタンをクリックして下さい。プロンプトがOllamaサーバーに送信され、応答が表示されます。

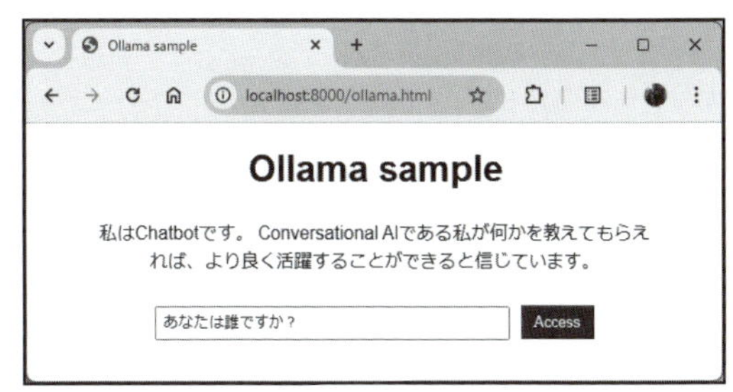

図4-45：プロンプトを書いて「Access」ボタンをクリックすると応答が表示される。

fetch関数の処理

ここでは、/api/generateのエンドポイントを利用しています。fetch関数を実行している部分を見てみると、このようになっていますね。

```
const response = await fetch(endpoint, {
  method: 'POST',
  headers: {
    'Content-Type': 'application/json'
  },
  body: JSON.stringify({
    'model': model,
    'prompt': input.value,
    'stream': false
  })
});
```

headersに'Content-Type'のヘッダー情報を用意し、bodyという項目にボディコンテンツを用意しています。これは、JSON.stringifyでオブジェクトをJSONフォーマットの文字列に変換したものを指定します。

オブジェクトには、model、prompt、streamといった値が用意されていますね。先に、CURLで/api/generateに送信した際に用意したボディコンテンツと同じことがわかるでしょう。アクセスに必要な情報が理解できていれば、fetchに用意した値もすぐに理解できますね。

fetchの戻り値はResponseオブジェクトですから、ここからjsonメソッドで結果をオブジェクトとして取り出します。

```
const data = await response.json();
```

jsonも非同期なので、awaitするのを忘れずに。これで、Llamaからの戻り値がdataに取り出せました。後は、ここからresponseプロパティを取り出して<p id="msg">に表示するだけです。

chatでAIチャットを作る

/api/generateの使い方がわかれば、/api/chatでチャットを行うのも簡単ですね。こちらは、メッセージの履歴を送って連続した会話を行えます。Webページでチャットを行うサンプルを作ってみましょう。

では、先ほどのollama.htmlのコードを以下のように書き換えて下さい。

▼リスト4-31

```
<!DOCTYPE html>
<html>
  <head>
    <title>Ollama sample</title>
    <style>
    body {
        font-family: Arial, sans-serif;
        text-align: center;
      }
      p {
        margin: 25px 50px;
      }
      input {
        padding: 5px;
        margin-right: 5px;
        width: 300px;
      }
      button {
        padding: 5px 10px;
        background-color: #333;
        color: #fff;
      }
      ul {
        text-align: left;
        margin: 25px 50px;
      }
    </style>
  </head>
  <body>
    <h1>Ollama sample</h1>
    <p id="msg">Enter the prompt:</p>
    <input type="text" id="input" />
    <button onclick="accessOllama()">Access</button>
    <hr>
```

```
  <ul id="history"></ul>
</body>
<script>
const msg = document.getElementById('msg');
const input = document.getElementById('input');
const hist = document.getElementById('history');
const endpoint = 'http://localhost:11434/api/chat';
const model = 'llama3.2';
const messages = []; // メッセージ履歴

// メッセージの追加処理
function addMessage(message) {
  messages.push(message);
  const listItem = document.createElement('li');
  listItem.textContent = message.role + ':' + message.content;
  hist.prepend(listItem);
}

// Ollamaへのアクセス
async function accessOllama() {
  const message = {
    'role':'user',
    'content': input.value
  }
  addMessage(message); // メッセージ追加
  msg.textContent = 'wait...';
  const response = await fetch(endpoint, {
    method: 'POST',
    headers: {
      'Content-Type': 'application/json'
    },
    body: JSON.stringify({
      'model': model,
      'messages': messages,
      'stream': false
    })
  });
  const data = await response.json();
  msg.textContent = data.message.content;
  addMessage(data.message); // メッセージ追加
  input.value = '';
}
</script>
</html>
```

今回も入力フィールドとボタンが1つずつあるだけですが、プロンプトを送信すると、やり取りの内容が下に履歴として出力されていきます。

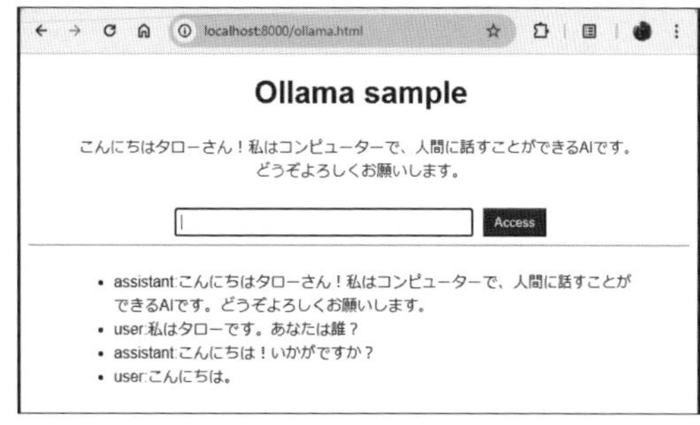

図4-46：メッセージを送信すると履歴が下に表示されていく。

ここでは、やり取りしたメッセージをmessagesという配列に追加して保管しています。そしてOllamaサーバーに送信するときは、このmessagesをまるごとメッセージとして送るようにしています。こうすることで会話の履歴をすべてLlamaに送るようになり、それまでの会話の流れを踏まえた応答が得られるようになります。

オープンソースの利用はさまざま

以上、Ollamaの使い方について説明をしました。今回は、GroqとOllamaというものを使ってLlamaを利用しました。このため、Llamaの説明というよりも「GroqサービスとOllamaアプリの説明」になってしまった感があります。これはある意味、やむを得ない面があります。

オープンソースのLLMというのは単にモデルだけが公開されており、商業ベースでLLMが提供されているもの(ClaudeやCohereなど)のようにAPやライブラリIまで完備された状態にはなっていません。オープンソースLLMを使うということは、同時に「モデルを利用するのに、何を使うか」も考えないといけません。

オープンソースLLMを利用するためのソフトウェアやサービスはたくさんあります。どれを選ぶかによって、使い勝手やコーディングも違ってきます。「どういう方法でLlamaを利用するのがよいか」をよく考えて利用するサービスやソフトウェアを選定しましょう。

「どんなものがあるのか、何がよいのかよくわからない」という人は、まずここで取り上げたGroqとOllamaを使ってみて下さい。特にOllamaは「ローカル環境でLlamaを利用する際のスタンダード」と言ってよいほどに広く普及しています。Ollamaで、まずは「オープンソースのLLMをローカル環境で利用する」というのがどういうことか、じっくりと理解を深めるとよいでしょう。

なお、オープンソースLLMを利用するために、さまざまなAIプラットフォームやライブラリが公開されています。これらの中から広く利用されているものをピックアップして説明した入門書も上梓していますので、そちらも参考にしてみて下さい。

- 「AIプラットフォームとライブラリによる生成AIプログラミング」(ラトルズ刊)

Chapter 5

Geminiを利用する

GeminiはGoogleが開発するLLMです。
ここではGeminiを使うためのサービス「Google AI Studio」の使い方と、
APIを利用したコーディングについて説明します。
また、ChromeにインストールしてつかえるGemini Nanoについても触れておきましょう。

Chapter 5

5.1. Google AI Studioの利用

Google Geminiとは？

OpenAIが登場する前、AI企業で最も知られていたのは「Google」でした。Googleこそが、AIの世界を牽引していたのです。ChatGPTのインパクトが非常に大きかったため、それ以前のAIにおける功績などはほとんど忘れられているかもしれません。しかし、AIの分野におけるGoogleの存在感は依然として圧倒的です。

OpenAIの設立には、Googleの研究者たちが関わっています。AIの世界で有名な「Attention Is All You Need」という論文を執筆したGoogle Brainのメンバーの何人かがOpenAIに参加しています。またCohereも、共同創業者のAidan GomezはGoogle Brainで働いていました。AnthropicはOpenAIのメンバーが独立して設立したものですから、元をたどればGoogleのAI研究から生まれた企業と言えなくもありません。

そもそも現在のほぼすべてのLLMは、Googleが2017年に発表した「Transformer」というアーキテクチャーに基づいて作られています。現在のLLMの礎を作ったのは、紛れもなくGoogleなのです。

そのGoogleが、いつまでもOpenAIにやられっぱなしのわけがありません。OpenAIによるChatGPT公開（2022年11月）からわずか3ヶ月足らずで、Googleは自社開発した「PaLM」というLLMを使った「Bard」というAIチャットをリリースしています。その後、Bardのベースとなったpalmはわずか数ヶ月でPaLM 2にアップデートされ、1年もたたないうちにまったく新しいLLM「Gemini」に更新されました。Geminiはさらに数ヶ月でGemini 1.5にアップデートされ、ChatGPTの最新モデルであるGPT-4シリーズに匹敵する評価を受けています。

すべて自社開発したLLMをここまで短期間に完成させアップデートさせる能力を持った企業は、Google以外にないでしょう。

GeminiとGPT-4

では、Gemini 1.5はGPT-4と比べてどの程度の性能なのでしょうか。Gemini 1.5とGPT-4 turbo（GPT-4の改良版）を比較したレポートでは、Gemini 1.5が特定の面でGPT-4より優れているとする見解がけっこう見られます。主な評価をまとめてみましょう。

1. 一般的な推論と理解力

MMULとBig-Bench Hardのベンチマークでは、Gemini 1.5 ProがGPT-4 Turboをわずかに上回っています。

```
MMLU  Gemini 1.5 Pro 81.9% vs GPT-4 Turbo 80.48%
Big-Bench Hard       Gemini 1.5 Pro 84.0% vs GPT-4 Turbo 83.90%
```

2. 数学的推論

MATHベンチマークでは、Gemini 1.5 ProがGPT-4 Turboを上回っています。

```
MATH  Gemini 1.5 Pro 58.5% vs GPT-4 Turbo 54%
```

3. マルチモーダル理解

MMUMベンチマークでは、Gemini 1.5 ProがGPT-4 Turboをわずかに上回っています。

```
MMMU  Gemini 1.5 Pro 58.5% vs GPT-4 Turbo 56.8%
```

4. ビデオ理解

VATEXとPerception Test MCQAのベンチマークでは、Gemini 1.5 ProがGPT-4 Turboを上回っています。

```
VATEX Gemini 1.5 Pro 63.0% vs GPT-4 Turbo 56.0%
Perception Test MCQA       Gemini 1.5 Pro 56.2% vs GPT-4 Turbo 46.3%
```

5. コスト効率

Gemini 1.5 ProはGPT-4 Turboと比較して、入力と出力トークンの価格が約30%安価です。

ただし、これらの比較結果は特定のベンチマークや使用シナリオに基づいており、すべての状況でGemini 1.5がGPT-4より優れているわけではありません。多くのタスクでGPT-4が依然として優位性を保っていることも報告されています。しかし、現時点でGemini 1.5がGPT-4とほとんど変わらない水準にあることは確かでしょう。

※参考文献
[1] https://encord.com/blog/gpt-4o-vs-gemini-vs-claude-3-opus/
[2] https://news.ycombinator.com/item?id=39384813
[3] https://bito.ai/blog/gemini-1-5-pro-vs-gpt-4-turbo-benchmarks/
[4] https://andrewzuo.com/is-gemini-1-5-flash-better-than-gpt-4o-c67beea3004b?gi=341d672f92c6
[5] https://context.ai/compare/gemini-1-5-pro/gpt-4-1106-preview
[6] https://context.ai/compare/gemini-1-5-pro/gpt-4
[7] https://www.capestart.com/resources/blog/the-battle-of-the-llms-llama-3-vs-gpt-4-vs-gemini/
[8] https://www.cnet.com/tech/services-and-software/gpt-4o-and-gemini-1-5-pro-how-the-new-ai-models-compare/

Google AI Studioについて

GeminiがGPT-4よりも優れている点は、実はLLMの性能だけではありません。LLMを利用するための環境もその1つです。

Googleは、クラウドでプログラムを開発し運用するための統合サービス「Google Cloud」を提供しており、そのサービスの一環として、「Vertex AI」というAIサービスを用意しています。既にGoogle Cloudで本格的にクラウドを利用した開発を行っている人は、開発しているプログラムにVertex AIの機能を組み込み利用することができます。ただしGoogle Cloudを利用しておらず、その予定もなく、「ただGeminiの機能だけを使いたい」という人にとって、「Google Cloudに登録し、その中のAIサービスを利用して下さい」というのはかなり難易度の高いものでしょう。そこでGoogleは、「Geminiの機能を使いたいだけの人」に向けて専用のサービスを立ち上げました。それが「Googel AI Studio」です。

Google AI Studioとは?

Google AI Studio（以後、AI Studioと略）はGoogleが提供する「Gemini」と、Geminiの基本機能をベースに開発されたオープンソースLLM「Gemma」を利用するための専用サービスです。ここにはこれらのLLMをその場で利用するためのプレイグラウンド、プログラミング言語から利用するAPI、PythonとJava Scriptの専用ライブラリ、各種ドキュメントといったものが用意されています。プレイグラウンドでLLMへのプロンプト送信をいろいろと試し、続いてプログラミング言語から専用ライブラリを使ってAPIにアクセスしてLLMを利用できるようになる、そのための必要最小限の機能をまとめて提供しているのです。

では、AI Studioにアクセスしてみましょう。

https://aistudio.google.com/

図5-1：Google AI Studioにアクセスすると、アカウント登録していないとこのような表示になる。

まだアカウント登録していない場合、このような画面が現れます。ここにある「Google AI Studioにログインします」ボタンをクリックして下さい。Googleアカウントでログインし、AI Studioが使えるようになります。

プレイグラウンドを使う

ログインすると、最初に現れるのはプレイグラウンドの画面です。これは使用するLLMとそのパラメータなどを設定し、さまざまなプロンプトを入力して動作を確認するものです。

プレイグラウンドの画面は、大きく3つのエリアに分かれています。以下に簡単に説明しましょう。

●左側：ナビゲーションリスト

左側には、「Get API key」「Create new prompt」などのリンクがリスト表示されています。これらは、AI Studioに用意されている基本的な機能のリンクです。プレイグラウンドで新しいプロンプトの入力を作成したり、APIキーやプロンプトギャラリーやドキュメント関係のリンクなどが並んでいます。

●中央：メッセージの作成

画面の中央には、LLMとメッセージをやり取りするための基本的なUIが用意されています。必要な情報を入力し実行すれば、LLMからの応答が得られるようになっています。LLMへの送信は、基本的にここで行います。

●右側：パラメータ設定

右側には、各種のパラメータを設定するためのUIが縦一列に並んでいます。ここで使用モデルの変更やLLMに送るパラメータの調整、各種ツールの設定などを行います。

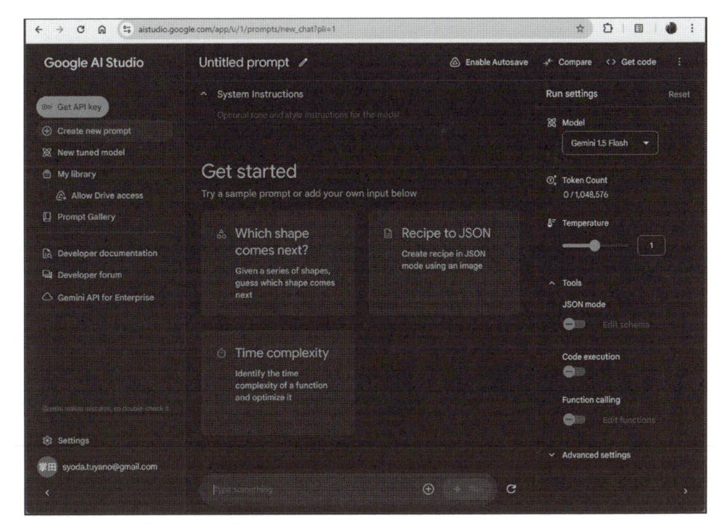

図5-2：プレイグラウンドの画面。

プレイグラウンドを利用する

では、実際にプレイグラウンドでプロンプトを送信してみましょう。中央のメッセージを作成するエリアの一番下に、プロンプトを入力するフィールドがあります。ここに送信したいテキストを記入し、「Run」ボタンをクリックして下さい。プロンプトが送信され、送ったプロンプトとLLMからの応答が上のエリアに追加されます。

プロンプトを送ると、それらは逐次追加されていき、連続した会話を続けることができます。まずは、実際にいろいろなプロンプトを送って応答を確認しましょう。

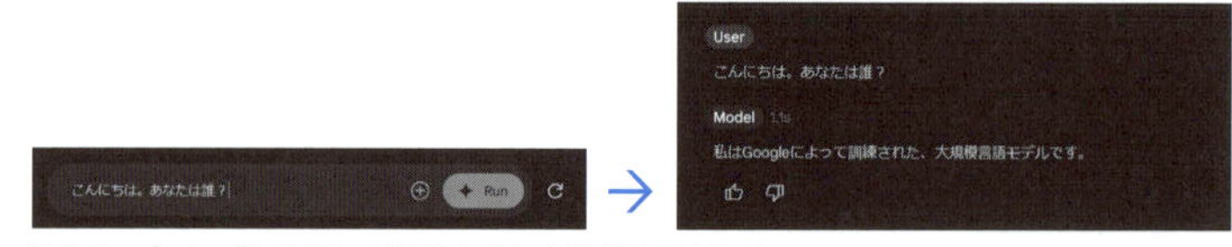

図5-3：プロンプトを書いて送信すると応答が表示される。

モデルの基本設定

プロンプトの送信に使われているLLMは、デフォルトでは「Gemini 1.5 Flash」というものが設定されています（2024年9月現在。アップデートにより変更される場合もあります）。Geminiには、Flash、Pro、Ultraという3種類のモデルがあります（他、特殊なモデルとして超小型のNanoもあります）。それぞれの特徴を以下にまとめておきましょう。

Gemini Flash

- 最も高速で低コストなマルチモーダルモデル
- 100万トークンのコンテキストウィンドウ（オプションで200万トークンまで拡張可能）
- 大量のデータを高速処理する用途に最適
- 多くのベンチマークでGemini 1.0 Proを上回る性能

Gemini Pro

- 幅広いテキストタスクに適したバランスの取れたモデル
- 32.8K文字のコンテキストウィンドウ
- テキスト、画像、音声、ビデオなどのマルチモーダル処理が可能
- Gemini Flashより高機能だが、処理速度は劣る

Gemini Ultra

- Geminiファミリーの中で最も高性能なモデル
- 最も複雑で高度なAIタスクに適している
- 大規模な言語理解と生成能力を持つ
- 最先端のAI技術を駆使した高度な推論が可能
- コストは最も高い

3つのモデルのうち、Ultraはまだ一般提供されていません。したがって、基本的にFlashとProのいずれかを使うと考えてよいでしょう。

処理速度とコストは、ProよりもFlashが優れています。しかし、性能・機能についてはProのほうが優秀です。Flashはそれほど複雑でないプロンプトを大量に処理するような用途に向いており、Proは一般的なタスクの処理を行うのに用いるもの、と考えるとよいでしょう。

モデルの変更

プレイグラウンドでは、さまざまなモデルを使うことができます。画面右側の設定を行うエリアの一番上にある「Model」のボタンをクリックしてみて下さい。利用可能なモデル名のリストがプルダウンして現れます。ここから使いたいものを選べば、そのモデルでチャットすることができます。

とりあえず「Gemini 1.5 Pro」「Gemini 1.5 Flash」が基本のモデルと考えてよいでしょう。それ以外のものは「試しに使ってみる」ぐらいに考えておきましょう。

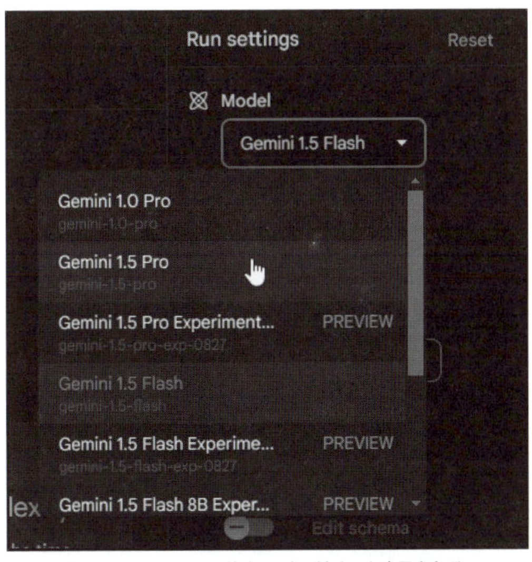

図5-4：「Model」では利用可能なモデルがリスト表示される。

利用可能なパラメータ

「Model」の下には、さまざまな設定が用意されています。その多くは、LLMに送信するパラメータです。以下に簡単にまとめておきましょう。

Temperature	「温度」のパラメータですね。応答のランダム性を調整するものでした。値は0～2の間の実数で指定され、値が大きくなるほどランダム性が高くなります。
Add stop sequence	応答の生成を終了する文字列です。ここに文字列を指定しておくと、その文字列が使われたなら、そこで応答を終了します。
Output length	生成される応答の最大トークン数です。整数で指定します。使用するモデルに応じて上限は決まります。
top P	次の候補となるトークンを上位何%の範囲から選ぶかを指定します。0～1の範囲の実数で指定をします(Geminiではサポートされていません)。
top K	次の候補となるトークンを上位何個の範囲から選ぶかを指定します。整数で指定します(Geminiではサポートされていません)。

この他に「Tools」というところにツールの設定などもありますが、基本的に前記のパラメータがわかれば、Geminiは使いこなせるようになるでしょう。

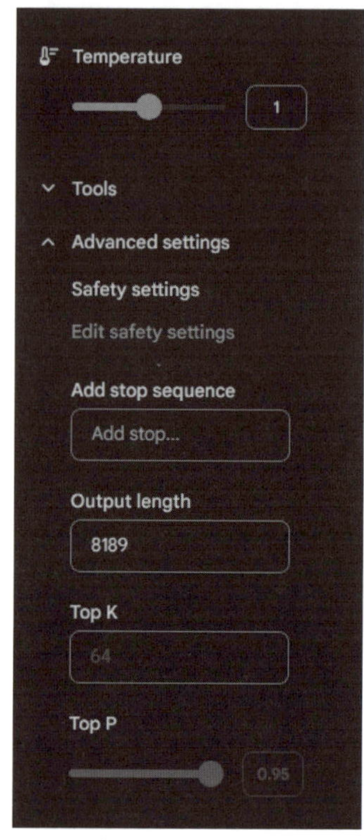

図5-5：用意されているパラメータの設定。

APIキーの作成

プレイグラウンドでGeminiを利用するだけならこれで十分ですが、実際にプログラミング言語を使ってGeminiのAPIにアクセスする場合、もう1つやっておくべきことがあります。それは、「APIキーの作成」です。Geminiも利用の際は、APIキーを使って利用者の個人を特定します。プログラミング言語からGeminiを利用するには、APIキーは必須なのです。

では、プレイグラウンドの画面の左上にある「Get API key」というボタンをクリックして下さい。おそらく、画面に「Unsaved Changes」というアラートが現れるでしょう。これは、プレイグラウンドでプロンプトを作成したが保存しなくてよいのか確認をしているのですね。そのまま「Leave」ボタンをクリックすれば、保存せずにページを移動します。

図5-6：「Get API key」ボタンをクリックし、アラートで「Leave」を選ぶ。

「APIキーを取得」について

これで、「APIキーを取得」と表示されたページに移動します。Geminiを利用するのに必要なAPIキーを管理するページになります。

ここにはAPIキーの説明と、キーを作成するボタン、作成したキーを管理するリストなどが表示されます。といってもまだキーは作ってないので、説明のテキストしか表示されていないでしょう。

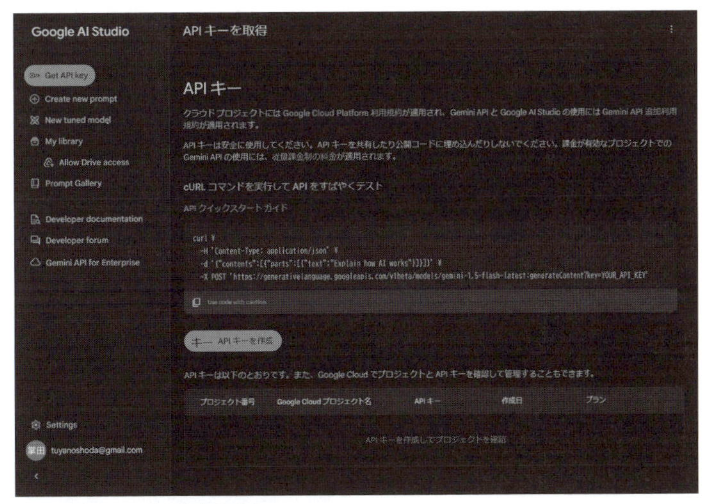

図5-7：「APIキーを取得」の画面。

APIキーを作成する

では、APIキーを作成しましょう。画面にある「APIキーを作成」というボタンをクリックして下さい。画面に「Safety Setting Reminder」というアラートが現れます。これは、利用規約の遵守に同意するためのものです。そのまま「OK」ボタンをクリックして下さい。

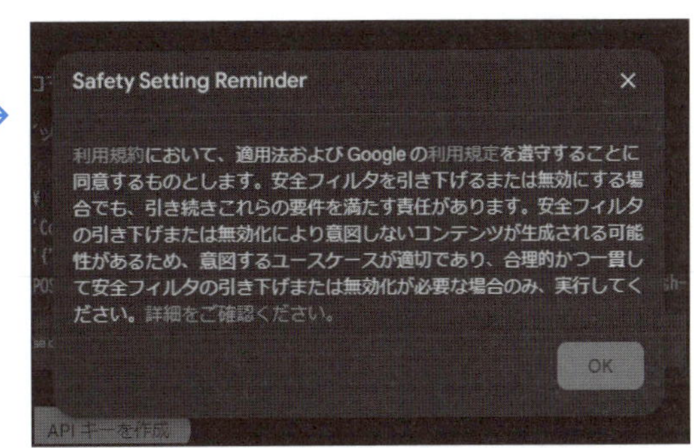

図5-8：「APIキーを取得」ボタンをクリックし、アラートで「OK」ボタンをクリックする。

「APIキーを作成」というパネルが現れます。ここで、APIキーの作成を行います。APIキーは、Google Cloudの「プロジェクト」と呼ばれるものに保管されます。既にGoogle Cloudを使ったことがある場合は、保管するプロジェクトを入力して下さい。

初めてAI Studioを利用する人は、「新しいプロジェクトでAPIキーを作成」ボタンをクリックして下さい。これでGoogle Cloudプロジェクトが作成され、そこにAPIキーが作成されます。

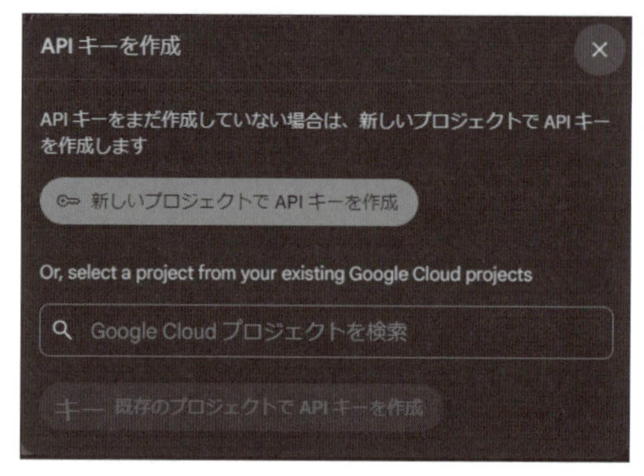

図5-9:「新しいプロジェクトでAPIキーを作成」ボタンをクリックする。

「APIキーが生成されました」という表示が現れます。ここに、生成されたAPIキーが表示されます。そのまま「コピー」ボタンをクリックし、APIキーをコピーして安全な場所に保管して下さい。

保管したら、「閉じる」をクリックしてパネルを閉じます。

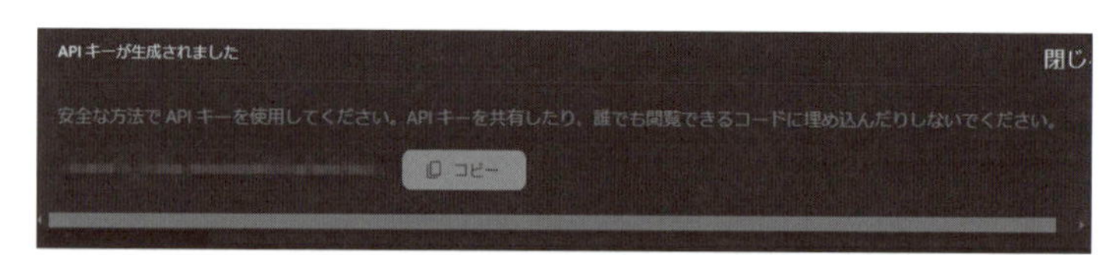

図5-10：作成されたAPIキー。「コピー」ボタンでコピーし、保管する。

作成されたAPIキー

作成されたAPIキーが画面に表示されます。APIキーはいくつでも作れるので、用途やアプリケーションごとにそれぞれ作成するとよいでしょう。

作成したAPIキーはリンクをクリックして表示を呼び出し、値をコピーできます。また、ゴミ箱アイコンで削除することもできます。

これで、プログラムからGeminiを利用するための準備が整いました。

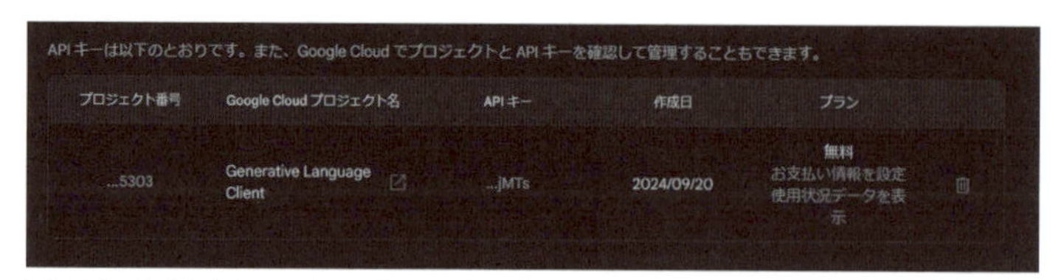

図5-11：作成されたAPIキー。値のコピーや削除が行える。

Chapter 5

5.2.

PythonからGeminiを利用する

ColabにAPIキーを保管する

では、AI StudioからGeminiを利用しましょう。まずは、Pythonから利用する方法についてです。

今回も、Colabを使うことにします。Colabのノートブックを用意して下さい。そして、APIキーをシークレットに保管しておきましょう。

ノートブック左端のアイコンバーから「シークレット」のアイコンをクリックし、現れた表示で「新しいシークレットを追加」リンクをクリックし、「GEMINI_API_KEY」という名前でAPIキーを保管して下さい。

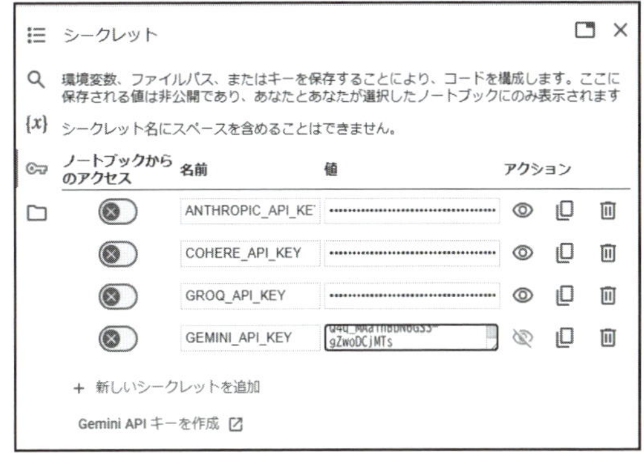

図5-12：「シークレット」に「GEMINI_API_KEY」という名前でAPIキーを保管する。

パッケージをインストールする

続いて、Geminiを利用するためのパッケージをインストールします。AI StudioのAI機能を利用するには、「google-generativeai」というパッケージを利用します。新しいセルを作成し、以下を記述し実行して下さい。

▼リスト5-1

```
!pip install -q -U google-generativeai
```

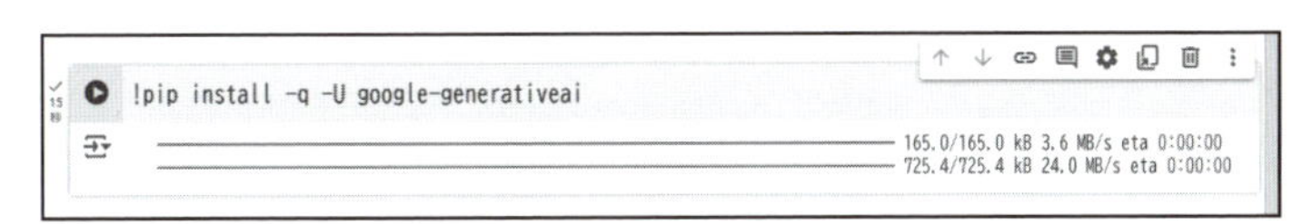

図5-13：pip installでgoogle-generativeaiをインストールする。

generativeaiの設定をする

インストールしたパッケージは、google.generativeaiというモジュールとして提供されます。これを利用するには、まずAPIキーをgenerativeaiモジュールに設定しておきます。

新しいセルに以下を記述し、実行して下さい。

▼リスト5-2

```
import google.generativeai as gemini
from google.colab import userdata

GEMINI_API_KEY = userdata.get('GEMINI_API_KEY')
gemini.configure(api_key=GEMINI_API_KEY)
```

ここでは、google.generativeaiを「gemini」という名前でインポートしておきました。このモジュールの設定は、「configure」というメソッドで行えます。引数に設定する情報を用意して実行すればよいのです。ここでは、api_key=GEMINI_API_KEYと引数に指定していますね。これにより、APIキーの情報がgeminiモジュールに設定されます。

プロンプトからコンテンツを生成する

では、実際にGeminiを利用しましょう。これにはまず、「GenerativeModel」というクラスのインスタンスを作成します。これは、LLMのモデルを扱うためのクラスです。

```
変数 = gemini.GenerativeModel( モデル名 )
```

このようにして、引数にモデル名を文字列で指定してインスタンスを作成します。このインスタンスを使ってGeminiにアクセスをします。アクセスするためのメソッドはいくつか用意されていますが、まずは最もシンプルな「generate_content」メソッドから使ってみましょう。これは、以下のようにして呼び出します。

```
変数 =《GenerativeModel》.generate_content( プロンプト )
```

このように、引数に送信するプロンプトの文字列を指定して呼び出します。戻り値は、「GenerativeContentResponse」というクラスのインスタンスになります。ここからtextプロパティの値を取り出せば、応答を得ることができます。

プロンプトを送信する

では、実際にGeminiにプロンプトを送ってみましょう。新しいセルに以下を記述して下さい。

▼リスト5-3

```
prompt = 'あなたは誰？' #@param {type:'string'}

model = gemini.GenerativeModel("gemini-1.5-flash")
response = model.generate_content(prompt)
print(response.text)
```

セルに「prompt」というフィールドが表示されるので、ここに送信するプロンプトを記入して下さい。そしてセルを実行すると、応答が下に出力されます。今回はGemini 1.5 Flashを使っているため、結果はかなりスピーディに表示されるでしょう。

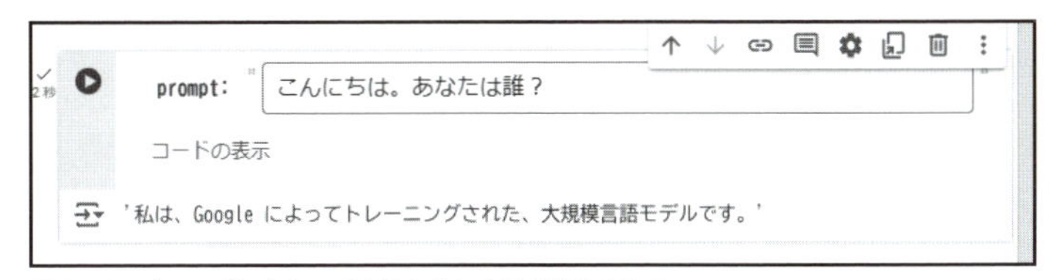

図5-14：プロンプトを書いて実行すると応答が出力される。

ここでは、GenerativeModelの引数に"gemini-1.5-flash"とモデル名を指定してあります。これがGemini 1.5 Flashの正式な名前になります。そしてgenerate_contentを実行したら、戻り値からtextの値を取り出しています。たったこれだけで、Geminiが使えてしまうのですね！

GenerateContentResponseについて

非常に単純なコードですが、これはgenerate_contentで実行した結果からtextで値を取り出せる、ということを知っているからです。

実を言えば、generate_contentの戻り値として返されるGenerateContentResponseクラスは非常に複雑な構造をしています。この値の内容を整理すると以下のようになります。

```
GenerateContentResponse(
  done=True,
  iterator=None,
  result=protos.GenerateContentResponse({
    "candidates": [
      {
      "content": {
        "parts": [
          {
          "text": "…応答…"
          }
        ],
        "role": "model"
      },
      "finish_reason": "STOP",
      "index": 0,
      "safety_ratings": [
        {
          "category": "HARM_CATEGORY_SEXUALLY_EXPLICIT",
          "probability": "NEGLIGIBLE"
        },
        {
          "category": "HARM_CATEGORY_HATE_SPEECH",
          "probability": "NEGLIGIBLE"
        },
        {
          "category": "HARM_CATEGORY_HARASSMENT",
          "probability": "NEGLIGIBLE"
```

```
            },
            {
              "category": "HARM_CATEGORY_DANGEROUS_CONTENT",
              "probability": "NEGLIGIBLE"
            }
          ]
        }
      ],
      "usage_metadata": {
        "prompt_token_count": 整数,
        "candidates_token_count": 整数,
        "total_token_count": 整数
      }
    }),
)
```

GenerateContentResponseには"candidates"という値があり、ここに応答の情報がリストとしてまとめられています。この中の"content"内にコンテンツをまとめた"parts"というものがあり、そこに送られてきたコンテンツがまとめてあります。

この他、"safety_ratings"というところにはセーフティレート（コンテンツの安全性や信頼性を評価するもの）の情報がまとめられています。また、"usage_metadata"にはプロンプトや生成された応答などのトークン数の情報がまとめてあります。

安全性評価について

このようにGeminiから返される応答は、これまで説明してきたLLMと比べても非常に多くの情報がまとめられていることがわかります。特に、safety_ratingsによるセーフティレート情報などは他のLLMには見られなかったもので、これにより、プロンプトや応答がどの程度安全性を確保されているか確認できます。

safety_ratingsではcategoryに安全性の種類が、probabilityにはその評価が保管されています。用意されているcategoryとprobabilityの値を簡単に整理すると以下のようになります。

※用意されているカテゴリ

HARM_CATEGORY_SEXUALLY_EXPLICIT	性的コンテンツ
HARM_CATEGORY_HATE_SPEECH	ヘイトスピーチ
HARM_CATEGORY_HARASSMENT	各種のハラスメント
HARM_CATEGORY_DANGEROUS_CONTENT	危険なコンテンツ

※各カテゴリの値

HARM_PROBABILITY_UNSPECIFIED	未指定
NEGLIGIBLE	安全でない可能性はごくわずか
LOW	安全でない可能性は低い
MEDIUM	安全でない可能性がある
HIGH	安全でない可能性が高い

これらの情報により、メッセージの内容について安全性を確認できます。公開されるアプリケーションの開発を考えているならば、コンテンツが安全かどうかを確認できるGeminiは、安心して生成コンテンツを利用できるAIと言えるでしょう。

パラメータの設定

Geminiには各種のパラメータが用意されています。GenerativeModelからGeminiに問い合わせるとき、パラメータ情報を渡すにはどうするのでしょうか。

これは、GenerativeModelインスタンスを作成する際、「generation_config」という引数に設定情報を指定することで行えます。

```
GenerativeModel(
  model_name=モデル名,
  generation_config=設定情報,
)
```

この設定情報は、パラメータなどの値をひとまとめにした辞書として作成します。このgeneration_configにより、必要なパラメータをLLMに渡すことができるようになります。

パラメータを指定して実行する

では、実際にパラメータを指定してGeminiを利用するサンプルを挙げておきましょう。新しいセルを作成し、以下を記述して下さい。

▼リスト5-4

```
import json
prompt = 'あなたは誰？' #@param {type:'string'}

generation_config = {
  "temperature": 1.0,
  "top_p": 0.7,
  "top_k": 64,
  "max_output_tokens": 1024,
}

model = gemini.GenerativeModel(
  model_name="gemini-1.5-flash",
  generation_config=generation_config,
)

response = model.generate_content(prompt)
print(response.text)
```

先ほどの例と同様にセルのフィールドにプロンプトを記述して実行すると、応答が表示されます。今回は、generation_configという変数に各種パラメータをまとめてあります。これをgeneration_configに指定してGenerativeModelを作成し、そこからgenerate_contentを呼び出しています。

チャットを行う

ここまで使ってきたgenerate_contentは、「プロンプトを送ると応答が返ってくる」というものでした。これは、先のOllamaにあったgenerateに相当するものですね。チャットのように連続した会話を行えるものではありません。

では、Geminiではチャット機能はないのか？　いいえ、もちろん用意されています。ただし、使い方が少し違うのです。

GenerativeModelインスタンスを用意するところまでは同じです。チャットの場合、その後で「チャットの開始」を行うのです。

```
変数 =《GenerativeModel》.start_chat(
  history=リスト
)
```

引数には、historyというところにチャットの履歴をまとめたリストを指定します。最初から開始するなら、空のリストを用意すればよいでしょう。

このstart_chatは、「ChatSession」というクラスのインスタンスを返します。これは、連続した会話を行うための機能を提供するものです。チャットの会話は、ChatSessionの「send_message」というメソッドを呼び出して行います。

```
変数 =《ChatSession》.send_message( プロンプト );
```

これで、応答が返されます。戻り値は、generate_contentと同じGenerateContentResponseになります。

このsend_messageは、繰り返し呼び出すことで会話を続けることができます。send_messageでやり取りした内容はChatSession内に会話の履歴として保管され、それを踏まえた上で会話が続けられるようになります。

チャットを使ってみる

では、実際にチャットを行ってみましょう。新しいセルを作成し、以下を記述して下さい。

▼リスト5-5

```
model = gemini.GenerativeModel("gemini-1.5-flash")
chat = model.start_chat(
  history=[]
)

while True:
  prompt = input('user>>')
  if prompt == '':
    break
  response = chat.send_message(prompt)
  print('assistant>> ',response.text)
```

セルを実行すると、セル下の結果を表示する欄にテキストを入力するフィールドが現れます。ここにプロンプトを書いてEnterすると応答が表示され、再び入力待ちの状態になります。こうしてGeminiと会話を続けることができます。会話を終了するには、何も入力せずにEnterします。

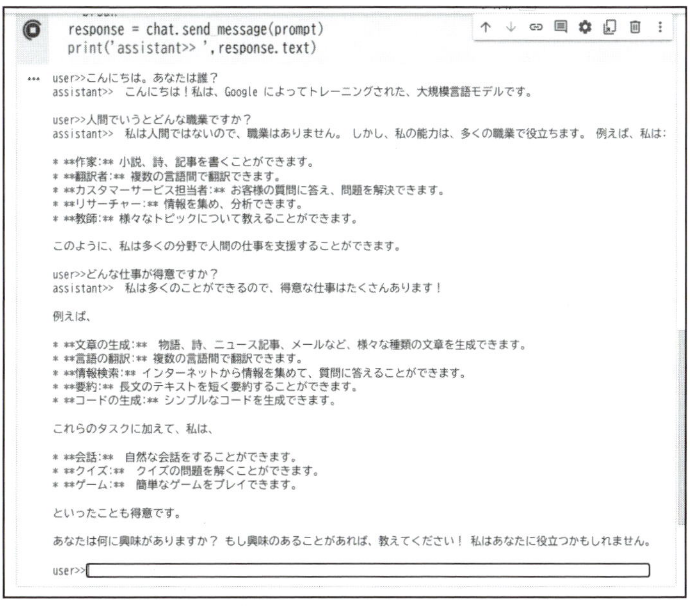

図5-15：Geminiとチャットを行う。

ここではstart_chatでChatSessionを作成し、while True:を使って「inputで入力したらsend_messageで送信し、結果をprintする」ということをひたすら繰り返しています。このように、ChatSessionから繰り返しsend_messageを呼び出すことで会話を続けることができるのです。

ストリーム出力について

GeminiはFlashを利用すればほとんど瞬時に応答が得られるため、「結果が表示されるのをひたすら待つ」ということはあまりないでしょう。しかし、Proで複雑な質問をすればそれなりに時間がかかりますし、長い応答の生成を行わせるようなときもけっこう時間がかかります。こうした場合、応答をストリーム出力で少しずつ受け取るようにしたほうがストレスも軽減されるでしょう。

ストリーム出力の利用はとても簡単です。generate_contentなどでLLMにプロンプトを送る際、「stream=True」と引数を追加するだけでよいのです。

ではストリーム出力した場合、どのような値が返されるのか。それは「GenerateContentResponse」です。そう、ストリームを使わないときに返されるGenerateContentResponseがそのまま返されるのです。ストリームを使っても使わなくても、返される値は同じなんですね。ここがGoogleのAPIの面白いところです。

このGenerateContentResponseは、実はジェネレータとしての機能も持っています。つまり、ストリーム出力では戻り値のGenerateContentResponseの中に、次々とGenerateContentResponseが追加されるようになっているのです。したがって、戻り値のGenerateContentResponseから順に値を取り出していけば、ストリームを処理できます。

ストリームを利用する

では、実際にストリームを利用したサンプルを挙げておきましょう。新しいセルに以下のコードを記述して下さい。

▼リスト5-6

```
import time
prompt = 'あなたは誰？' #@param {type:'string'}

model = gemini.GenerativeModel("gemini-1.5-pro")
response = model.generate_content(prompt, stream=True)
for chunk in response:
  print(chunk.text)
  time.sleep(0.2)
```

セルのフィールドにプロンプトを記入して実行して下さい。リアルタイムに応答が出力されていきます。Geminiの応答はあまりに速いのでストリーム出力されているのがわかりにくいため、ここでは各出力ごとにtime.sleepで0.2秒待つようにしています。これで、少しずつ応答が出力されていくのがわかるでしょう。

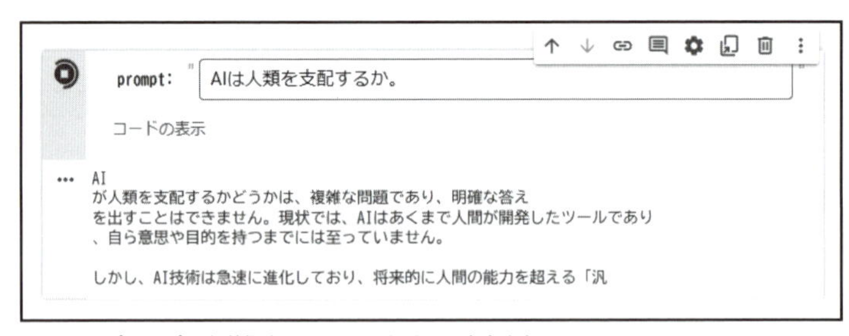

図5-16：プロンプトを送信するとリアルタイムに出力される。

行っている内容はとても単純で、generate_contentで返された戻り値をforで繰り返し処理しているだけです。

```
for chunk in response:
  print(chunk.text)
```

取り出したGenerateContentResponseからtextを出力していますね。これだけでストリーム出力ができてしまいます。

実際に試してみるとわかりますが、Geminiのストリーム出力は1回ごとに送られてくるテキストが比較的長く、トークンごとに少しずつ出力されるようなものをイメージしていると肩透かしを食います。ほぼ1つの文ぐらいの単位でテキストが送られてくるのがわかるでしょう。

ツールについて

Geminiにも、ツールを利用するための仕組みが用意されています。関数の定義を用意し、これによりプロンプトからツール関数を呼び出すためのパラメータなどを生成して関数を呼び出すことができます。

ただし、この機能は2024年9月現在、ベータ版として公開されているものです。基本的には問題なく動作しますが、今後、正式リリースまでの間に仕様等が変更される可能性もないわけではありません。この点に留意して利用して下さい。

ツールを利用するには、例によって「関数の作成」「関数定義の用意」「プロンプトの実行結果を元に関数を実行する処理」といったものを作成していく必要がありましたね。では、順に説明しましょう。

Wikipedia検索関数を用意する

まずは、ツール用の関数作成からです。日本語Wikipediaから必要なタイトルのページを検索し、そのコンテンツを返す関数を作ってみます。

Wikipediaから検索する機能はHTTPリクエストなどで自作してもよいのですが、今回はWikipedia検索用のパッケージを使うことにしましょう。新しいセルを用意し、以下のコードを実行して下さい。

▼リスト5-7

```
!pip install wikipedia-api
```

これでパッケージがインストールされました。この「wikipedia-api」というのがそのためのパッケージです。これはWikipediaから特定のタイトルのページを検索し、そのタイトル、概要、コンテンツといったものを取得する機能を提供します。

では、これを利用してWikipediaからコンテンツを取得する関数を作成しましょう。新しいセルに以下を記述して下さい。

▼リスト5-8

```
import wikipediaapi

# Wikipediaのインスタンスを作成 (日本語版)
wiki_wiki = wikipediaapi.Wikipedia(user_agent="Example/1.0", language='ja')

def get_wikipedia(title):
  print('***** get_wikipedia *****')
  # Wikipediaページを取得
  page = wiki_wiki.page(title)

  # ページが存在するか確認
  if page.exists():
    # ページの概要を返す
    return page.summary[0:500]
  else:
    # ページが存在しない場合
    return("※指定されたページは存在しません。")
```

wikipediaapiは、Wikipediaというクラスのインスタンスを作成し、そこから「page」メソッドでWikipediaのページを検索しコンテンツを取得します。以下のようにしてインスタンスを作成しています。

```
wiki_wiki = wikipediaapi.Wikipedia(user_agent="Example/1.0", language='ja')
```

user_agentはアクセスするプログラムのユーザーエージェント名、languageには使用言語が指定されます。ここではユーザーエージェントに"Example/1.0"という名前を、languageには"ja"を指定して日本語Wikipediaを検索するようにしました。

関数の定義を作成する

続いて、関数定義の用意です。関数定義は、geminiの「protos」というところに用意されている「Tool」クラスのインスタンスのリストとして作成します。このクラスは、以下のようにしてインスタンスを作成します。

```
Tool(function_declarations=[《FunctionDeclaration》] )
```

function_declarationsという引数に、「FunctionDeclaration」というクラスのインスタンスを必要なだけリストにまとめて用意します。このFunctionDeclarationは、以下のような形でインスタンスを作成します。

```
FunctionDeclaration(nane=名前 , description=説明 , parameters=パラメータ )
```

nameとdescriptionで関数名と、その内容を説明します。そして、parametersで用意する引数の情報を記述します。このparametersには、gemini.protosモジュールの「Schema」というクラスのインスタンスを指定します。

```
Schema(type = gemini.protos.Type.OBJECT, properties = プロパティ )
```

typeには、Type.OBJECTを指定します。そして、propertiesにプロパティ情報として引数の内容を記述します。これは以下のような辞書として用意します。

```
{
  プロパティA: Schema(type = タイプ),
  プロパティB: Schema(type = タイプ),
  …略…
}
```

このようにして、関数の呼び出しに必要な引数の情報をプロパティとしてまとめておきます。

以上、見慣れないクラスがいくつか登場しましたので、整理しておきましょう。

Tool	関数定義はこれのリストとして作成する
FunctionDeclaration	Toolのfunction_declarations引数に指定する
Schema	FunctionDeclarationのparameters引数に指定する

get_wikipedia関数の定義を作る

では、先ほどのget_wikipedia関数の定義を作成してみましょう。新しいセルか、あるいは先ほどのセルの末尾に以下のコードを記述して下さい。

▼リスト5-9

```
tools = [
  gemini.protos.Tool(
    function_declarations = [
      gemini.protos.FunctionDeclaration(
        name = "getWikipedia",
        description = "Wikipedia日本語版から指定したタイトルのコンテンツを取得する",
        parameters = gemini.protos.Schema(
          type = gemini.protos.Type.OBJECT,
          properties = {
            "title": gemini.protos.Schema(
              type = gemini.protos.Type.STRING,
            ),
          },
          required = ['title'],
        ),
      ),
    ],
  ),
]
```

用意できました。ここでは、toolsという変数にToolインスタンスをリストとして代入しておきました。インスタンスの引数にまた別のクラスのインスタンスが組み込まれる感じでわかりにくいかもしれませんが、基本的な値の構造はClaudeやCohereの関数定義とほとんど変わりません。

パラメータ情報をまとめるSchemaでは、propertiesに以下のような値を用意しておきました。

```
{"title": content.Schema(type = content.Type.STRING)}
```

これで、"title"という文字列型のプロパティが用意されます。このtitleの値が用意できれば、それを使ってget_wikipedia関数を呼び出せるわけです。

プロパティの後には、requiredという項目があります。これは、必須項目となるプロパティを指定するものです。これにより、titleの値が必ず用意されるようになります。

get_wikipedia関数を利用する

では、実際にget_wikipedia関数を利用するコードを作成しましょう。新しいセルに以下のコードを記述して下さい。

▼リスト5-10

```
from google.ai.generativelanguage_v1beta.types import content

model = gemini.GenerativeModel(
  model_name="gemini-1.5-flash",
```

```
  tools=tools,
)

prompt = '' #@param {type:'string'}

response = model.generate_content(prompt)

for part in response.parts:
  if fn := part.function_call:
    if fn.name == 'getWikipedia':
      print(get_wikipedia(fn.args['title']))
  else:
    print(part.text)
```

プロンプトを入力するフィールドが表示されるので、ここに送信する質問文を書いてセルを実行して下さい。プロンプトの内容がWikipediaからの検索に利用できそうなら、get_wikipedia関数を実行してその結果が表示されます。「***** get_wikipedia *****」と表示されていたなら、get_wikipedia関数が使われています。まったく関係ないようなプロンプトを実行した場合は、これは表示されず、普通にLLMからの応答が出力されます。

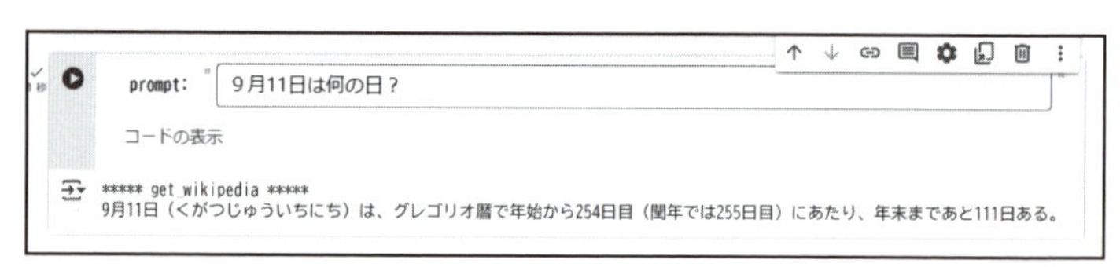

図5-17：質問をWikipediaで検索して表示する。

ツールの利用は、GenerativeModelインスタンスを作成する際に「tools=○○」という形で関数定義の値を指定することで行えます。これでgenerate_contentを実行すると、関数の定義が利用される場合はそのための情報が返されます。

まず、戻り値から「parts」というところにある値を繰り返し処理していきます。

```
for part in response.parts:
```

このpartsは、応答の情報をすべてまとめて保管してあるプロパティです。関数が利用される場合、ここに関数情報がリストとしてまとめて保管されます。ここから順に値を取り出して、関数に関連した処理をしていけばよいのです。

このpartに保管されている情報は、以下のような形になります。

```
{
  "function_call": {
    "name": "関数名",
    "args": {
      "引数名": "引数の値",
      …略…
    }
  }
}
```

function_callというプロパティに必要な情報がまとめられています。nameには関数名が、argsには引数情報をまとめたリストが保管されます。このargsから引数名の値を取り出すと、その引数の値が得られます。

ここでは、このpartの「function_call」をチェックして処理を行っていますね。

```
if fn := part.function_call:
  if fn.name == 'getWikipedia':
    print(get_wikipedia(fn.args['title']))
```

「fn := part.function_call」というのは、あまり見覚えのない書き方かもしれません。「:=は、Python 3.8から導入された代入式で、右辺の値を左辺に代入し、その評価結果を返すものです。つまり、fn := part.function_callというのは、partのfunction_callを変数fnに代入し、その値がTrueである(Noneなどでない)かチェックしていたのですね。

function_callの値がfnに取り出せているなら、fn.nameの値が'getWikipedia'かどうかを調べ、そうならばfn.args['title'])の値を引数に指定して、get_wikipedia関数を呼び出します。

実際に試してみると、プロンプトから「用意されたツール関数を利用すべきか」の判断は非常に正確で、思った以上に正しくWikipediaにアクセスできることがわかるでしょう。

使い方がわかったら、自分なりに関数を用意して呼び出せるか試してみて下さい。

Chapter 5

5.3. JavaScriptからGeminiを利用する

@google/generative-aiを準備する

続いて、JavaScriptからGoogleのAIを利用する方法について説明をしましょう。Node.jsのプログラムからGoogleのAIを利用するには、まずプロジェクトを用意する必要があります。既にプロジェクトの作成手順は頭に入っていますね。ここでは、「gemini-app」というプロジェクトを作成しましょう。

▼リスト5-11

```
cd Desktop
mkdir gemini-app
cd gemini-app
npm init -y
```

これで、デスクトップに「gemini-app」フォルダーが作成されます。続いて、「@google/generative-ai」というパッケージをインストールする必要があります。以下のようにコマンドを実行するだけです。

▼リスト5-12

```
npm install @google/generative-ai
```

この他、dotenvパッケージと「prompt.js」、「.env」のファイルを用意して下さい。prompt.jsは、前章まで利用してきたファイルをコピーして追加すればよいでしょう。

図5-18：@google/generative-aiパッケージをインストールする。

.envについてはファイル作成後、次のようにしてAI Studioで用意したAPIキーの情報を記述しておきます。

▼リスト5-13

```
GEMINI_API_KEY=《APIキー》
```

これで、GEMINI_API_KEYという値でAPIキーが取り出せるようになります。プロジェクトの基本部分はできました。

GenerativeModelでプロンプトを送信する

では、実際にGoogleのAPIにアクセスする方法を説明しましょう。GoogleのAIへのアクセスは「Google GenerativeAI」というオブジェクトを使って行います。以下のようにしてインポートしておきます。

```
const { GoogleGenerativeAI } = require("@google/generative-ai");
```

これを利用するには、まずnewでオブジェクトを作成します。この際、APIキーを指定しておきます。

```
変数 = new GoogleGenerativeAI( APIキー );
```

これで、GoogleGenerativeAIのオブジェクトが用意できました。GoogleのAIに関する機能は、すべてここからメソッドを呼び出して利用します。

GenerativeModelの作成

Geminiへアクセスするには、まずGoogleGenerativeAIから「GenerativeModel」というモデルのオブジェクトを取得します。これは以下のように呼び出します。

```
変数 =《GoogleGenerativeAI》.getGenerativeModel( 必要な情報 );
```

引数には、オブジェクト作成に必要な情報をまとめたものを用意します。とりあえず、最初は「使用するモデル名」だけ用意すればよいでしょう。例えば、こんな具合です。

```
{ model: "gemini-1.5-flash" }
```

これで、GenerativeModelが用意できました。ここからアクセスのためのメソッドを呼び出します。

generateContentメソッドの実行

単純にプロンプトをGeminiに送信するだけなら、「generateContent」というメソッドを使えばよいでしょう。これは以下のように呼び出します。

```
《GenerativeModel》.generateContent(プロンプト)
```

引数に、送信するプロンプトを文字列で指定して呼び出すだけです。これで、GenerativeModelで指定したモデルにプロンプトを送信し、結果を受け取れます。

このgenerativeContentは非同期メソッドです。したがって、awaitで処理が完了してから結果を受け取るか、あるいは戻り値からthenメソッドでコールバック関数を用意し、そこで受け取るかする必要があります。

プロンプトをGeminiに送信する

では、実際に試してみましょう。プロジェクトに「app.js」という名前でファイルを用意して下さい。そして、以下のようにコードを記述しましょう。

▼リスト5-14

```
require('dotenv').config();
const { GoogleGenerativeAI } = require("@google/generative-ai");
const { prompt } = require('./prompt.js');

const apiKey = process.env.GEMINI_API_KEY;
const genAI = new GoogleGenerativeAI(apiKey);

const model = genAI.getGenerativeModel({
  model: "gemini-1.5-flash",
});

async function main() {
  const query = await prompt("prompt: ");

  const response = await model.generateContent(query);
  console.log(response.response.text());
}

main();
```

記述したら、ターミナルから「node app.js」を実行して下さい。すぐに「prompt: 」と表示され入力待ちの状態になるので、プロンプトを入力してEnterします。これで、入力したプロンプトをGoogleのGeminiに送信し、応答を出力します。

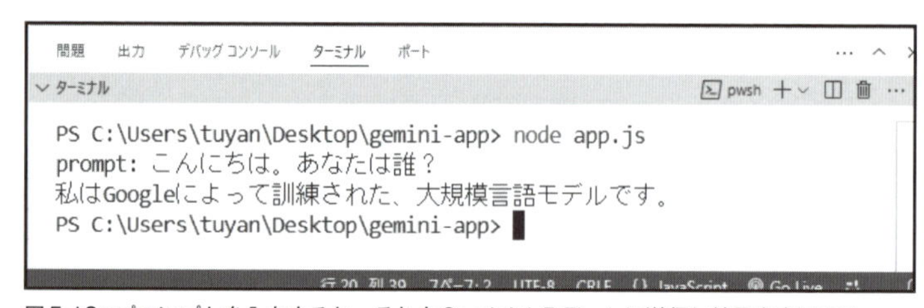

図5-19：プロンプトを入力すると、それをGemini 1.5 Flashに送信し結果を表示する。

GenerativeModelを作成し、generateContentメソッドを呼び出すまでの流れは、既に説明した通りです。特に難しいことはしていないので、コードを見ればわかるでしょう。説明が必要なのは、戻り値の扱いですね。ここでは、以下のようにして結果を出力しています。

```
console.log(response.response.text());
```

戻り値は、「GenerateContentResult」というオブジェクトになっています。ここから、「response」というプロパティの値を取り出します。ここには「EnhancedGenerateContentResponse」というオブジェクトが保管されており、生成された応答に関する情報がまとめられています。

このオブジェクトは非常に複雑な形をしていますが、応答のテキストを得るだけなら、「text」メソッドを呼び出せば事足ります。これで得られたテキストを利用すればよいのです。

GenerateContentResultについて

では、戻り値のGenerateContentResultには、この他にどのような情報が用意されているのでしょうか。この内容を簡単にまとめると、以下のようになります。

```
{
  response: {
    candidates: [ オブジェクト ],
    usageMetadata: {
      promptTokenCount: 整数,
      candidatesTokenCount: 整数,
      totalTokenCount: 整数
    },
    text: 関数,
    functionCall: 関数,
    functionCalls: 関数
  }
}
```

candidatesというプロパティに、応答の情報が配列にまとめられています。textは既に説明したとおりですね。そしてfunctionCallやfunctionCallsは、ツール関数利用の際に用いられるものになります。では、このcandidatesにはどのような情報がまとめられているのでしょうか。これは以下のようになります。

```
[
  {
    content: { parts: [{text:応答}, …], role: 'model' },
    finishReason: 'STOP',
    index: 0,
    safetyRatings: [ セーフティーレート情報 ]
  }
]
```

contentには、応答の情報がpartsに配列としてまとめて保管されています。またsafetyRatingsには、セーフティレートの情報がまとめてあります。このように、かなり多くの情報がまとめられていますから、Geminiからの詳しい応答情報を知りたければ、必要な情報はすべてこのGenerateContentResultにあると言ってよいでしょう。興味があれば、それぞれの値の内容を調べてみましょう。

パラメータの指定

Geminiには、さまざまなパラメータが用意されています。これらの設定は、getGenerativeModelでGenerativeModelを取得する際に引数で指定できます。

```
getGenerativeModel({
  model: モデル名,
  generationConfig: {…設定情報…}
});
```

このように、generationConfigというプロパティに設定情報をオブジェクトにまとめたものを指定することで、それらのパラメータを利用してGeminiにアクセスするようになります。

パラメータを用意する

では、実際にパラメータを利用する例を挙げておきましょう。先ほどapp.jsに作成したコードで、getGenerativeModelメソッドを呼び出している部分を以下のように修正しましょう。

▼リスト5-15

```
const model = genAI.getGenerativeModel({
  model: "gemini-1.5-flash",
  generationConfig: {
    maxOutputTokens: 1024,
    temperature: 1.0,
    topP: 0.95,
    topK: 30,
  },
});
```

これで、modelに取得されるGenerativeModelには、必要なパラメータが設定されます。ここからgenerateContentを呼び出すことで、指定されたパラメータを利用してアクセスがされるようになります。

用意されているパラメータについては、AI Studioの説明の際に触れましたね。使えるパラメータは同じですので、そちらを参照して下さい。

チャットの利用

これで、プロンプトを送信するgenerateContentはわかりました。では、チャットについてはどのように利用すればよいのでしょうか。

チャットは、GenerativeModelにある「startChat」メソッドを使って行います。これは以下のように実行します。

```
変数 =《GenerativeModel》.startChat( オブジェクト );
```

引数には、チャット開始時に必要な情報をまとめたオブジェクトを用意します。ここでは、とりあえず「history」という値が必要なことだけ覚えておきましょう。これはチャットの履歴を保管するためのもので、空の配列を指定しておけばよいでしょう。

このstartChatで作成されるのは、「ChatSession」というオブジェクトです。チャットは、この中にあるメソッドを呼び出して行います。

```
《ChatSession》.sendMessage( 文字列 )
```

「sendMessage」は、引数に指定した文字列をメッセージとして送信します。これで送信したメッセージをチャット履歴に追加し、Gemiiniにアクセスして応答を取得します。返された応答も、自動的にチャット履歴に追加されていきます。

戻り値は、generateContentと同じGenerateContentResultなので、ここから応答のコンテンツを取り出して表示すればよいでしょう。

チャットを実行する

では、実際にチャットを行うサンプルを挙げておきましょう。app.jsに記述したサンプルコードで、main関数を以下のように書き換えて下さい。

▼リスト5-16

```
async function main() {
  const chat = model.startChat({
    history: [],
  });

  while (true) {
    const query = await prompt("prompt: ");
    if (query === "") {
      break;
    }
    const response = await chat.sendMessage(query);
    console.log('result: ',response.response.text());
  }
}
```

実行すると、「prompt:」と入力待ち状態になるので、そのままプロンプトを書いてEnterします。すると応答が出力され、再び入力待ちとなります。また入力してEnterすると応答が表示され……という具合に、エンドレスに入力と応答を繰り返します。何も書かずにEnterすると終了します。

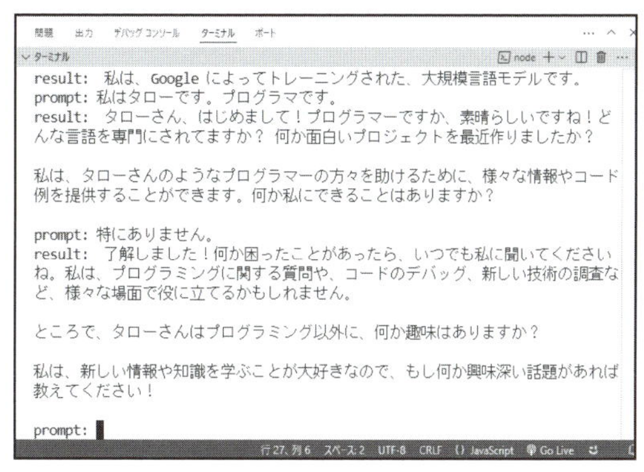

図5-20：チャットを実行する。

ここではGenerativeModelのstartChatを呼び出し、その戻り値からsendMessageを呼び出し結果を表示することをひたすら繰り返しているだけです。ChatSessionではチャットの履歴を自動管理するため、私たちはただメッセージの送信と応答の表示を行うだけでチャットが作成できます。

ストリームの利用

続いて、ストリームの利用についてです。ストリームの利用は、JavaScriptではストリームを使わないメソッドとは別のメソッドとして用意されています。例えばgenerateContentのストリーム利用版は、以下のようなメソッドになります。

```
変数 =《GenerativeModel》.generateContentStream( プロンプト );
```

これで、戻り値として「GenerateContentStreamResult」というオブジェクトが返されます。このオブジェクトには「stream」というプロパティがあり、ここにストリームで送られてくる値がまとめられます。

このstreamの値は「AsyncGenerator」というオブジェクトで、ここに「EnhancedGenerateContentResponse」というオブジェクトが次々と追加されていきます。このオブジェクトはGenerateContentResponseの拡張版といったもので、基本的な使い方はGenerateContentResponseと同じです。ここからtextメソッドで応答のテキストを取り出して利用すればよいのです。

streamにはストリームで次々とオブジェクトが追加されていくので、forなどで繰り返し処理をするときにはawaitで値を受け取ってから実行するようにします。

```
for await( 変数 of《AsyncGenerator》) { …略… }
```

このような具合ですね。awaitするのを忘れるとオブジェクトが送られてくる前にforを抜けてしまい、処理できなくなるので注意しましょう。

ストリームを利用する

では、実際にストリームを利用する例を挙げておきましょう。先ほど記述したapp.jsのmain関数を以下のように書き換えて下さい。

▼リスト5-17

```
function delay(ms) {
  return new Promise(resolve => setTimeout(resolve, ms));
}

async function main() {
  const query = await prompt("prompt: ");

  const response = await model.generateContentStream(query);

  for await (const chunk of response.stream) {
    process.stdout.write(chunk.text());
    await delay(200);
  }
}
```

ここでは、main関数の手前に「delay」という関数を追記しています。これは、指定したミリ秒だけ実行を待つ関数です。何もしないと出力が速すぎてストリーム出力しているのがわからないため、毎回、出力するたびに0.2秒待つようにしています。

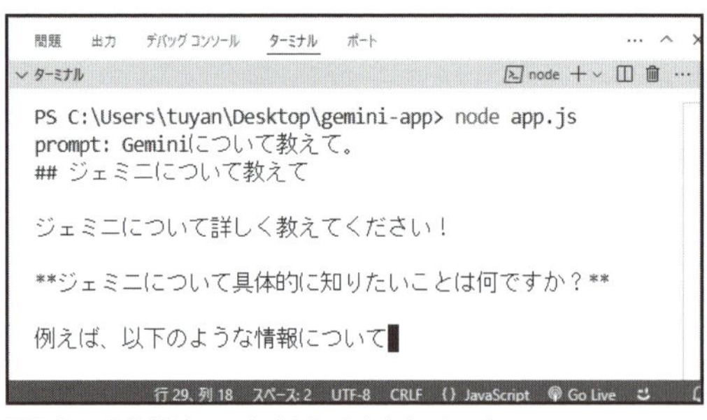

図5-21：応答がリアルタイムに出力されていく。

ここでは、generateContentStreamで戻り値をresponseに取り出した後、以下のように繰り返し処理をしています。

```
for await (const chunk of response.stream) {
  process.stdout.write(chunk.text());
  …略…
```

response.streamから値を順にchunkに取り出しています。この部分はawaitで行っています。そして繰り返し処理内では、chunk.textの値を出力させています。これで、ストリームで受け取った内容を次々と出力できます。

ストリームではある程度まとまった分量のテキストを受け取るので、リアルタイムに文字が出力されていくわけではありません。動作が確認できたら、delay関数の呼び出し部分は削除してよいでしょう。

ツールの利用

続いて、ツールの利用です。Geminiでもツールの利用はできますが、Pythonのところで触れたようにこの機能はまだベータ版です。一応説明をしますが、正式リリースまでには仕様が変更される可能性もないわけではない、という点に留意下さい。

さて、ツールを利用するには「ツール用の関数」「関数の定義」「関数を利用したGeminiアクセス」といった処理を作成する必要があります。順に作成していきましょう。

Wikipediaにアクセスする関数

今回も、Pythonのところで作成した「Wikipediaにアクセスしてコンテンツを取得する関数」をツール用関数として用意してみます。Node.jsの場合、Wikipediaからコンテンツを取得するのに「wikijs」というパッケージがありますので、これを利用することにしましょう。

ターミナルから以下のコマンドを実行して下さい。これで、wikijsがインストールされます。

▼リスト5-18

```
npm install wikijs
```

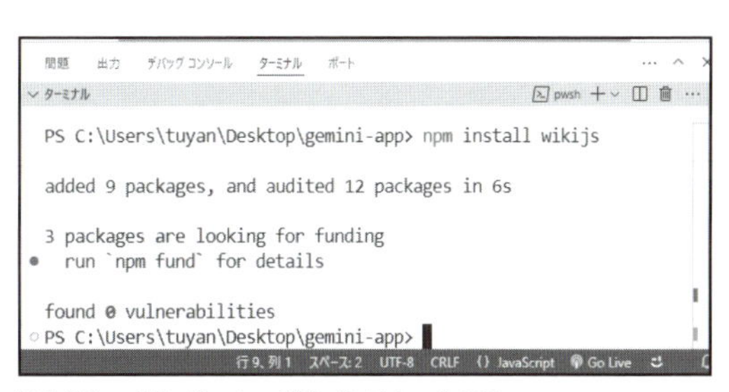

図5-22：wikijsパッケージをインストールする。

続いて、app.jsにWikipediaにアクセスする関数を用意します。今回はいろいろと修正があるので、全コードを最初から順に作成していくことにしましょう。

では、app.jsの内容をすべて消去し、以下のコードを記述して下さい。これは、まだ完成ではありません。この後に、さらにコードを追記していきます。

▼リスト5-19

```
require('dotenv').config();
const { GoogleGenerativeAI } = require("@google/generative-ai");
const { prompt } = require('./prompt.js');
const wiki = require('wikijs').default;

const apiKey = process.env.GEMINI_API_KEY;
const genAI = new GoogleGenerativeAI(apiKey);

// Wikipediaにアクセスする関数
async function getWikipedia(query) {
  console.log('***** getWikipedia *****');
  return wiki({
      apiUrl: 'https://ja.wikipedia.org/w/api.php'
    })
    .page(query)
    .then(page => page.summary())
    .catch(err => console.log(err));
}
```

ここでは、wikijsモジュールの「wiki」という関数をインポートしています。これを利用して、Wikipediaにアクセスします。

このwiki関数は、以下のように利用します。

```
wiki({apiUrl:《WikipediaのAPIのURL》}).page( 検索文字列 );
```

wiki関数で、引数のオブジェクトにapiUrlというものでWikipedia APIのURLを指定します。Wikipedia日本語版の場合、https://ja.wikipedia.org/w/api.phpというアドレスになります。そして、wikiの戻り値からさらにpageというメソッドを呼び出します。これで、引数に指定した検索文字列のページを扱う「Page」オブジェクトが得られます。

後は、ここからタイトルや要約、本文コンテンツなどの値を取り出します。ここでは「summay」メソッドでページの要約を取り出すようにしてあります。なお、このwikiの関数やメソッドは基本的に非同期になるので、awaitするかthenでコールバック関数を使って処理する必要があります。

ツール用関数の定義を作る

続いて、getWikipedia関数の定義を作成します。関数の定義は構造が複雑ですが、Pythonで作成したものと基本的な形は同じです。関数の定義はオブジェクトとして作成します。このオブジェクトは、中に「functionDeclarations」という値を持ち、そこに関数定義を配列としてまとめてあります。

```
{
  functionDeclarations: [ 関数定義 ]
}
```

関数定義の具体的な内容は、だいたい以下のようになるでしょう。

```
{
  name: 関数名,
  description: 説明文,
  parameters: {
    type: "OBJECT",
    properties: {
      プロパティ名 : { type: タイプ, description: 説明文 },
      …略…
    },
    required: [ 必須プロパティ ],
  }
}
```

オブジェクトには関数名のnameと、関数の説明をまとめたdescription、そしてparametersの値が用意されます。そしてparametersの中に、種類を示すtypeとpropertiesがあります。

properties内にはプロパティ名をキーにして引数の情報を用意します。typeには"STRING"や"NUMBER"のように、そのプロパティに設定される値のタイプと、プロパティの内容を説明したdescriptionが用意されます。その後のrequiredにはpropertiesに用意したプロパティのうち、必ず用意すべきものを指定しておきます。

関数定義を作成する

では、先ほどのgetWikipedia関数の定義を作成しましょう。app.jsに記述したコードの末尾に、以下を追記して下さい（まだ完成ではありません）。

▼リスト5-20

```
// ツール用関数定義
const tools = {
  functionDeclarations: [
    {
      name: "getWikipedia",
      description: "Wikipediaから指定したタイトルのコンテンツを取得する",
      parameters: {
        type: "OBJECT",
        properties: {
          title : {
            type: "STRING",
            description: "Wikipediaで検索するページのタイトル",
          }
        },
        required: ["title"],
      }
    }
  ]
}
```

getWikipedia関数は、titleという引数が1つあるだけのシンプルな関数です。用意した関数と、ここで作成した定義の内容を照らし合わせて、どのように記述されているのかよく確認しておきましょう。

ツールを利用したコードの作成

これで、ツール用関数の準備は整いました。では、ツールを利用してGeminiに問い合わせをしましょう。

ツールの利用はgetGenerativeModelでモデルを作成する際、引数のオブジェクトに「tools」という値を追加して指定します。これでツール用の関数の定義を値に指定すれば、ツールを利用するモデルが用意できます。

では、app.jsの末尾に以下のコードを追記しましょう。

▼リスト5-21

```
// ツールを使ったGenerativeModel作成
const model = genAI.getGenerativeModel({
  model: "gemini-1.5-flash",
  tools: tools,
});
```

これで、toolsの定義を使ったGenerativeModelが作成されました。後は、ここからGeminiにアクセスを行い、戻り値からツールに関する情報をチェックして処理を行うのです。

ツールを使って処理をする

では、作成されたGenerativeModelでGeminiにアクセスしましょう。app.jsの末尾に以下のコードを追記して下さい。これでコードは完成です！

▼リスト5-22

```
// メイン処理
async function main() {
  const query = await prompt("prompt: ");

  const response = await model.generateContent(query);
  const calls = response.response.functionCalls();

  if (calls) {
    const call = calls[0];
    if (call.name === "getWikipedia" && call.args.title) {
      const result = await getWikipedia(call.args.title);
      console.log(result);
    }
  } else {
    console.log(response.response.text());
  }
}

main();
```

プロンプトを書いて送信すると、そこからWikipediaへの問い合わせを行い、結果を出力します。Wikipediaを利用する必要がない場合は、普通に応答が表示されます。

ここではgenerateContentでGeminiにアクセスし、その戻り値を受けたら、そこから関数のための情報を以下のように取り出しています。

図5-23：Wikipediaから調べられる内容の質問にはgetWikipedia関数が使われる。

```
const calls = response.response.functionCalls();
```

この「functionCalls」は、toolsに指定した関数を利用する場合に必要な情報をまとめたものを返します。この戻り値のcallsがundefinedでなければ、何らかの関数情報が返されていると判断できます。

```
if (calls) {
  const call = calls[0];
```

callsがtrueならば（すなわち、undefinedでないなら）、その最初の要素を取り出します。functionCallsの戻り値は、呼び出す関数ごとに情報が配列にまとめられています。ここでは、その最初の値を取り出して利用します。

```
if (call.name === "getWikipedia" && call.args.title) {
  const result = await getWikipedia(call.args.title);
  console.log(result);
}
```

nameが"getWikipedia"であり、argsプロパティにtitleという値があるならば、この値を引数に指定してgetWikipedia関数を実行します。nameは関数名の値で、argsには引数の値がまとめられます。先に関数定義を作成した際、nameに"getWikipedia"と、そしてpropertiesにtitleという項目を用意したのを思い出して下さい。この定義に沿って、関数を呼び出すために必要な情報がまとめられているのですね。

基本的な使い方がわかったら、それぞれで独自に関数を作成し、toolsで利用できるか試してみましょう。自分の関数が呼び出せるようになれば、ツールを自由に利用できるようになります。

Chapter 5

5.4. HTTPリクエストでGeminiを利用する

HTTPリクエストでGeminiにアクセスする

Geminiにはエンドポイントが公開されており、HTTPリクエストでGeminiにアクセスすることも可能です。ただし、HTTPリクエストでアクセスする場合、プロンプトなどの情報のまとめ方に注意が必要です。

HTTPアクセスでGeminiを利用する際に必要となる情報をまとめると、以下のようになるでしょう。

エンドポイント

Geminiアクセスのためのエンドポイントは非常に長く、いくつかの部分に分けて理解する必要があります。まず、ベースとなるドメインとパスは以下のようになります。

https://generativelanguage.googleapis.com/v1/

generativelanguage.googleapis.comというのがドメインで、/v1/というのはAPIのバージョンを示すパスです。現状では、「v1」というのがAPIバージョンになります。

その後に、モデルと利用する機能(メソッド)の指定のためのパスが以下のように続きます。

```
/models/モデル名:generateContent
```

モデル名は、「gemini-バージョン-種類」という形になります。例えば、「gemini-1.5-flash」といった具合ですね。そしてこの後に、APIキーの情報が付けられます。

```
?key=《APIキー》
```

これで、アクセスするエンドポイントのURLが完成です。APIのバージョンだけでなく、「使用するモデル名」「使用するメソッド」「アクセスに使うAPIキー」といったものをすべてURLに用意するのがGeminiエンドポイントの特徴です。

すべてをまとめると、以下のようなURLになります。

```
https://generativelanguage.googleapis.com/v1/models/モデル名:generateContent?key=《APIキー》
```

ヘッダー情報

ヘッダー情報は非常にシンプルです。送信するコンテンツがJSONデータであることを示すContent-typeだけ用意すれば十分でしょう。

多くのLLMではユーザー認証のための情報などを用意しますが、Geminiの場合、URLにAPIキーまで含まれているため不要です。

```
"Content-Type: application/json"
```

ボディコンテンツ

ボディコンテンツには送信するプロンプトの情報を用意すればよいのですが、これが実は、かなりわかりにくい形をしています。整理すると以下のようになるでしょう。

```
{
  "contents": [
    {
      "parts":  [
        { "text": "プロンプト" }
      ]
    }
  ]
}
```

"contents"という項目にオブジェクトの配列があり、そのオブジェクト内にある"parts"という項目にオブジェクト配列があり、そのオブジェクトに"text"という項目として送信するプロンプトが用意されます。

これまで利用したPythonやJavaScriptのgenerateContentメソッドに用意される値などともまるで違う形をしているので戸惑うかもしれません。PythonやJavaScriptでは、非常にシンプルにアクセスができるように専用パッケージが用意されていました。しかし、実はこのように複雑な構造のデータを送っていたのですね。

CURLでGeminiにアクセスする

では、CURLを利用してGeminiにアクセスをしてみましょう。ターミナルを起動し、以下のコードを記入して実行して下さい。なお、例によって↴の部分は実際には改行せず続けて記述して下さい。また、《APIキー》には各自の取得したAPIキーを指定して下さい。

▼リスト5-23

```
curl ↴
  --header 'Content-Type: application/json' ↴
  --data '{"contents":[{"parts":[{"text":"あなたは誰？"}]}]}' ↴
  'https://generativelanguage.googleapis.com/v1/models/gemini-1.5-flash:↴
    generateContent?key=《APIキー》'
```

実行すると、Geminiのエンドポイントにアクセスし、応答が出力されます。ずらっと長いコンテンツが出力されたなら、動作していると考えてよいでしょう。

```
PowerShell 7.4.5
PS C:\Users\tuyan> curl -H 'Content-Type: application/json' -d '{"contents":[{"parts":
[{"text":"あなたは誰？"}]}]}' 'https://generativelanguage.googleapis.com/v1beta/models
/gemini-1.5-flash-latest:generateContent?key=
{
  "candidates": [
    {
      "content": {
        "parts": [
          {
            "text": "私は、Google によってトレーニングされた、大規模言語モデルです。"
          }
        ],
        "role": "model"
      },
      "finishReason": "STOP",
      "index": 0,
      "safetyRatings": [
        {
          "category": "HARM_CATEGORY_SEXUALLY_EXPLICIT",
          "probability": "NEGLIGIBLE"
        },
        {
          "category": "HARM_CATEGORY_HATE_SPEECH",
          "probability": "NEGLIGIBLE"
        },
        {
          "category": "HARM_CATEGORY_HARASSMENT",
          "probability": "NEGLIGIBLE"
        },
        {
          "category": "HARM_CATEGORY_DANGEROUS_CONTENT",
          "probability": "NEGLIGIBLE"
        }
      ]
    }
  ],
  "usageMetadata": {
    "promptTokenCount": 3,
    "candidatesTokenCount": 14,
    "totalTokenCount": 17
  }
}
PS C:\Users\tuyan> |
```

図5-24：送信すると、Geminiから応答が返される。

もし、なにかトラブルが発生したなら、"error"という値が出力されます。この値が出力されたら再度コードを確認して下さい。

```
PS C:\Users\tuyan> curl -H 'Content-Type: application/json' -d '{"contents":[{"par
ts":[{"text":"あなたは誰？"}]}]}' 'https://generativelanguage.googleapis.com/v1/mo
dels/gemini-1.5-flash:generateContent?key=
{
  "error": {
    "code": 400,
    "message": "API key not valid. Please pass a valid API key.",
    "status": "INVALID_ARGUMENT",
    "details": [
      {
        "@type": "type.googleapis.com/google.rpc.ErrorInfo",
        "reason": "API_KEY_INVALID",
        "domain": "googleapis.com",
        "metadata": {
          "service": "generativelanguage.googleapis.com"
        }
      }
    ]
  }
}
PS C:\Users\tuyan> |
```

図5-25：エラーが発生するとこのような出力になる。

Geminiからの応答

ここでは、"あなたは誰？"というプロンプトを送信しました。このコマンドを実行して出力される内容は、以下のようになるでしょう。

```
{
  "candidates": [
    {
      "content": {
        "parts": [
          {
            "text": "…応答…"
          }
        ],
        "role": "model"
      },
      "finishReason": "STOP",
      "index": 0,
      "safetyRatings": [ セーフティレートの情報 ]
    }
  ],
  "usageMetadata": { トークン関係の情報 }
}
```

既にPythonやJavaScriptのgenerateContentメソッドで返された値とほぼ同じことがわかるでしょう。candidates内のcontent内にpartsという項目があり、その中にtextというプロパティとして応答のコンテンツが用意されていました。

CURLでは、この戻り値をそのまま利用するのは難しいでしょうが、プログラミング言語などで利用するなら簡単に必要な情報を取得できるでしょう。

Apps Scriptからの応用

では、HTTPリクエストの送信方法がわかったところで、プログラミング言語からリクエストを送信してみましょう。今回もApps Scriptを利用することにします。

Apps ScriptのWebサイト（https://script.google.com/）にアクセスして、プロジェクトを開くか新たに作成して下さい。そして、用意されている「コード.gs」を空にして以下のコードを記述します。なお、《APIキー》の部分には、各自の取得したAPIキーを指定して下さい。

▼リスト5-24

```
function myFunction () {
  const userProperties = PropertiesService.getUserProperties();
  userProperties.setProperty('GEMINI_API_KEY', '《APIキー》');
}
```

記述したら、上部の「実行」ボタンでmyFunction関数を実行しましょう。これでAPIキーが、GEMINI_API_KEYというユーザープロパティに保存されました。

Geminiを利用する

では、実際にGeminiを利用してみましょう。コード.gsの内容をすべて削除し、以下のコードを記述して下さい。

▼リスト5-25

```
// API キーの準備
const userProperties = PropertiesService.getUserProperties();
const apiKey = userProperties.getProperty('GEMINI_API_KEY');

// エンドポイント
const URL = 'https://generativelanguage.googleapis.com/v1/models/ ↴
gemini-1.5-flash:generateContent?key=' + apiKey;

// メイン関数
function myFunction () {
  const prompt = "あなたは誰？";  // ☆
  console.log(prompt);
  const result = access_gemini(prompt);
  console.log(result.candidates[0].content.parts[0].text);
}

// API アクセス関数
function access_gemini(prompt) {
  var response = UrlFetchApp.fetch(URL, {
    method: "POST",
    headers: {
      "Content-Type": "application/json"
    },
    payload: JSON.stringify({
      "contents": [
        {
          "parts":  [
            { "text": prompt }
          ]
        }
      ]
    })
  });
  return JSON.parse(response.getContentText());
}
```

記述したら、myFunction関数を実行して下さい。下の実行ログにプロンプトと応答が出力されます。動作を確認したら、☆マークのプロンプトをいろいろと変更して応答を確認しましょう。

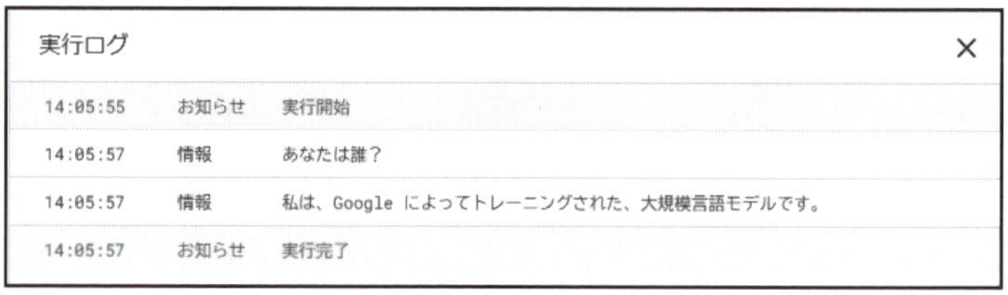

実行ログ

14:05:55	お知らせ	実行開始
14:05:57	情報	あなたは誰？
14:05:57	情報	私は、Google によってトレーニングされた、大規模言語モデルです。
14:05:57	お知らせ	実行完了

図5-26：実行すると、プロンプトと応答が出力される。

ここでは、access_gemini関数でUrlFetchApp.fetchを使ってGeminiのエンドポイントにアクセスをしています。URLとpayloadに用意しているボディコンテンツが正しく記述できていれば、問題なくアクセスできるでしょう。

注意すべきは、それよりも戻り値の利用でしょう。ここでは、このように応答のテキストを取り出していますね。

```
console.log(result.candidates[0].content.parts[0].text);
```

PythonやJavaScriptでは、戻り値のオブジェクトからtextで簡単に値を取り出せるようになっていました。しかし、HTTPアクセスの戻り値はただのテキスト（JSONデータ）であり、値しかありません。したがって、本来、値が格納されている場所から取り出す必要があります。

これは、candidatesに保管されている配列からオブジェクトを取得し、そのcontentにあるpartsの配列からさらにオブジェクトを取り出し、その中のtextプロパティを取得する、ということを行う必要があります。非常にわかりにくい構造になっているので、正しく値が取り出せるように値の指定を正確に行って下さい。

ChromeでGemini Nanoを動かす

以上、Geminiの基本的な使い方について説明をしてきました。これらは基本的に、Googleが提供するAPIを利用しています。しかし、Geminiはそれ以外にもどんどん利用が広がっています。APIを使わなくとも、クラウドに接続しなくとも利用できるシーンが増えつつあるのです。

最も端的な例は、「ChromeにGemini Nanoが内蔵される」ことでしょう。Chromeのローカル環境に、Geminiシリーズの最も小型軽量なモデル「Gemini Nano」をインストールすることで、ブラウザからダイレクトにローカル環境にあるGeminiにアクセスできるようになります。

これはまだ試験運用の段階ですが、最新のChromeならば使えるようになっています。試してみたい人は、以下の手順で作業をして下さい。

1 Chromeのアドレスバーから「chrome://flags」にアクセスします。これで、ChromeのExperiments（実験）機能の設定ができるようになります。

2 「Enables optimization guide on device.」という項目を検索し、「Enabled BypassPerfRequirement」に変更します。

図5-27：「Enables optimization guide on device.」を設定する。

3「Prompt API for Gemini Nano.」という項目を検索し、「Enabled」に変更します。

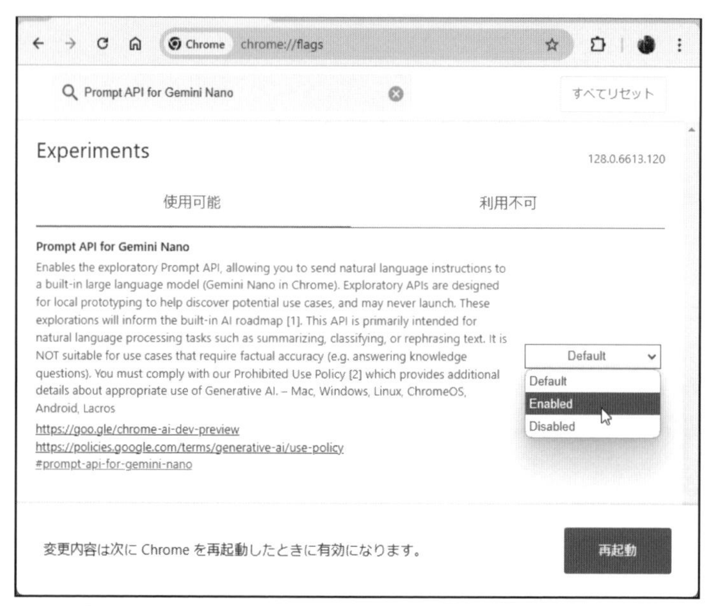

図5-28：「Prompt API for Gemini Nano.」を設定する。

4 Chromeを再起動します。コンポーネント関係がアップデートされるのにしばらく時間がかかるので、少し待ってから続きの作業を行って下さい。

5「chrome://components」にアクセスします。これで、Chromeのコンポーネントのインストールを行う画面になります。

6「Optimization Guide On Device Model」という項目を探し、「アップデートを確認」ボタンで最新の状況にアップデートします。

図5-29：「Optimization Guide On Device Model」をアップデートする。

「Optimization Guide On Device Model」という項目が表示されない場合は、まだコンポーネント関係がアップデートされていません。しばらく待ってから、再度chrome://components/にアクセスして確認をして下さい。

コンソールでAI機能を確認する

コンポーネントがアップデートされたら、実際にGemini Nanoの機能が使えるようになっているか確認をします。Chromeの「その他のツール」メニューから「デベロッパーツール」メニューを選び、デベロッパーツールを開いて下さい。

「コンソール」を選択し、コンソールを表示して下さい。デベロッパーツールのコンソールは、JavaScriptの文を直接実行することができます。ここに以下の文を記入し、Enterして実行して下さい。

▼リスト5-26

```
await window.ai.canCreateTextSession();
```

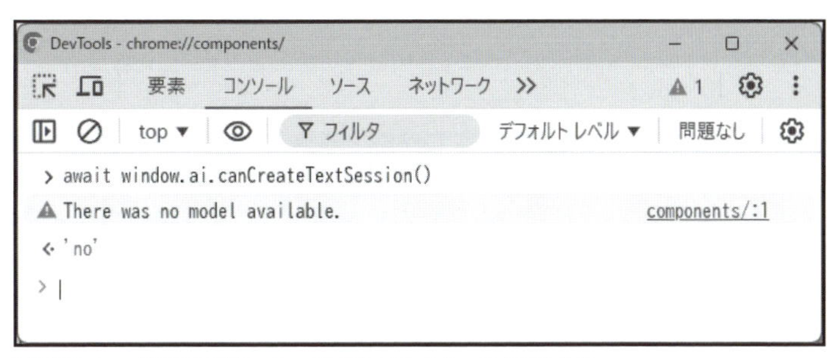

図5-30：コードを実行する。「no」と表示されたら、まだ使えない。

window.aiというのが、AI利用のためのオブジェクトです。このcanCreateTextSessionは、AI利用で使うTextSessionというものが使えるようになっているかをチェックするものです。

この値が「no.」になっていた場合は、まだ準備が完了していません。もう少し待って再度確認して下さい。値が「after-download」になっていたら、コンポーネントのダウンロードが完了次第、使えるようになります。先ほどの手順6に戻り、再度「Optimization Guide On Device Model」をアップデートしておきましょう。

Gemini Nanoが利用できる場合、この値は「readily」になります。このように表示されたなら、もうChromeでGemini Nanoが使えます。

図5-31：実行結果が「readily」になったら利用できる。

AITextSessionを利用する

では、window.aiの機能を使ってGemini Nanoにアクセスする方法を簡単に説明しましょう。これにはまず、「AITextSession」というオブジェクトを作成します（2024年9月現在）。

```
変数 = await window.ai.createTextSession();
```

AITextSessionは、テキストをやり取りするための機能を提供します。このオブジェクトからGemini Nanoにプロンプトを送るメソッドを呼び出します。

```
変数 = await 《AITextSession》.prompt( プロンプト );
```

「prompt」は、引数に指定したプロンプトをローカル環境にインストールされているGemini Nanoに送信します。戻り値は、Gemini Nanoからの応答の文字列になります。

この2つのメソッドさえわかれば、Gemini Nanoは利用できるようになります。いずれも非同期メソッドなので、awaitやthenによるコールバック関数などを用意するのを忘れないで下さい。

Gemini Nano利用のサンプル

では、実際にGemini Nanoを利用したサンプルを作成しましょう。適当なところにHTMLファイルを用意して下さい。名前はapp.htmlなど適当に付けておいていません。そして作成したHTMLファイルに以下のコードを記述しておきます。

▼リスト5-27

```
<!DOCTYPE html>
<html lang="ja">
<head>
  <title>Sample</title>
  <style>
  body {
    font-family: Arial, sans-serif;
    text-align: center;
  }
  p {
    margin: 25px 50px;
    text-align: left;
  }
  input {
    padding: 5px;
    margin-right: 5px;
    width: 300px;
  }
  button {
    padding: 5px 10px;
    background-color: #333;
    color: #fff;
  }
```

```
  ul {
    text-align: left;
    margin: 25px 50px;
  }
  </style>
</head>
<body>
  <h1>Sample</h1>
  <p id="msg">Please type prompt...</p>
  <input type="text" id="prompt" />
  <button onclick="load_ai()">Access AI</button>
</body>
<script>
const prompt = document.getElementById("prompt");
const msg = document.getElementById("msg");

async function load_ai() {
  const value = prompt.value;
  const session = await window.ai.createTextSession();
  const result = await session.prompt(value);
  msg.textContent = result;
}
</script>
</html>
```

記述できたら、Chromeでファイルを開いてみましょう。前章でOllamaサーバーにアクセスするWebページを作りましたが、あれをアレンジしたものです。入力フィールドにプロンプトを記入してボタンをクリックすると、Gemini Nanoにアクセスして応答を表示します。

Gemini Nanoにアクセスする処理は、load_aiという関数として用意してあります。コード自体は非常にシンプルなので、すぐに使い方はわかるでしょう。

図5-32：プロンプトを書いてボタンを押すと、Gemini Nanoにアクセスして応答を表示する。

実際に試してみると、Gemini Nanoは非常に滑らかな日本語で応答してくれることがわかります。ただし、Gemini NanoはGeminiシリーズの最軽量モデルであり、パソコンで快適に動くように極力小さくしています。このため、ちょっと難しいことを尋ねると、かなり不正確な応答が返ってくるのがわかるでしょう。正確な知識が要求されるような使い方には向いていません。

このChrome内臓のGemini Nanoは、Gemini応用の一例に過ぎません。これ以外にも、次々とGemini Nanoを利用したサービスが次々と登場してくるでしょう。例えば、Google Pixelの最新機種には標準でGemini Nanoが搭載されており、スマートフォンのさまざまな機能がAI化されています。

GPT-4は非常に高品質な応答をしますが、それを実行するハードウェアも巨大で、OpenAIは大規模なデータセンターを次々と開設しています。AIは、猛烈な資源消耗サービスなのです。Gemini Nanoは、こうした「巨大電源と巨大ハードウェアが前提で動く高性能AI」とは正反対のものです。性能的には確かに劣りますが、簡単な質問にはたいてい答えられますし、何より高速で電力もほとんど消費しません。また外部のサービスにアクセスしないため、いくら使っても費用は発生しません。

このGemini Nanoのようなアプローチも、AIの１つの未来と言えるでしょう。

C O L U M N

AITextSessionは開発途上！

Gemini Nano利用で注意したいのは、Chromeに実装されているAPI（AITextSession）はまだ開発途上であり、今後もどんどん変わる可能性がある、という点です。本書は2024年９月現在の情報をベースに説明していますが、既にChromeの開発版であるCanary buildでは、AITextSessionが変更されることがわかっています。先ほどのリスト5-27は、AiTextSessionの作成の部分を以下のように変更することになります。

```
const session = await window.ai.createTextSession();
                        ⇩
const session = await ai.languageModel.create();
```

ChromeからのAIモデル利用はまだ始まったばかりですから、今後もさらに変更されることが予想されます。利用を考えている場合は、Chrome AIのドキュメントで最新情報を確認して下さい。

- https://developer.chrome.com/docs/ai/built-in?hl=ja

Index

掌田津耶乃（しょうだ つやの）
日本初のMac専門月刊誌「Mac+」の頃から主にMac系雑誌に寄稿する。ハイパーカードの登場により「ビギナーのためのプログラミング」に開眼。以後、Mac、Windows、Web、Android、iPhoneとあらゆるプラットフォームのプログラミングビギナーに向けて書籍を執筆し続ける。

最近の著作本：
「React.js 超入門」（秀和システム）
「ChatGPTで学ぶNode.js&Webアプリ開発」（秀和システム）
「Python in Excelではじめるデータ分析入門」（ラトルズ）
「ChatGPTで学ぶJavaScript&アプリ開発」（秀和システム）
「Google AI Studio超入門」（秀和システム）
「ChatGPTで身につけるPython」（マイナビ）
「AIプラットフォームとライブラリによる生成AIプログラミング」（ラトルズ）

Webプロフィール：
https://gravatar.com/stuyano

ご意見・ご感想：
syoda@tuyano.com

本書のサポートサイト：
https://www.rutles.co.jp/download/553/index.html

装丁　石原優子（ラトルズ）
編集　うすや

次世代AIモデル プログラミング入門

2024年12月25日　初版第1刷発行

著　者　掌田津耶乃
発行者　山本正豊
発行所　株式会社ラトルズ
〒115-0055　東京都北区赤羽西4-52-6
電話 03-5901-0220　FAX 03-5901-0221
https://www.rutles.co.jp

印刷・製本　株式会社ルナテック

ISBN978-4-89977-553-9　